oficina de textos

CB056422

Ilhas de calor

Lisa Gartland

como mitigar zonas de calor em áreas urbanas

tradução | Silvia Helena Gonçalves

Grafia atualizada conforme o Acordo Ortográfico da Língua Portuguesa de 1990, em vigor no Brasil a partir de 2009.

Capa e projeto gráfico Malu Vallim
Diagramação Douglas da Rocha Yoshida
Preparação de figuras Mauro Gregolin
Revisão de texto Carol Mangione
Tradução Silvia Helena Gonçalves
Impressão e acabamento Gráfica Vida e Consciência

Dados Internacionais de Catalogação na Publicação (CIP)
(Câmara Brasileira do Livro, SP, Brasil)

Gartland, Lisa
Ilhas de calor : como mitigar zonas de calor em áreas urbanas / Lisa Gartland ; tradução Silvia Helena Gonçalves. -- São Paulo : Oficina de Textos, 2010.

Título original: Heat islands : understanding and mitigating heat in urban areas
Bibliografia
ISBN 978-85-86238-99-4

1. Ilha de calor urbano I. Título.

10-04294 CDD-555.525091732

Índices para catálogo sistemático:

1. Áreas urbanas : Ilha de calor : Meteorologia 555.525091732
2. Ilha de calor urbano : Meteorologia 555.525091732

Rua Cubatão, 959
CEP 04013-043 São Paulo SP
tel. (11) 3085 7933 fax (11) 3083 0849
www.ofitexto.com.br
atend@ofitexto.com.br

A
Apresentação à edição brasileira

A experiência prática brasileira na mitigação dos efeitos das ilhas de calor é deveras reduzida. Por outro lado, há substanciais pesquisas na área acadêmica, apontando para a importância da questão no panorama urbano brasileiro. Dado o peso da produção científica nacional, dois pontos interessantes devem ser observados. Primeiro, essa produção científica volta-se para modelos teóricos e, na maior parte dos casos, para estudos de casos nacionais pontuais, devido à inexistência de intervenções efetivas. Segundo, não existe divulgação desse conhecimento no mercado editorial brasileiro, tampouco esse conhecimento é posto em prática para alterar o quadro de falta de atuação na realidade brasileira no que diz respeito à mitigação dos efeitos das ilhas de calor.

Nesses dois sentidos, *Ilhas de calor: como mitigar zonas de calor em áreas urbanas*, de Lisa Gartland, vem ocupar espaço de destaque no mercado editorial brasileiro. Com relação ao primeiro ponto levantado, se, por um lado, apresenta embasamento teórico consistente acerca dos fenômenos envolvidos no fenômeno da ilha de calor, por outro, não apenas considera detidamente os elementos que na prática poderão mitigá-la, mas também ilustra de forma extensiva com exemplos efetivos de intervenções realizadas em cidades norte-americanas e de outros países. Quanto ao segundo ponto considerado, por se tratar de uma primeira divulgação específica no âmbito do nosso mercado editorial, abre campo para a publicação das relevantes pesquisas nacionais e, assim, em conjunto, constituir um campo de discussão e efetiva condição prévia para a realização consciente de intervenções no espaço construído urbano brasileiro.

A contribuição da obra estrutura-se em três partes principais, ainda que o texto não esteja assim dividido.

A primeira abrange os capítulos primeiro a quarto, apresentando desde o que é ilha de calor até como migrar, em linhas gerais, para uma situação de mitigação. Assim, no capítulo primeiro apresenta-se a definição de ilha de calor, os seus impactos e suas principais características. O capítulo segundo traz as causas da ilha de calor, considerando um modelo clássico de balanço de energia, as trocas sensíveis e latentes e o calor resultante acumulado, dando ainda ênfase para a questão do calor antropogênico. No capítulo terceiro apresentam-se as formas predominantemente empíricas e teóricas de se considerar as ilhas de calor, por meio de levantamentos em campo e de modelagens matemáticas, respectivamente. Por fim, o capítulo quarto encerra essa primeira parte da obra, considerada aqui como introdutória, em que se expõem diversas possibilidades de intervenção para mitigar ilhas de calor.

A segunda – e central – parte da obra inclui o capítulo quinto ao sétimo. Trata especificamente, em cada um dos seus três capítulos, entre as possibilidades de intervenção elencadas no capítulo quarto, as três questões que efetivamente acabam por permitir maior grau de intervenção na prática e, por conseguinte, resultados mais significativos em termos de mitigação nos efeitos da ilha de calor. Dessa forma, o capítulo quinto trata especificamente sobre coberturas frias, trazendo a definição, os tipos existentes e seus benefícios. O capítulo sexto aborda os pavimentos frios, trazendo também esses mesmos tópicos. Por fim, o capítulo sétimo considera o resfriamento por meio de árvores e vegetação em geral, discutindo benefícios e custos, paisagismo em geral e, ainda, as soluções específicas de coberturas verdes e tetos-jardim.

A terceira – e final – parte da obra abrange os capítulos oitavo e nono, que constituem um fechamento do texto e, por assim dizer, um apêndice de como colocar em prática o que foi tratado. O capítulo oitavo apresenta os benefícios da mitigação das ilhas de calor para a comunidade, desde reduções nas temperaturas superficiais e, por conseguinte, na temperatura do ar, tratando então das consequentes economia de energia, melhoria na qualidade do ar e condições de conforto térmico – portanto, da qualidade de vida. Finalmente, o capítulo nono apresenta possibilidades para implementação e manutenção de planos de ação para efetivamente pôr em prática instrumentos para mitigar os efeitos das ilhas de calor e beneficiar-se da melhor qualidade de vida no espaço urbano resultante.

Com linguagem acessível, de eloquência didática, mas com conceitos teóricos precisos e exemplos práticos relevantes e referenciados, a obra não apenas serve de leitura para uma primeira aproximação do público leigo ao assunto, mas também contribui para profissionais, estudantes e pesquisadores da área, devido à clareza com que os tópicos são apresentados e estruturados e, principalmente, à quantidade de exemplos com soluções práticas efetivamente realizadas e a consideração crítica acerca dos resultados alcançados.

Leonardo Marques Monteiro
Professor Doutor de Conforto Ambiental e Eficiência Energética

L

Lista de acrônimos e abreviações

ACC	Asphalt Cement Concrete (Concreto de Cimento Asfáltico)
ASHRAE	American Society of Heating, Refrigerating and Air Conditioning Engineers
ASTM	American Society for Testing of Materials
ATLAS	Sensor avançado de aplicativos térmicos e terrestres
AVHRR	Advanced Very High Resolution Radiometer (radiômetro avançado de resolução muito alta)
BUR	Built-up roofing (coberturas com manta asfáltica)
CAMx	Comprehensive air quality model with extensions (modelo abrangente de qualidade do ar com extensões)
COV	Composto Orgânico Volátil
CRRC	Cool Roof Rating Council
CSPE	Mistura de copolímero polietileno clorosulfonado
DAP	Diâmetro à altura do peito
DOE	US Department of Energy
EA	Energia & Atmosfera
EPA	US Environmental Protection Agency (Órgão de Proteção Ambiental dos EUA)
EPDM	Monômero de etileno propileno dieno
EPS	Poliestireno expandido
GIS	Sistema de informação geográfica
IPM	Integrated pest management (controle de pragas integrado)
IRS	Índice de refletância solar
LBNL	Lawrence Berkeley National Laboratory
LEED	Leadership in Energy and Environmental Design
LS	Locais sustentáveis
MIST	Ferramenta de mapeamento dos impactos da mitigação
MR	Materiais & Recursos
NASA	National Aeronautics and Space Administration

Nox	Óxidos de nitrogênio
NRCA	National Roofing Contractors Association
ORNL	Oak Ridge National Laboratory
PCC	Portland cement concrete
PFO	Potencial de fomação de ozônio
PVC	Policloreto de vinila
RFP	Request for proposal (solicitação de proposta)
RSST	Repeated simple shear test (ensaio de cisalhamento simples cíclico)
SPF	Espuma de poliuretano em *spray*
TPO	Poliolefina termoplástica
USDA	US Department of Agriculture

Sumário

Um

O que é uma ilha de calor?

Definição de ilha de calor

Há tempos observa-se que áreas urbanas e suburbanas possuem ilhas de calor, um "oásis inverso", onde o ar e as temperaturas da superfície são mais quentes do que em áreas rurais circundantes. O fenômeno da ilha de calor vem sendo observado em cidades em todo o mundo.

A primeira documentação de calor urbano aconteceu em 1818, quando o estudo revolucionário sobre o clima de Londres (ver Fig. 1.1) realizado por Luke Howard detectou um "excesso de calor artificial" na cidade, em comparação com o campo (Howard, 1833). Emilien Renou fez descobertas similares sobre Paris durante a segunda metade do século XIX (Renou, 1855, 1862, 1868), e Wilhelm Schmidt encontrou essas condições em Viena no início do século XX (Schmidt, 1917, 1929). Nos Estados Unidos, estudos sobre ilhas de calor começaram na primeira metade do século XX (Mitchell, 1953, 1961).

Ilhas de calor são formadas em áreas urbanas e suburbanas porque muitos materiais de construção comuns absorvem e retêm mais calor do sol do que materiais naturais em áreas rurais menos urbanizadas. Existem duas razões principais para esse aquecimento. A primeira é que a maior parte dos materiais de construção é impermeável e estanque, e

Fig. 1.1 *Luke Howard (1772-1864) de Londres, um meteorologista amador, foi o primeiro verdadeiro praticante da climatologia urbana*
Fonte: <www.cloudman.com/luke_howard.htm>.

por essa razão não há umidade disponível para dissipar o calor do sol. A segunda é que a combinação de materiais escuros de edifícios e pavimentos com configuração tipo cânion[1] absorve e armazena mais energia solar. A temperatura de superfícies escuras e secas pode chegar a 88°C durante o dia, ao passo que superfícies com vegetação e solo úmido sob as mesmas condições chegam a atingir apenas 18°C. O calor antropogênico, ou produzido pelo homem, menores velocidades do vento e poluição do ar em áreas urbanas também contribuem para a formação de ilhas de calor.

Em cidades mais frias, em latitudes e altitudes mais elevadas, os efeitos de aquecimento das ilhas de calor são vistos como benéficos. Em algumas áreas urbanas, durante o verão, as sombras ao redor dos edifícios podem até criar áreas mais frescas durante alguns períodos do dia. Mas na maioria das cidades ao redor do mundo, os efeitos das ilhas de calor no verão são vistos como um problema. Ilhas de calor contribuem para o desconforto das pessoas, para problemas de saúde, contas de energia mais elevadas e maior poluição. Além do efeito estufa, as ilhas de calor vêm reduzindo as condições habitacionais de áreas urbanas e suburbanas. Ao considerarmos que mais de 75% da população mundial vive nessas áreas (United Nations, 2002), os impactos das ilhas de calor apresentam muitas consequências.

Este livro se concentra nos efeitos negativos das ilhas de calor e apresenta estratégias para reduzir seus impactos. No primeiro capítulo, seus efeitos são brevemente analisados, e exemplos de cidades de todo o mundo são utilizados para demonstrar suas características. Os capítulos subsequentes examinam as causas das ilhas de calor; como medi-las; características da utilização de espaços e práticas de construção atuais; e as três práticas para mitigação de seus efeitos: coberturas e pavimentos frescos, e árvores e vegetação que podem resfriar as comunidades. Os dois últimos capítulos descrevem os benefícios que a mitigação das ilhas de calor pode trazer para toda a comunidade, e apresentam um plano de ação que pode ser seguido pelas comunidades para reduzir os impactos causados por elas.

Impactos das ilhas de calor

Por que devemos nos preocupar com as ilhas de calor? Porque seus impactos negativos afetam muitas pessoas de várias maneiras. Ilhas de calor não causam apenas pequenos desconfortos adicionais; suas temperaturas mais elevadas, a falta de sombra e seu papel no aumento da poluição do ar têm sérios efeitos sobre a mortalidade e saúde da população. Elas desperdiçam dinheiro ao aumentar a demanda de energia, ao despender maiores esforços para construção e manutenção de infraestruturas, para gerenciar enchentes e para a disposição de resíduos. Além disso, as técnicas construtivas insustentáveis que promovem as ilhas de calor tendem a não ser atraentes, chamativas ou saudáveis para a flora e fauna urbanas.

Os benefícios da mitigação das ilhas de calor são muitos. A utilização de coberturas e pavimentos frescos, e árvores e vegetação impacta diretamente proprietários e usuários dos espaços onde esses recursos são implantados. Esses benefícios diretos são descritos de acordo com cada medida nos Caps. 5, 6 e 7. Essas medidas, quando utilizadas em grande escala, podem afetar comunidades inteiras, e os benefícios para elas são apresentados no Cap. 8.

Características das ilhas de calor

Ilhas de calor apresentam cinco características comuns:

1. Em comparação com áreas rurais não urbanizadas, a ilha de calor é mais quente em geral, com padrões de comportamento distintos. Ilhas de calor são geralmente mais quentes após o pôr do sol, quando comparadas às áreas rurais e mais frescas após o amanhecer. O ar no "dossel urbano", abaixo das copas das árvores e edifícios, pode ser até 6°C mais quente do que o ar em áreas rurais.
2. As temperaturas do ar são elevadas em consequência do aquecimento das superfícies urbanas, uma vez que superfícies artificiais absorvem mais calor do sol do que a vegetação natural.
3. Essas diferenças nas temperaturas do ar e na superfície são realçadas quando o dia está calmo e claro.
4. Áreas com menos vegetação e mais desenvolvidas tendem a ser mais quentes, e ilhas de calor tendem a ser mais intensas conforme o crescimento das cidades.
5. Ilhas de calor também apresentam ar mais quente na "camada limite", uma camada de ar de até 2.000 m de altura. Elas geralmente criam colunas de ar mais quentes sobre as cidades, e inversões de temperatura (ar mais quente sobre o ar mais frio) causadas por elas não são incomuns.

Essas características serão descritas detalhadamente ainda neste capítulo.

Temperaturas de ar mais elevadas

Ilhas de calor possuem temperaturas do ar mais elevadas do que em áreas rurais circundantes. A diferença entre as temperaturas do ar urbano e rural, também chamada de força ou intensidade da ilha de calor, é comumente utilizada para medir o efeito da ilha de calor. Essa intensidade varia ao longo do dia e da noite. Pela manhã, a diferença de temperatura entre áreas urbanas e rurais é geralmente menor. Essa diferença aumenta ao longo do dia conforme as superfícies urbanas se aquecem e esquentam o ar urbano. A intensidade da ilha de calor é geralmente mais forte à noite, uma vez que as superfícies urbanas continuam a liberar calor e diminuem o arrefecimento durante o período noturno.

As Figs. 1.2 e 1.3 mostram as temperaturas do ar e a intensidade de uma ilha de calor. A Fig. 1.3 demonstra variações diárias em um distrito comercial central e um aeroporto de Melbourne, na Austrália (Morris e Simmonds, 2000). As médias desses perfis diários foram avaliadas a partir de dados de dezembro de 1997, janeiro e fevereiro de 1998 (verão) e de junho, julho e agosto de 1998 (inverno). Essa imagem mostra que as temperaturas são sempre mais elevadas na área comercial do que no aeroporto. De acordo com a Fig. 1.2, que mostra a diferença entre as temperaturas de ar urbano e rural, vemos que a ilha de calor é mais intensa à noite [diferença de 2,4°C às 20h durante o inverno, 2,2°C à meia-noite no verão] e mais fraca durante o dia [1,0°C às 11h no inverno, 0,4°C às 15h no verão.

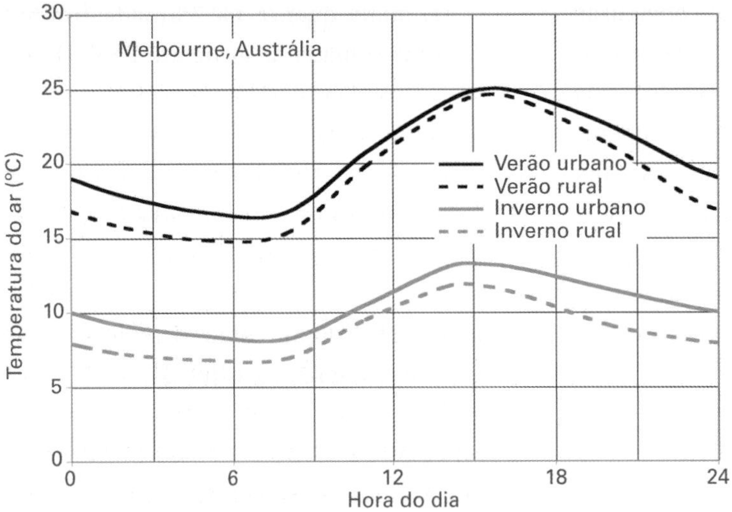

Fig. 1.2 *Temperaturas do ar no verão e inverno em um distrito comercial central (urbano) e um aeroporto (rural) de Melbourne, Austrália*
Fonte: Morris e Simmonds, 2000.

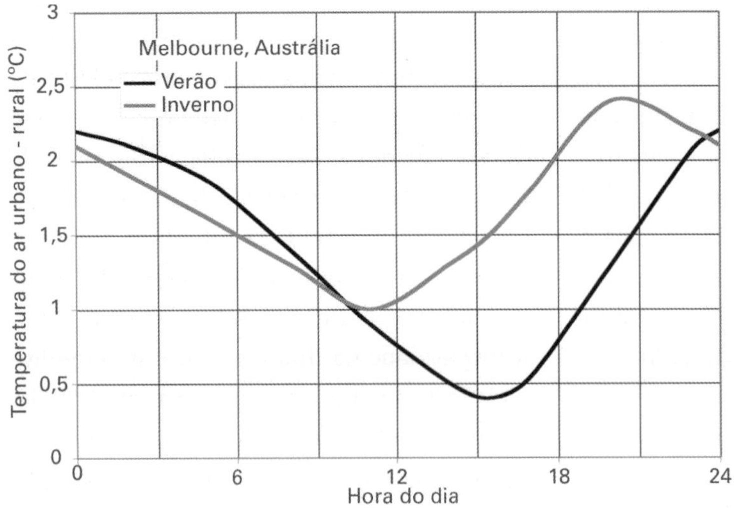

Fig. 1.3 *Diferenças de temperatura do ar entre um distrito comercial central e um aeroporto de Melbourne, Austrália no verão e no inverno*
Fonte: Morris e Simmonds, 2000.

O padrão diário da ilha de calor em Melbourne – com seu pico de intensidade à noite, que diminui gradualmente durante o dia – é característico das ilhas de calor na maioria das cidades de clima e latitude moderadas. Porém, a magnitude da intensidade das ilhas de calor e seus horários de pico variam de cidade para cidade. Magnitudes de pico em uma ilha de calor de até 7°C já foram registradas (Moll e Berish, 1996). Esses picos geralmente acontecem cerca de três a quatro horas após o pôr do sol (Oke, 1987), mas às vezes são retardados até após o amanhecer. O horário do pico depende das propriedades dos materiais urbanos. Cidades construídas com materiais que liberam calor mais rapidamente (solos secos e madeira) atingem o pico de intensidade da ilha de calor logo após o pôr do sol, ao passo que cidades construídas com materiais que liberam calor mais lentamente (concreto e rocha) podem atingir seus picos somente após o amanhecer.

Em climas mais frios do norte e em alguns climas desérticos, a diferença entre temperaturas do ar de áreas urbanas e rurais durante o dia pode ser menor que zero, criando uma "ilha fria" durante o dia. Por exemplo, em Reykjavík, na Islândia, a magnitude da ilha de calor durante o verão pode chegar a 4°C *negativos* (Steinecke, 1999), e por isso a cidade fica mais fria do que as áreas rurais circundantes. Isso acontece principalmente porque o sol de verão, vagaroso, lança longas colunas de sombras nas cidades mais ao norte. Na cidade de Phoenix, no Estado do Arizona, um fenômeno de arrefecimento parecido já foi percebido, chamado de efeito oásis. Mais arborização e irrigação em áreas desenvolvidas fazem com que os picos diurnos tenham temperaturas de 1 a 2°C mais frias do que em áreas rurais circundantes (Brazel et al., 2000). No entanto, a ilha de calor existe em Phoenix, uma vez que as temperaturas do ar urbano noturno são de 3 a 8°C mais quentes do que as temperaturas em áreas rurais e vêm apresentando um aumento constante de aproximadamente 0,5°C a cada década durante os últimos 50 anos (Brazel et al., 2000).

Muitas cidades foram estudadas, utilizando-se mais do que apenas as temperaturas cidade-campo para avaliar os efeitos das ilhas de calor. As temperaturas do ar também foram observadas em vários lugares em diversas cidades, e notou-se que a intensidade das ilhas de calor é maior em áreas densamente construídas e com pouca vegetação. Por exemplo, foram calculados graus-dia de resfriamento em 26 localidades em Minneapolis-St Paul (Todhunter, 1996). Lugares com mais graus-dia de resfriamento apresentaram temperaturas mais elevadas e ilhas de calor mais intensas. A Fig. 1.4 mostra as localidades estudadas e um mapa de contorno que corresponde aos graus-dias de resfriamento das regiões de Minneapolis-St Paul. O local com mais graus-dias de resfriamento está no centro da localidade mais urbana.

Outro estudo de variação espacial das intensidades de ilhas de calor foi realizado em Tóquio, no Japão em 1990 (Yamashita, 1996). Temperaturas foram medidas a partir de trens em movimento ao longo de 16 linhas ferroviárias em Tóquio e em áreas circundantes, como mostra a Fig. 1.5. A Fig. 1.6 mostra a medição de temperaturas feita na linha central Chuo em Tóquio. Durante o verão o aumento de temperatura entre área suburbana e urbana foi gradual e constante de 1,0 a 1,5°C. No inverno, o aumento de temperatura foi maior e mais definido, entre 4 e 5°C.

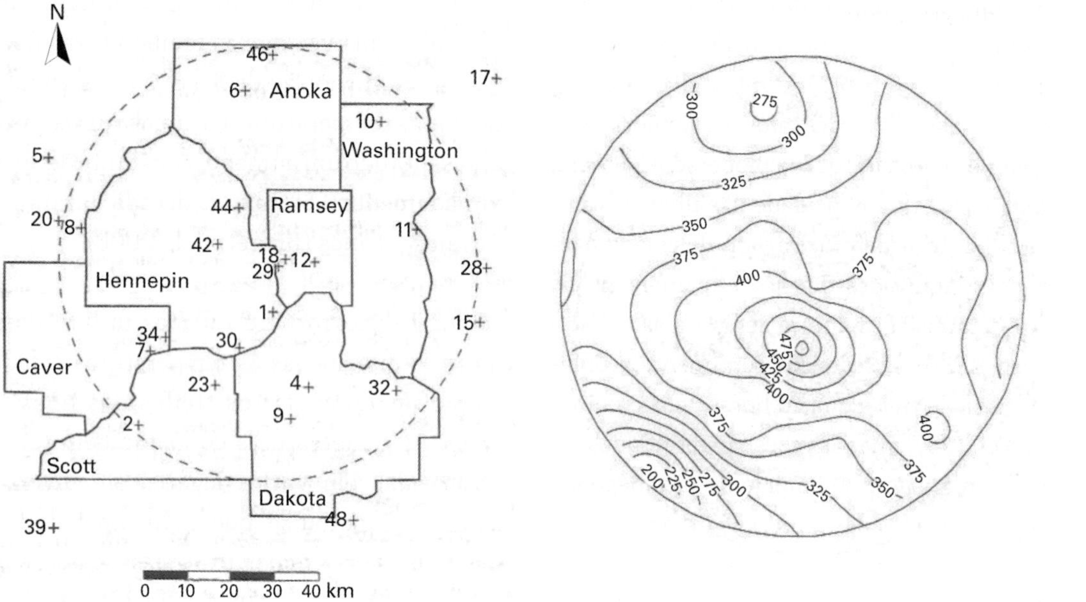

Fig. 1.4 *Área Metropolitana de Minneapolis-St Paul, Minnesota: (à esquerda) locais de 26 estações meteorológicas (cruzes numeradas), (à direita) contornos de graus-dias de resfriamento em graus centígrados acima da temperatura limiar de 18,3°C*
Fonte: Todhunter, 1996.

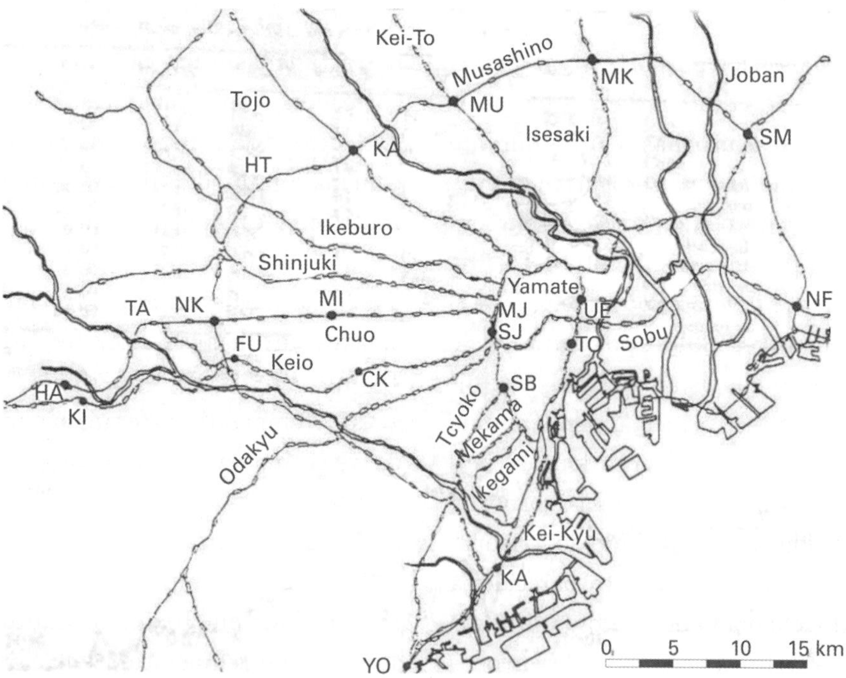

Fig. 1.5 *Mapa de Tóquio, no Japão, mostrando a rede de linhas de trem ao longo da qual as medições da ilha de calor foram feitas*
Fonte: Yamashita, 1996.

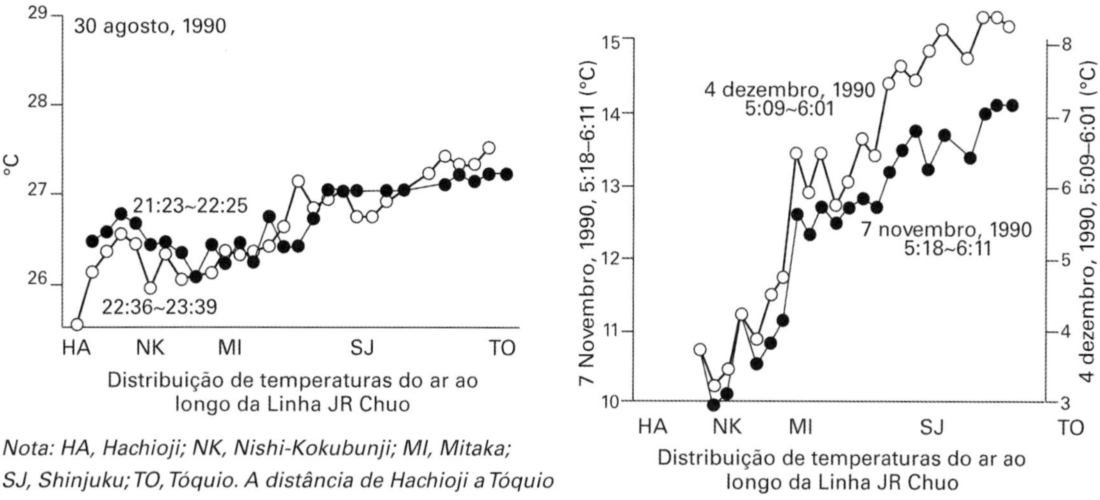

Nota: HA, Hachioji; NK, Nishi-Kokubunji; MI, Mitaka; SJ, Shinjuku; TO, Tóquio. A distância de Hachioji a Tóquio é de aproximadamente 150 km.

Fig. 1.6 *Temperaturas do ar medidas ao longo da linha central Chuo, em Tóquio, Japão, em agosto de 1990 (~ 22h30) e em novembro e dezembro de 1990 (~ 5h30)*
Fonte: Yamashita, 1996.

A Fig. 1.7 mapeia as temperaturas avaliadas ao longo das 16 linhas ferroviárias de Tóquio (Yamashita, 1996).

Em agosto, à noite, formou-se um "plateau" (patamar) de intensidade da ilha de calor de 3°C sobre a área metropolitana de Tóquio. Numa manhã de novembro, a estrutura da ilha de calor estava mais complexa, mas havia um "plateau" distinto sobre Tóquio com uma intensidade de 5°C.

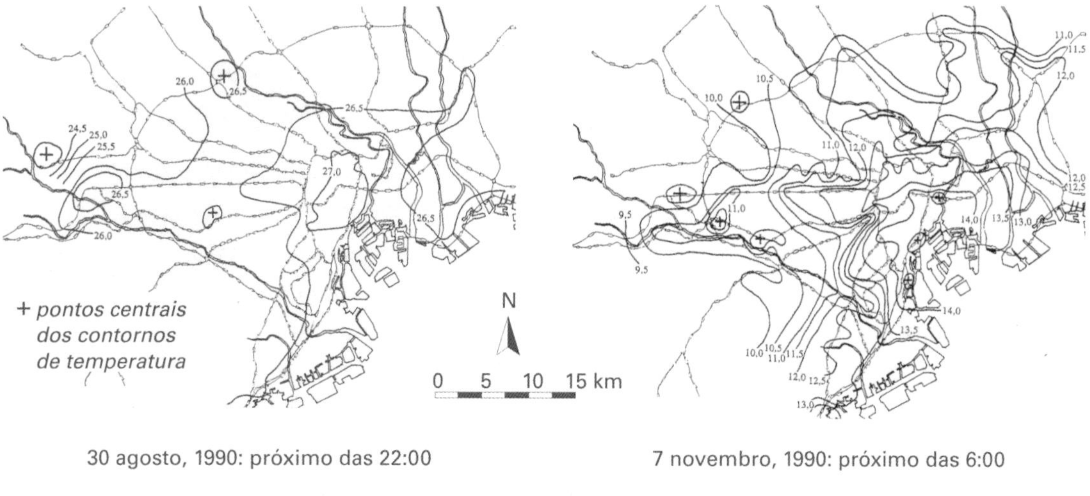

Fig. 1.7 *Contornos de temperatura de Tóquio derivadas de medições feitas por transectos móveis em agosto de 1990 (~ 22h30) e em novembro 1990 (~ 5h30)*
Fonte: Yamashita, 1996.

Um estudo em Granada, na Espanha também mostrou uma ilha de calor mais intensa sobre um terreno densamente desenvolvido. As Figs. 1.8 e 1.9 mostram os resultados de medições móveis de 84 localidades pela cidade (Montavez et al., 2000). Os contornos de temperatura do ar nas noites do inverno de Granada são traçados na Fig. 1.8. As áreas com diferentes utilizações de terreno estão designadas pelos diferentes contornos. O mapa mostra os picos da temperatura do ar com maiores índices entre altura dos edifícios e largura das ruas (utilização de terreno tipo C). Translações de temperatura pela extensão de Granada são demonstradas na Fig. 1.9. Três translações tomadas numa mesma noite mostram como a temperatura aumenta entre as áreas rurais nos pontos finais A e B até o pico urbano no meio da translação. Temperaturas de áreas urbanas são de 3 a 3,5°C mais quentes do que as temperaturas em áreas rurais. No centro dessa translação, uma queda de 1°C na temperatura mostra o efeito do arrefecimento de um parque urbano. No decorrer da noite, o efeito desse parque é minimizado pela mistura de ar pela cidade.

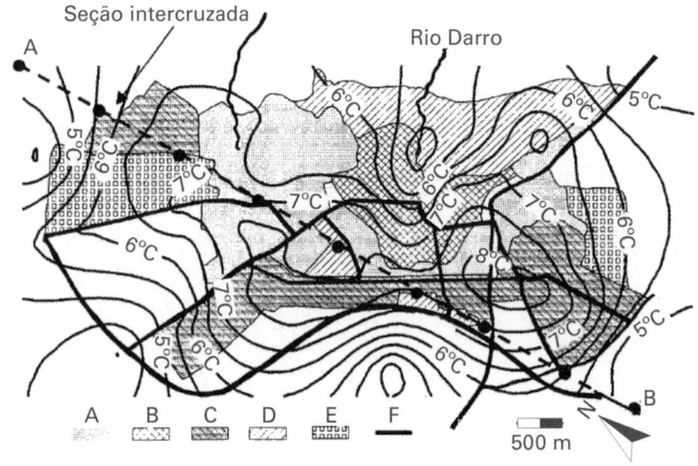

Fig. 1.8 *Contornos de temperatura do ar em Granada, Espanha, em noites de inverno com céu claro e ventos moderados. Padrão A: edifício com 7-10 andares e ruas largas, B: 2-4 andares, ruas estreitas, C: 9-10 andares, ruas largas, D: jardins, E: 7-10 andares, ruas largas, D: estradas principais, branco: zonas rurais*
Fonte: Montavez et al.,2000.

Temperaturas de superfície mais elevadas

Outra característica distinta dos efeitos de ilhas de calor são as temperaturas de superfícies mais elevadas. As temperaturas de superfície são bem mais variantes do que as temperaturas do ar ao longo do dia. Muitas superfícies urbanas, como coberturas e calçadas, são aquecidas rotineiramente pelo sol, e suas temperaturas podem ficar de 27 a 50°C mais quentes do que o ar. Temperaturas do ar em uma típica cidade de latitude média dos Estados Unidos variam de 15 a 38°C no verão, e as superfícies urbanas podem atingir temperaturas de pico entre 43 e 88°C. À noite essas superfícies liberam o calor acumulado, geralmente voltando à temperatura original do ar. Inversamente, árvores, grama e outros tipos de vegetação tendem a se manter frescos sob o sol de verão. A vegetação costuma manter a temperatura igual ou inferior à temperatura do ar, desde que esteja devidamente hidratada.

A magnitude e a importância das temperaturas de superfícies urbanas em uma ilha de calor não eram totalmente compreendidas até serem visualizadas do alto, no século XX. Satélites e aeronaves especialmente equipadas podem mapear as temperaturas da superfície terrestre e já mostraram pontos de calor bastante distinguíveis em áreas urbanas bem com em seus arredores por todo o mundo.

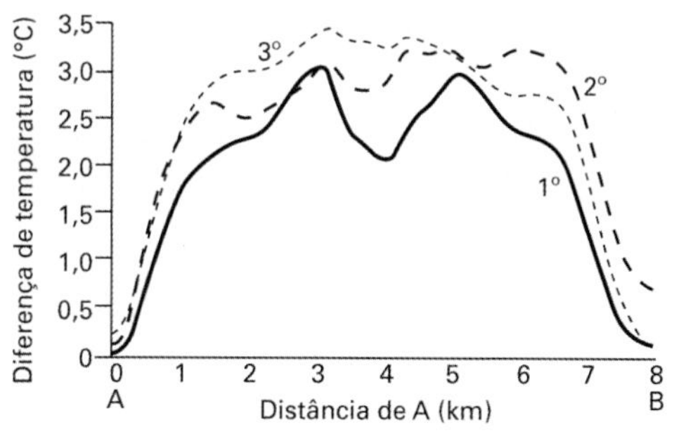

FIG. 1.9 *Variações de temperatura do ar ao longo da linha tracejada AB na Fig. 1.8 medidas sucessivamente em uma única noite de inverno em Granada, Espanha*

Fonte: Montavez et al.,2000.

O programa Explorer Mission 1 de 1978 foi um dos primeiros a ter os dados gerados por um satélite utilizado para observar o calor urbano. Um equipamento especial, chamado radiômetro de mapeamento de capacidade calorífica, mediu as temperaturas de superfície na região de Buffalo, no Estado de Nova York. A Fig. 1.10 mostra contornos térmicos desenhados sobre a imagem visível de Buffalo em uma tarde clara de verão em 1978. As temperaturas são mais elevadas nos quarteirões da cidade do que em parques urbanos e áreas suburbanas.

Uma visão mais detalhada de temperaturas de superfície urbana pode ser obtida a partir de uma aeronave, uma vez que esta pode voar mais próxima à superfície terrestre e assim pode coletar imagens com maior resolução. Um exemplo de um sobrevôo de Sacramento, na Califórnia, é mostrado na Fig. 1.11. Essa imagem foi obtida pela NASA (National Aeronautics and Space Administration), por meio de um Lear Jet equipado com um ATLAS (sensor avançado de aplicativos térmicos e terrestres). A resolução de 10 m por pixel permite identificar construções individualmente. Por exemplo, na parte inferior da figura, a imagem vermelha dentro de um retângulo azul e verde mostra a cobertura do edifício do Capitólio do Estado da Califórnia, cercado por árvores e gramados em seu terreno. Na curva de convergência dos rios American e Sacramento, uma extensa área vermelha representa as coberturas de construções industriais, estacionamentos e pátios ferroviários.

Diversos estudos foram realizados para determinar como as temperaturas das superfícies afetam as temperaturas do ar em áreas urbanas (Imamura,

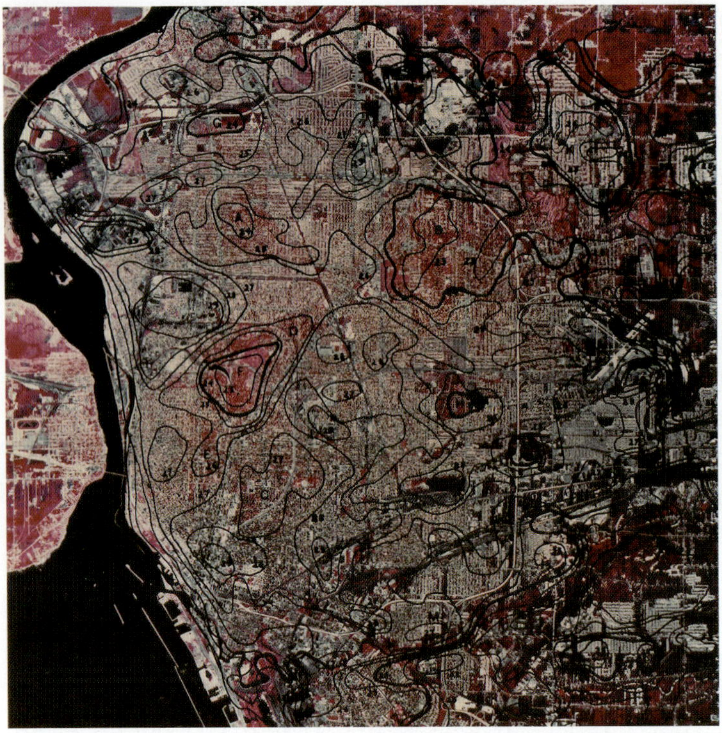

Fig. 1.10 *Contornos de temperatura da superfície sobre um mapa de Buffalo, Nova York, em 6 de junho de 1978 às 14h EDT feitos durante a missão do satélite Explorer para o mapeamento de capacidade calorífica*
Fonte: Schott e Schimminger, 1981.

1989; Kawashima et al., 2000; Watkins et al., 2002). Foram encontradas relações entre as temperaturas de superfícies medidas a partir de sensores remotos e as temperaturas do ar em diferentes cidades. Essas relações dependem bastante das condições meteorológicas, portanto em dias nublados, com ventos, os efeitos da temperatura de superfície sobre a temperatura do ar são menores.

Essas relações geralmente se aplicam apenas a uma área urbana específica, portanto, infelizmente, a correlação de Tóquio não pode ser estendida a uma cidade com clima, geografia ou padrão de urbanização diferente.

Efeitos mais intensos em dias claros e calmos

O efeito da ilha de calor é mais intenso em dias calmos e claros, e é mais fraco em dias nublados e com ventos, uma vez que mais energia solar é capturada em dias claros, e ventos mais brandos removem o calor de maneira mais vagarosa, fazendo com que a ilha de calor se torne mais intensa. A Fig. 1.12 mostra como as condições meteorológicas podem afetar a ilha de calor. Foram feitas medições em duas estações urbano-rurais em Bucareste, na Romênia em 1994 (Tumanov et al., 1999). Em dias nublados e com ventos, a diferença entre as temperaturas urbana e rural é de apenas 1°C à noite. Em dias claros e calmos, a intensidade da ilha de calor é bem maior, chegando a 3,6°C.

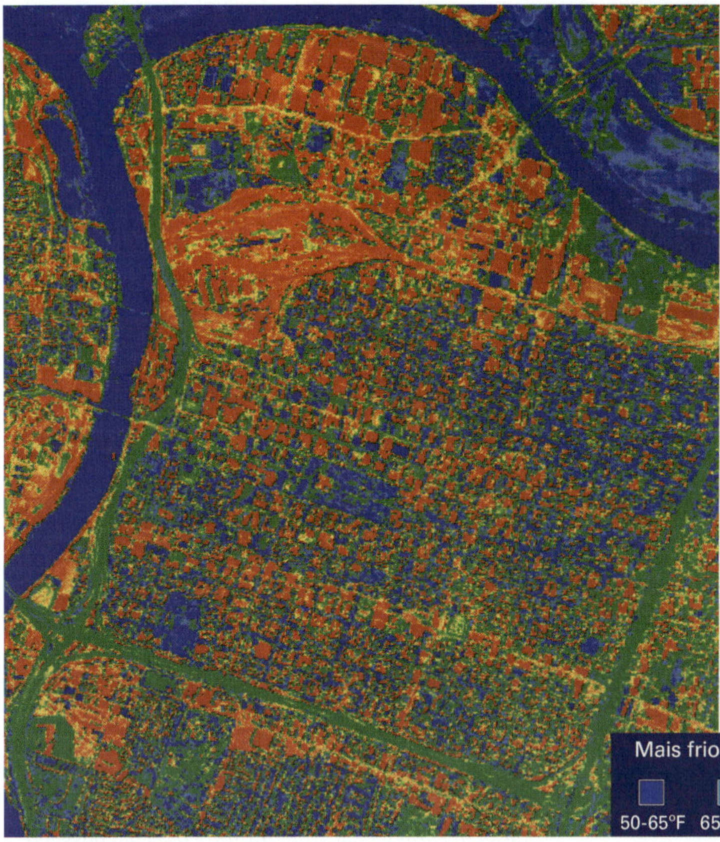

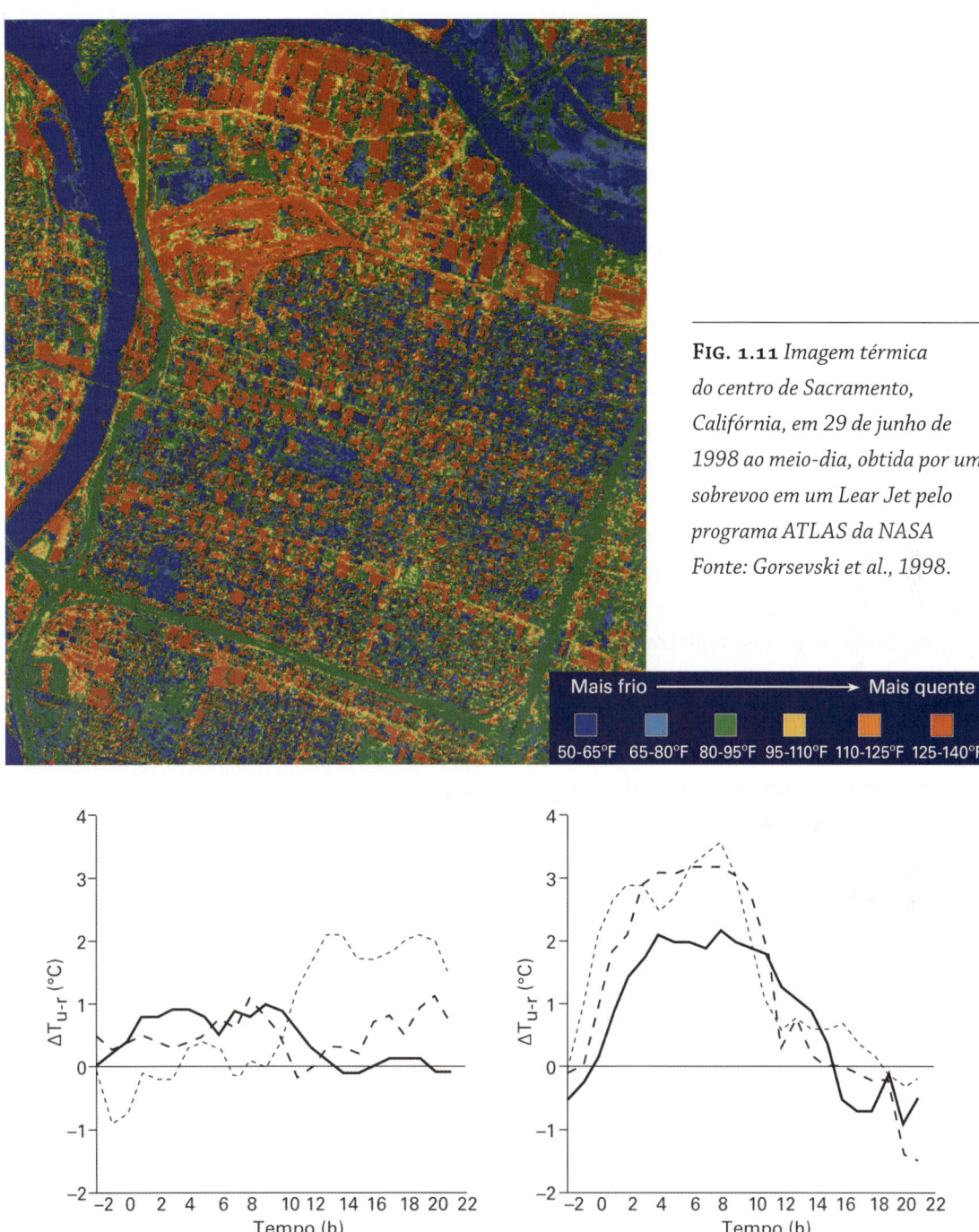

FIG. 1.11 *Imagem térmica do centro de Sacramento, Califórnia, em 29 de junho de 1998 ao meio-dia, obtida por um sobrevoo em um Lear Jet pelo programa ATLAS da NASA*
Fonte: Gorsevski et al., 1998.

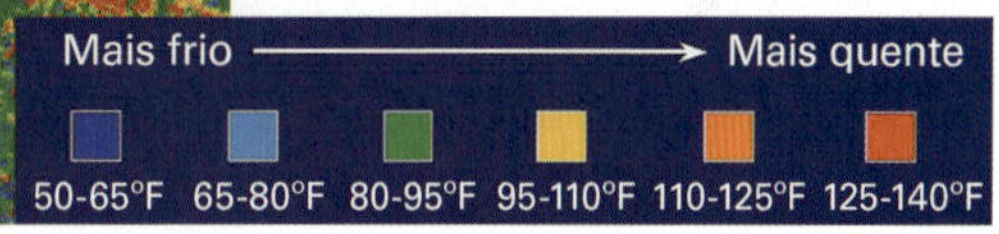

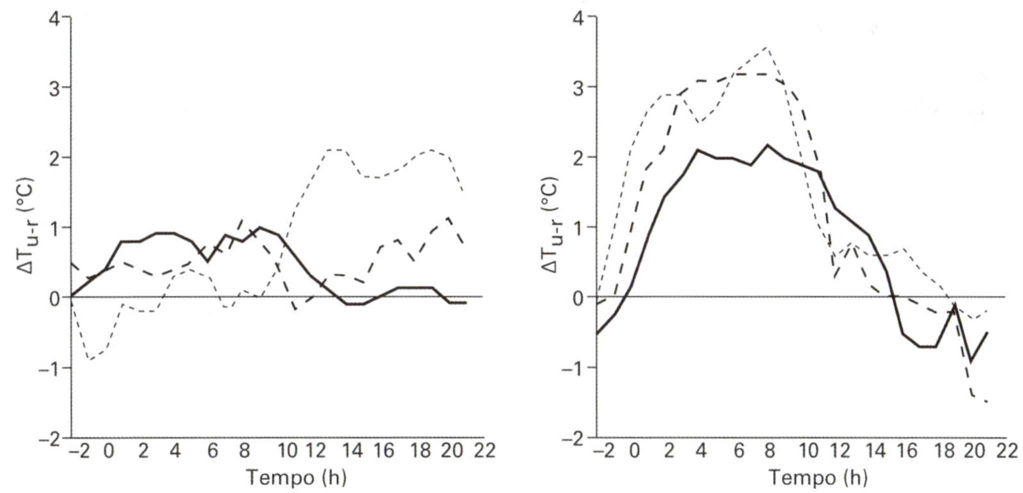

FIG. 1.12 *Diferença de temperatura entre a área urbana de Filaret e a área rural de Banasea em Bucareste, Romênia. À esquerda, tempo nublado e com ventos (linha contínua - Primavera, linha tracejada – Verão, pontilhada – Verão com nuvens de manhã). À direita, dia calmo e claro (linha contínua – Inverno, linha tracejada – Primavera, pontilhada - Verão). O tempo é relativo ao pôr do sol, de modo que 0 é o pôr do sol, 2 representa duas horas após o pôr do sol e -2 representa duas horas antes do pôr do sol*
Fonte: Tumanov et al., 1999.

AUMENTOS COM A URBANIZAÇÃO

Conforme as cidades vão se expandindo, ilhas de calor também tendem a ficar mais intensas. Análises de dados históricos das condições meteorológicas demonstram que as intensificações das ilhas de calor coincidem com o desenvolvimento de áreas urbanas e suburbanas. As Figs. 1.13 e 1.14 mostram os resultados da crescente urbanização em duas áreas em Phoenix, no Estado do Arizona, e em Mesa e Tempe, também no Arizona, durante o último século. As temperaturas máximas e mínimas do ar nessas cidades são comparadas às temperaturas em Sacaton, uma área rural, no deserto do Arizona. De acordo com a Fig. 1.13, as temperaturas máximas nessas áreas urbanas e suburbanas tiveram um pequeno aumento ou permaneceram estáveis comparadas às temperaturas em Sacaton. No entanto, as temperaturas mínimas, registradas durante a noite, mostradas na Fig. 1.14, aumentaram cerca de 4°C em Phoenix, Mesa e Tempe em comparação às temperaturas de Sacaton. Isso indica que essas cidades armazenam mais calor durante o dia e o liberam à noite, levando ao aumento da intensidade das ilhas de calor ao longo dos anos. Esses aumentos correspondem à urbanização dessas cidades no último século e são evidências da ligação existente entre a urbanização e o fenômeno da ilha de calor.

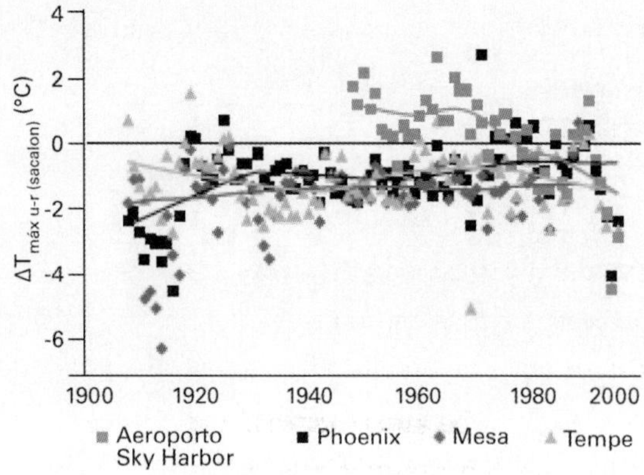

FIG. 1.13 *Diferenças entre as médias mensais das temperaturas máximas no aeroporto Sky Harbor de Phoenix, na área urbana de Phoenix, área urbana de Mesa e área suburbana de Tempe, Arizona, e no deserto rural de Sacaton, durante o século passado*
Fonte: Brazel et al., 2000.

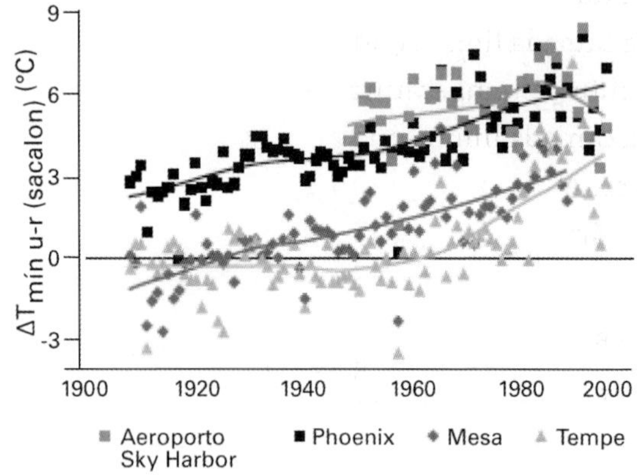

FIG. 1.14 *Diferenças entre as médias mensais das temperaturas mínimas no aeroporto Sky Harbor de Phoenix, na área urbana de Phoenix, na área urbana de Mesa e na área suburbana de Tempe, Arizona, e no deserto rural de Sacaton, durante o século passado*
Fonte: Brazel et al., 2000.

INVERSÕES TÉRMICAS

Até agora, este capítulo se concentrou nos efeitos das ilhas de calor sobre as temperaturas do "dossel" abaixo dos topos de edifícios e de árvores. As ilhas de calor afetam também as temperaturas do ar acima das árvores e edifícios em áreas urbanas. Os efeitos são vistos na camada limite, localizada a cerca de 2.000 m da atmosfera terrestre, onde o calor e o arraste da superfície terrestre criam turbulência.

O ar na atmosfera está sujeito a duas tendências concorrentes. Primeiro, a pressão do ar é mais baixa em altitudes elevadas, levando o ar a expandir e resfriar ligeiramente com a altitude. Isso ocorre em um ritmo natural chamado de gradiente adiabático de temperatura. O termo adiabático significa que o ar não ganha nem perde energia ou calor com a mudança de altitude. O gradiente adiabático de temperatura varia de acordo com a quantidade de umidade no ar. Isso pode variar entre uma alta, de 10°C por 1.000 m para ar seco, e uma baixa, de 6°C por 1.000 m para ar úmido. Por causa dessa característica o ar é mais frio em altitudes elevadas.

A subida do ar quente é a segunda tendência atmosférica. Durante o dia, a energia solar aquece as superfícies terrestres e essas superfícies por sua vez, aquecem o ar acima delas. Se houver aquecimento suficiente, uma inversão térmica pode ocorrer onde o ar quente fica acima do ar frio em diferentes níveis da atmosfera.

Essas duas tendências orientam o comportamento da atmosfera em dias claros e calmos que favorecem a formação de ilhas de calor. Áreas urbanas e suburbanas tendem a ser mais aquecidas do que áreas rurais. Esse calor excedente abastece as inversões térmicas que prendem o ar quente e a poluição próximos ao solo em áreas urbanas durante a noite.

As Figs. 1.15 e 1.16 mostram perfis típicos de temperaturas durante o dia e à noite nas camadas limite da Terra, tanto em áreas rurais como urbanas. Durante o dia, o ar é aquecido na superfície terrestre e sobe até o ar mais fresco da camada limite, onde é misturado ao ar atmosférico para formar uma camada limite de temperatura constante. A mistura leva o ar quente para cima, além da camada limite, onde uma inversão térmica do ar quente sobre o ar frio acontece. A camada limite é mais espessa e mais quente em áreas urbanas do que em áreas rurais porque as superfícies urbanas capturam e liberam mais calor.

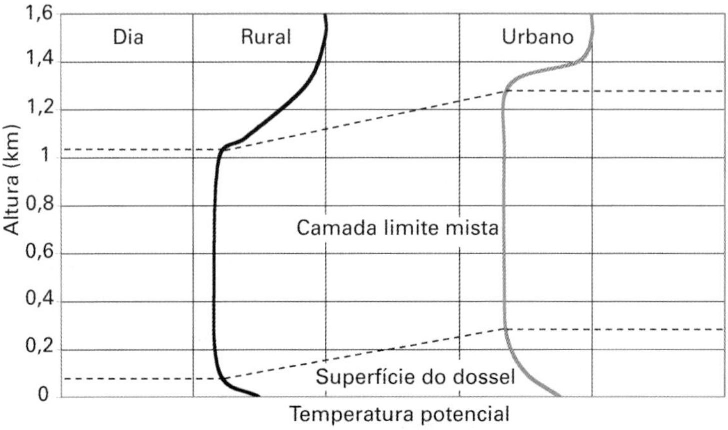

FIG. 1.15 *Perfis de temperaturas potenciais típicas diurnas em áreas rurais e urbanas; temperaturas potenciais foram corrigidas para mudanças em razão de altitude*
Fonte: Oke, 1987.

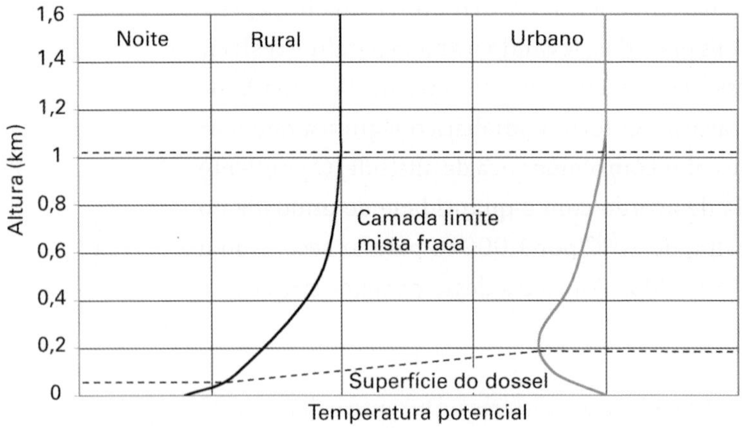

Fig. 1.16 *Perfis de temperaturas potenciais típicas noturnas em áreas rurais e urbanas; temperaturas potenciais foram corrigidas para mudanças em razão de altitude*
Fonte: Oke, 1987.

Em áreas rurais, à noite, a superfície terrestre é mais fria do que o ar acima dela. Uma vez que o ar deixa de ser aquecido pela superfície, não sobe ar quente. Ao contrário, o ar se acomoda em uma inversão térmica à temperatura do solo, ou em uma massa estável de ar frio próximo ao solo com ar mais quente acima dela. O ar acima de uma área urbana se comporta de maneira diferente à noite. Como as superfícies urbanas ficam mais quentes, elas continuam a aquecer a ar acima delas após o pôr do sol. Esses efeitos de aquecimento e mistura de ares são mais fracos à noite do que durante o dia, e por isso o ar aquecido não sobe e se mistura por toda a camada limite, e assim, como mostra a Fig. 1.16, é formada uma inversão térmica (ar quente sobre ar frio) no topo do dossel. Essa inversão tende a bloquear a subida do ar mais quente da cidade, prendendo-o no dossel próximo ao solo. Medições de temperaturas em diversos locais acima das cidades podem fornecer um melhor entendimento dos efeitos das ilhas de calor sobre o clima local. Um estudo sobre a cidade de Nova York de 1968 é um bom exemplo. Nesse estudo, um helicóptero sobrevoou a cidade, fazendo medições verticais de temperaturas e de pressão em locais específicos (Bornstein, 1968). A Fig. 1.17 mostra a rota de voo adotada e a Fig. 1.18 mapeia os perfis de temperatura sobre a cidade, ao pôr do sol em dia claro e calmo de verão. As temperaturas do ar próximo à superfície eram mais quentes perto do centro da cidade

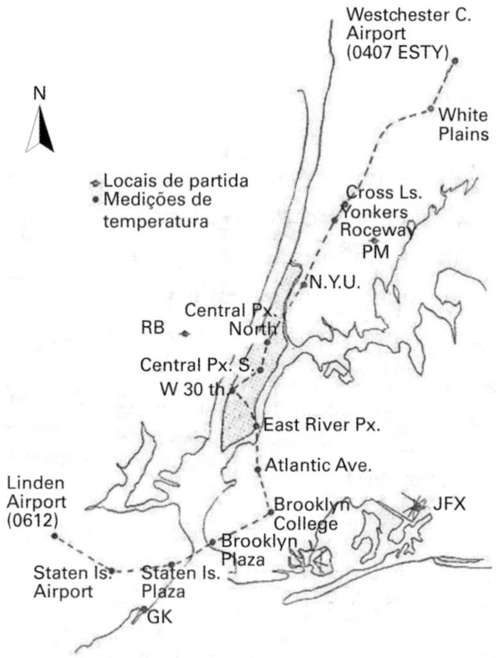

Fig. 1.17 *Mapa da cidade de Nova York mostrando o trajeto de voo percorrido por um helicóptero instrumentado em 16 de julho de 1964*
Fonte: Bornstein, 1968.

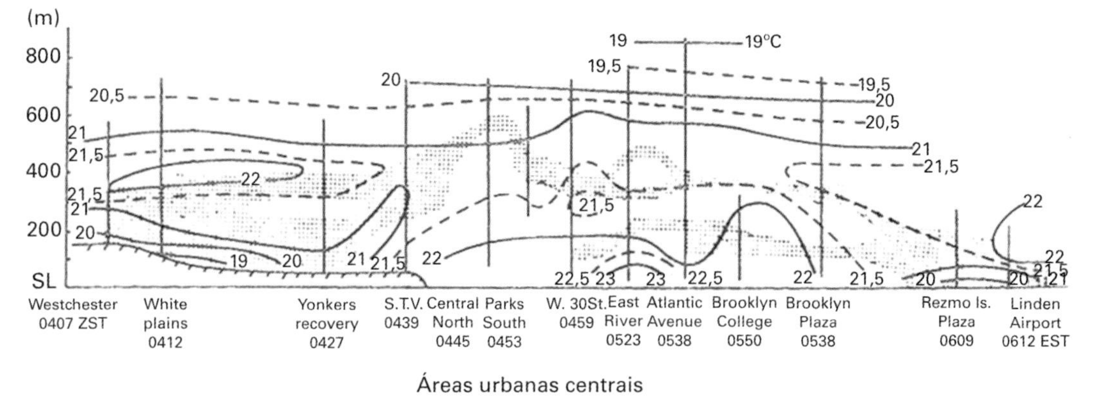

Fig. 1.18 *Distribuições reais das temperaturas verticais e horizontais em graus centígrados ao nascer do sol ao longo do trajeto de voo de Nova York, em 16 de julho de 1964*
Fonte: Bornstein, 1968.

e mais frias em áreas rurais (Aeroportos de Westchester e Linden), ao passo que inversões mais fortes foram registradas em elevações mais altas sobre o centro urbano.

Os efeitos da ilha de calor sobre perfis de temperaturas acima das cidades também foram estudados, pois se desenvolvem durante a noite. Medições verticais de temperatura foram feitas a partir de voos de helicóptero sobre a cidade de St. Louis, no Missouri, em 1975. A Fig. 1.19 mostra como perfis de temperatura mudam sobre áreas rurais e urbanas. Durante a noite, o ar sobre áreas rurais resfria, criando assim uma inversão térmica de ar quente sobre ar mais frio próximo à superfície. A área urbana não resfria tanto quanto a área rural e cria uma inversão de temperatura cerca de 200 m acima da superfície, onde o ar mais quente fica preso no dossel.

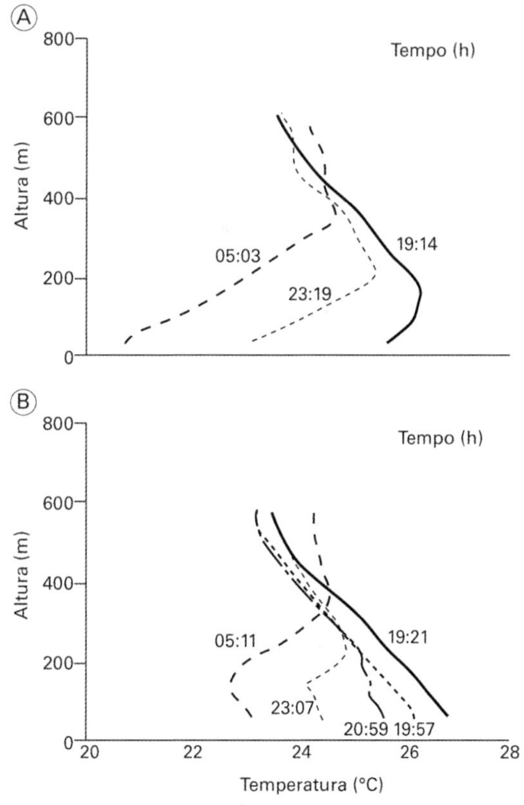

Fig. 1.19 *Perfis reais de temperaturas rural (A) e urbana (B) em St Louis, Missouri, em 26-27 de julho 1975 por volta do nascer e pôr do sol*
Fonte: Godowitch et al., 1985.

Observação

[1] Pavimento: nesse texto, pavimento refere-se a todas as superfícies pavimentadas incluindo pistas de rolamento, estacionamentos, calçadas, vias para ciclistas, arruamentos etc.

Para reduzir os efeitos das ilhas de calor, deve-se primeiro entender as suas causas. Em 1833, Luke Howard hipotetizou que o excesso de calor nas cidades era causado por pessoas, animais e "fogos" (diversas fontes de combustão) durante o inverno. Ao notar que as áreas urbanas eram mais quentes também durante o verão, Howard atribuiu essa condição à maior absorção da radiação solar pelo "conjunto de superfícies verticais" da cidade e à falta de umidade disponível para evaporação (Howard, 1833).

Dois

Causas da ilha de calor

As teorias de Howard eram surpreendentemente precisas. Estudos realizados ao longo do século XX determinaram que as superfícies urbanas são mais quentes do que as superfícies rurais por dois principais motivos. O primeiro é que as superfícies construídas pelo homem são compostas por materiais escuros que prontamente absorvem e armazenam o calor do sol. E para exacerbar essa alta absorção do calor solar, as construções e pavimentos formam cânions que tendem a refletir o calor. O segundo é a maioria dos materiais de construção é resistente à água, portanto a água de chuva corre e vai embora, e não consegue dissipar o calor por meio da evaporação (ou evapotranspiração quando existem plantas envolvidas). Durante o dia, as temperaturas de superfícies insustentáveis e impermeáveis podem chegar a 87,7°C; as superfícies com vegetação mais natural pode chegar a apenas 21,1°C. Temperaturas de superfícies mais elevadas levam a temperaturas de ar mais elevadas, especialmente durante a noite, quando as superfícies quentes se resfriam e aquecem o ar ao seu redor.

Existem várias outras razões que justificam o fenômeno das ilhas de calor. O calor urbano gerado a partir do aquecimento, arrefecimento, transporte e processos industriais, produz efeitos e como Howard havia especulado, esse efeito é geralmente mais importante durante o inverno. Edifícios também diminuem a velocidade média dos ventos, o que atrasa a transferência do calor das superfícies para o ar. A poluição do ar urbano também contribui, pois as partículas no ar absorvem e emitem calor para as superfícies da cidade.

O capítulo anterior descreveu as características das ilhas de calor, sem muito explicar suas origens. É sabido que ilhas de calor apresentam:

* temperaturas de ar mais elevadas;
* temperaturas de superfícies mais elevadas;
* efeitos mais intensos em dias claros e calmos;
* aumentam com o passar do tempo;
* inversões térmicas.

Mas o que causa esses fenômenos? De acordo com a explicação acima, não existe uma única causa para as ilhas de calor. Ao contrário, muitos fatores contribuem para o aquecimento de cidades e subúrbios. As principais características urbanas que contribuem para a formação de ilhas de calor estão listadas no Quadro 2.1.

Quadro 2.1 Características urbanas e suburbanas importantes para a formação de ilhas de calor e seus efeitos no balanço de energia sobre a superfície terrestre.

Características que contribuem para a formação de ilhas de calor	Efeitos sobre o balanço de energia
Falta de vegetação	Reduz evaporação
Utilização difundida de superfícies impermeáveis	Reduz evaporação
Maior difusividade térmica dos materiais urbanos	Aumenta o armazenamento de calor
Baixa refletância solar dos materiais urbanos	Aumenta saldo de radiação
Geometrias urbanas que aprisionam o calor	Aumenta saldo de radiação
Geometrias urbanas que diminuem as velocidades dos ventos	Reduz convecção
Aumento dos níveis de poluição	Aumenta saldo de radiação
Aumento da utilização de energia	Aumenta o calor antropogênico

Essas características podem ser divididas em cinco principais causas para a formação de uma ilha de calor:

* evaporação reduzida;
* maior armazenamento de calor;
* aumento do saldo de radiação;
* convecção reduzida;
* aumento de calor antropogênico.

Essas causas serão descritas em maiores detalhes abaixo, mas antes, é útil entender o conceito de "balanço de energia" na superfície terrestre.

Balanço de energia

Uma equação chamada "balanço de energia" explica como a energia é transferida de e para as superfícies terrestres. O balanço de energia se baseia na primeira lei da termodinâmica, que diz que a energia nunca é perdida. Para uma superfície da Terra, isso significa que toda energia absorvida pela superfície por meio de radiação ou a partir de calor antropogênico, vai para algum lugar. Essa energia irá aquecer o ar acima da superfície ou será evaporada com a umidade ou será armazenada nos materiais em forma de calor. A equação do balanço de energia é a seguinte:

Convecção + Evaporação + Armazenamento de calor = calor Antropogênico + Saldo de radiação **(2.1)**

Convecção é a energia que é transferida de uma superfície sólida para uma fluida (i.e. um líquido ou gás), nesse caso da superfície terrestre para o ar acima dela. A convecção aumenta quando os ventos apresentam velocidades elevadas, quando existe turbulência no ar acima de superfícies mais ásperas e quando as diferenças entre as temperaturas das superfícies e do ar são maiores.

Evaporação é a energia transmitida a partir da superfície terrestre em forma de vapor d'água. A água presente em solos úmidos ou superfícies molhadas se transforma em vapor quando é aquecida pelo sol ou por outras fontes. O vapor d'água então sobe para a atmosfera, levando consigo a energia solar. O termo evaporação também se refere à evapotranspiração, um processo mais complicado que as plantas utilizam para se manter frescas. Durante a evapotranspiração, a água é retirada do solo através das raízes e evaporada por meio de estômatos nas folhas das plantas. Tanto a evaporação como a evapotranspiração aumentam quando existe mais umidade disponível, quando a velocidade dos ventos é maior e quando está mais seco e quente.

Armazenamento de calor depende de duas propriedades dos materiais: a condutividade térmica e a capacidade calorífica. Materiais com maior condutividade térmica são mais aptos para direcionar o calor para seus interiores. Materiais com grande capacidade calorífica são capazes de armazenar mais calor em suas massas. À medida que mais calor é armazenado, a temperatura do material aumenta.

Calor antropogênico representa o calor "produzido pelo homem" que é gerado por edifícios, equipamentos ou pessoas. Em muitas áreas, especialmente em áreas rurais e suburbanas, a quantidade de calor antropogênico é pequena em comparação aos outros componentes da equação de equilíbrio. Em áreas densamente urbanizadas o calor antropogênico é mais elevado e pode ser uma influência significativa na formação de ilhas de calor.

Saldo de radiação abrange quatro processos de radiação distintos que acontecem na superfície terrestre:

Saldo de radiação = radiação solar global - radiação solar refletida + radiação atmosférica - radiação da superfície (2.2)

Radiação solar global representa a quantidade de energia radiada pelo sol. Isso, obviamente, pode variar dependendo da estação do ano, da hora do dia (zero à noite), da nebulosidade e do nível de poluição atmosférica.

Radiação solar refletida é a quantidade de energia que é refletida a partir de uma superfície, de acordo com a refletância do material. Materiais que possuem alta refletância solar, como materiais brancos e brilhantes para coberturas, refletem a maior parte da radiação que incide sobre eles, ao passo que superfícies escuras, como coberturas asfálticas absorvem a maior parte da radiação solar.

Radiação atmosférica é o calor emitido por partículas presentes na atmosfera, somo gotículas de vapor d'água, nuvens, poluição e poeira. Quanto mais quente a atmosfera e quanto mais partículas estiverem presentes, mais energia será emitida.

Radiação da superfície é o calor radiado a partir de uma superfície. Esse termo é bastante dependente das temperaturas das superfícies e de seus arredores. Uma superfície relativamente mais quente radia mais energia.

As causas das ilhas de calor e como elas afetam o balanço de energia de uma cidade são descritos a seguir.

Evaporação reduzida

A Fig. 2.1 mostra o balanço de energia em áreas rurais, suburbanas e urbanas em

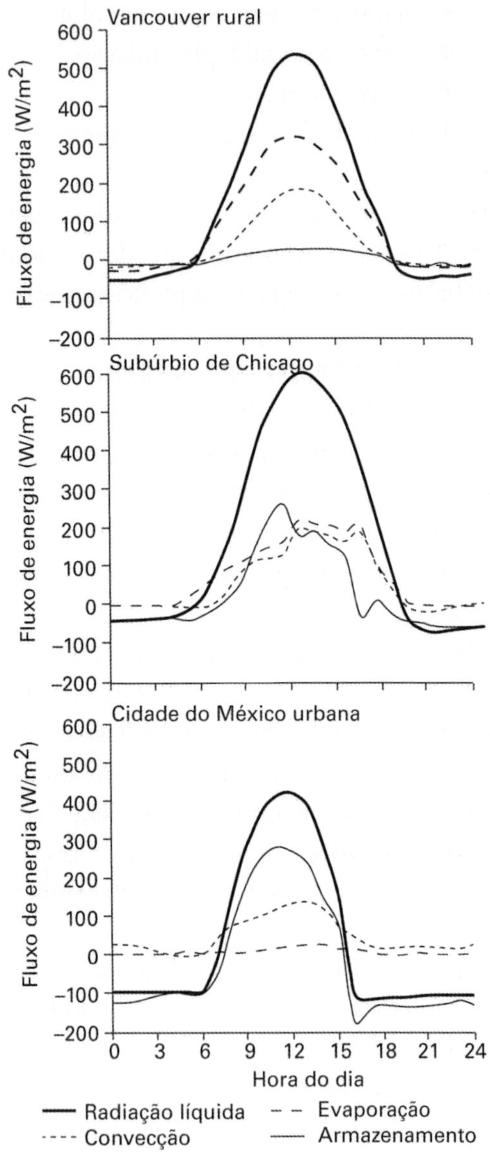

Fig. 2.1 *Medições diárias de balanço de energia sob condições de céu claro em uma área rural de Vancouver durante o verão de 1983, uma área suburbana de Chicago em julho de 1992 e uma área urbana da Cidade do México durante dezembro 1993 Fonte: Cleugh e Oke, 1986; Grimmond e Oke, 1995; Oke et al., 1999.*

Vancouver, Chicago e Cidade do México. As características mais importantes dessas localidades estão listadas na Tab. 2.1.

TAB. 2.1 CARACTERÍSTICAS DE USO DE TERRENO, CONDIÇÕES METEOROLÓGICAS E BALANÇO DE ENERGIA DIÁRIO EM UMA ÁREA RURAL DE VANCOUVER, UM SUBÚRBIO DE CHICAGO E UMA ÁREA URBANA DA CIDADE DO MÉXICO.

	Vancouver rural	**Chicago subúrbio**	**Cidade do México urbana**
Uso de terreno (visão 2-D)			
Vegetação e água	100%	44%	2%
Edifícios	0%	33%	43%
Pavimentos impermeáveis	0%	23%	55%
Condições Meteorológicas			
Precipitação durante estudos	Sim	Sim	Sim
Radiação solar global (W/m^2/dia)	5380	7000	4920
Relação diária de balanço de energia			
Saldo de radiação / Radiação solar global	0,66	0,60	0,15
Convecção/ Radiação solar global	0,20	0,21	0,23
Evaporação/ Radiação solar global	0,45	0,28	0,03
Armazenamento de calor/ Radiação solar global	0,04	0,19	0,31
Liberação de calor/ Radiação solar global	0,03	0,08	0,42

Fonte: Cleugh e Oke, 1986; Grimmond e Oke, 1995; Oke et al., 1999.

A diferença mais marcante entre os estudos apresentados na Fig. 2.1 é a diminuição da energia de evaporação entre as áreas rurais, passando pelos subúrbios e chegando às áreas urbanas. Essa mudança coincide com a diminuição da cobertura vegetativa, que vai de 100% de cobertura nas áreas rurais para 44% de cobertura nas áreas suburbanas e 2% nas áreas urbanas.

Como consequência dessas mudanças na evaporação de energia, existe um aumento no armazenamento de calor durante o dia e liberação de calor durante a noite. Sem o escape de energia imediato proporcionado pela evaporação, as áreas urbanas e suburbanas são forçadas a armazenar mais energia durante o dia. A energia armazenada é subsequentemente liberada de volta à atmosfera durante a noite, principalmente por meio de emissões radiantes aumentadas e em menor escala, por meio de convecção aumentada. Na parte urbana da Cidade do México, o calor armazenado começa a ser liberado no final da tarde.

Observe que o fluxo de energia evaporativa na área urbana da Cidade do México pode estar representado a menor. A Cidade do México não apresentou precipitação durante os estudos, ao passo que Vancouver e Chicago tiveram precipitação suficiente para manter áreas vegetadas e áreas permeáveis razoavelmente úmidas. Mas como a área vegetada da Cidade do México é muito pequena e provavelmente irrigada, parece seguro afirmar que a precipitação não teria alterado muito a evaporação no local.

Deve ser observado que nem todas as cidades possuem níveis de evaporação reduzidos, porém, elas ainda assim sofrem com as ilhas de calor em decorrência de outras causas. Áreas urbanas como em Phoenix, no Arizona (Balling e Brazel, 1988; Brazel et al., 2000), e Negrev, em Israel (Pearlmutter et al., 1999), tendem a apresentar níveis de evaporação mais elevados do que os desertos que as cercam por terem sido planejadas com muitas árvores e gramados que são molhados e irrigados regularmente.

Armazenamento de calor aumentado

Em combinação com a falta de umidade, os materiais de construção possuem propriedades que tendem a exacerbar os problemas decorrentes das ilhas de calor. Duas propriedades dos materiais são importantes para o armazenamento de calor: a condutividade térmica e a capacidade calorífica. Materiais com alta condutividade térmica tendem a conduzir o calor para o seu interior. Materiais com alta capacidade calorífica são capazes de armazenar mais calor em seu volume.

A combinação dessas propriedades, chamada difusividade, é um indicador importante para avaliar a facilidade para o calor penetrar o material. Difusividade térmica pode ser encontrada dividindo a condutividade térmica do material por sua capacidade calorífica. Altos índices de difusividade térmica indicam que o calor chega a camadas mais profundas do material, e as temperaturas se mantêm mais constantes com o tempo. Índices baixos indicam que apenas uma camada mais fina é aquecida e as temperaturas tendem a oscilar mais rapidamente.

A Fig. 2.2 traça os valores de condutividade térmica, capacidade calorífica e difusividade térmica de diferentes materiais. Os valores de condutividade térmica e capacidade calorífica tendem a variar bastante de material para material, mas existe uma progressão impressionante em termos de difusividade térmica passando de materiais encontrados na natureza, como madeiras e solos para materiais de construção produzidos pelo homem como pavimentos e materiais de isolamento. Áreas rurais tendem a ser compostas por materiais de menor difusividade térmica, ao passo que áreas urbanas apresentam maior difusividade. Isso amplia o armazenamento de calor durante o dia e sua lenta liberação durante a noite.

Saldo de Radiação aumentado

Geralmente existe maior acúmulo de saldo de radiação em áreas urbanas do que em áreas rurais. A diferença se dá em razão de diversos fatores, inclusive menor refletância solar dos materiais urbanos, geometrias urbanas restritivas e níveis de poluição mais elevados nas cidades. O termo *saldo de radiação*, definido na Eq. 2.2, inclui radiação solar e atmosférica incidente, bem como as radiações refletida e emitida a partir de superfícies.

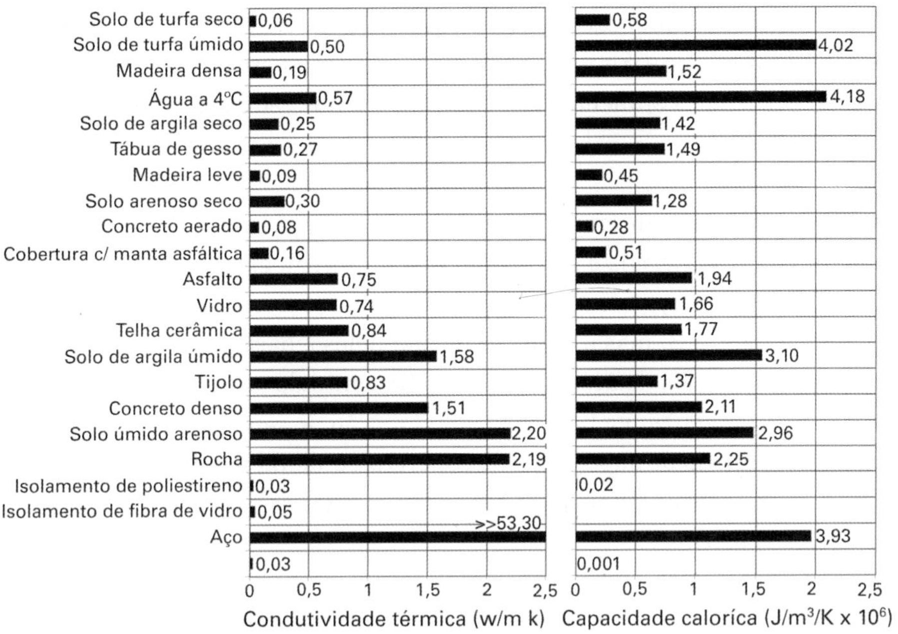

FIG. 2.2 *Condutividade térmica, capacidade calorífica e difusividade térmica de diversos materiais*
Fonte: Oke, 1987; ASHRAE, 1993.

A maioria dos materiais urbanos reflete menores quantidades de energia solar incidente do que materiais comumente encontrados em áreas rurais. A Fig. 2.3 mostra a diferença de valores de refletância solar de materiais encontrados em áreas urbanas e rurais. Dois materiais amplamente utilizados possuem baixos valores de refletância solar: pavimentos asfálticos e coberturas com mantas asfálticas. A utilização predominante desses materiais diminui a refletância solar total de comunidades. Por exemplo, a refletância em áreas urbanas de St. Louis, no Missouri, era 4% menor do que em áreas rurais ao seu redor (Vulkovich, 1983). Isso significa que 4% a mais da energia solar são absorvidos nas áreas urbanas e isso tende a aumentar os níveis de saldo de radiação durante o dia.

A Fig. 2.3 mostra os diferentes valores de emissões térmicas de diversos materiais. A emissão da maioria dos materiais é de 0,85 ou maior, porém, alguns materiais, como misturas de concreto, podem apresentar valores menores. Não estão incluídos os metais na Fig. 2.3, mas a emissão termal deles é bastante baixa, podendo variar de 0,20 a 0,60, de acordo com o acabamento da superfície. Emissões térmicas baixas reduzem a habilidade de radiação de calor do material. A utilização disseminada de superfícies de concreto ou metal pode reduzir a emissividade térmica urbana total, o que tende a aumentar os níveis de saldo de radiação em áreas urbanas.

A geometria urbana também afeta os níveis de saldo de radiação de uma comunidade. O calor é radiado a partir de superfícies de maneira difusa ou regular em todas as direções. Em uma superfície de solo, cercada por edifícios, muita radiação é capturada pelas paredes dos edifícios ao invés de escapar para a atmosfera. Isso é mais um fator que tende a aumentar os níveis de saldo

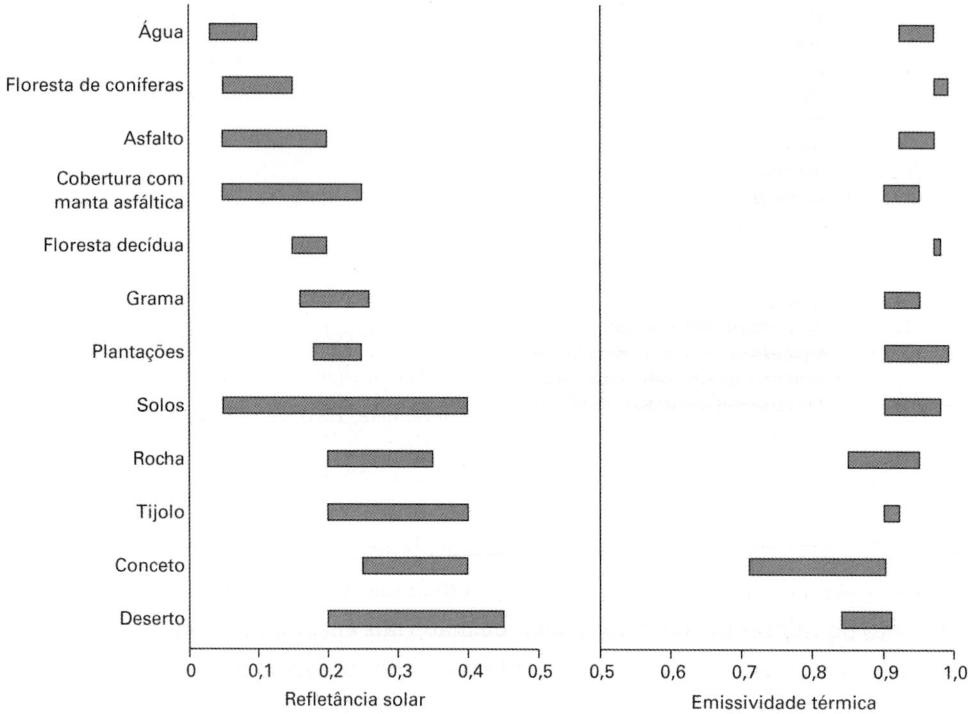

FIG. 2.3 *Refletância solar e emissividade térmica de diversos materiais naturais e de construção*
Fonte: Oke, 1987.

de radiação em áreas urbanas. Os chamados cânions dificultam o arrefecimento de áreas urbanas, principalmente após o pôr do sol. A Fig. 2.4 mostra resultados de um teste em escala reduzida onde as proporções de altura para a largura dos edifícios eram variadas (Oke, 1981). A diferença entre temperatura urbana e rural é bem maior após o pôr do sol em áreas com edifícios altos, e o ar urbano é resfriado mais lentamente durante a noite. Esses resultados foram verificados por meio de métodos numéricos (Arnfield, 1990; Voogt e Oke, 1991) e observações de campo em várias cidades (Oke e Maxwell, 1975; Oke, 1981; Voogt e Oke, 1991; Mills e Arnfield, 1993).

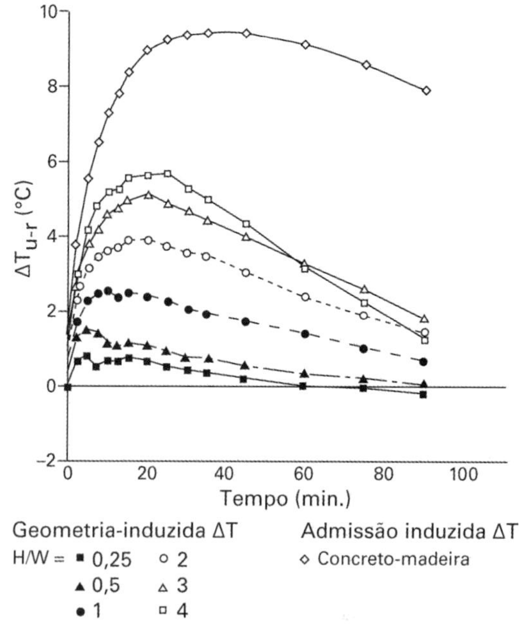

FIG. 2.4 *Alteração na intensidade da ilha de calor (a temperatura do ar urbano menos a temperatura do ar rural) logo após o pôr do sol (tempo = 0) para várias proporções de altura e largura da construção em uma experiência com modelo em escala, e por uma laje de concreto comparada a uma placa de madeira (representando uma área rural)*
Fonte: Oke, 1981.

Outro fator que afeta o saldo de radiação é a poluição do ar. A poluição afeta o saldo de radiação de uma cidade de duas maneiras. Primeiro, durante o dia a poluição diminui a quantidade de radiação solar que chega até a superfície terrestre. Antes da disseminação dos métodos de controle da poluição do ar, reduções de até 50% da radiação solar foram observadas em várias cidades (Landsberg, 1981). Hoje, a poluição ainda reduz a energia solar de maneira significativa em muitas cidades. Poluentes aerossóis, em particular, bloqueiam a energia do sol. Por exemplo, um estudo feito na Cidade do México detectou que a presença de aerossóis diminui o ganho de energia solar da cidade em até 22% (Jauregui e Luyando, 1999).

A poluição do ar também aumenta a quantidade total de radiação infravermelha, de ondas longas, emitida a partir da atmosfera terrestre. Partículas de poluição refletem, sim, muita radiação, tanto do sol como da terra. Mas elas também tendem a absorver mais radiação. Isso eleva a temperatura atmosférica e aumenta a quantidade de energia que ela emite. Diversos estudos detectaram que os níveis de radiação atmosférica são aumentados em até 15% na presença de poluição do ar.

Esses dois efeitos causados pela poluição, radiação solar reduzida e emissões atmosféricas aumentadas, operam em oposição sobre o termo de saldo de radiação. Os níveis e tipos de poluição variam tremendamente, por isso é bastante difícil determinar, durante o dia, quais são os efeitos reais da poluição. Mas durante a noite, quando a energia solar deixa de ser um fator, a poluição do ar urbano definitivamente aumenta os níveis de radiação.

Convecção Reduzida

Já foi mostrado que as ilhas de calor são mais intensas em dias claros e calmos (Landsberg, 1981; Tumanov et al., 1999). De maneira geral, isso ocorre porque há menor convecção do calor das superfícies para o ar quando a velocidade dos ventos é menor. Velocidades de ventos menores tendem a aumentar o armazenamento de calor durante o dia e sua lenta liberação durante a noite.

Cidades também tendem a ter ventos com menor velocidade do que as áreas rurais. Os edifícios em áreas urbanas e suburbanas agem como barreiras contra o vento, diminuindo até 60% a velocidade dos ventos (Landsberg, 1981). No entanto, em alguns casos, a velocidade do vento pode aumentar nas bases dos edifícios. Os ventos podem ser afunilados pelas laterais dos edifícios até o nível das ruas em algumas situações (Bosselmann et al., 1995).

É sabido também que as Ilhas de calor são capazes de criar suas próprias brisas. O ar quente tende a subir acima da cidade, atraindo ar mais fresco ao seu redor. Duas cidades costeiras – Houston, no Texas e Tóquio, no Japão – são conhecidas por atrair o ar fresco do mar conforme elas se aquecem ao longo do dia (Yoshikado, 1990; Nielsen-Gammon, 2000).

É difícil prever as ocorrências de ventos mais lentos e/ou de brisas induzidas, e esses efeitos tendem a anular uns aos outros. Estudos detalhados feitos individualmente por cidade podem esclarecer os efeitos que os ventos exercem sobre as cidades e vice versa.

Calor antropogênico aumentado

O calor antropogênico é gerado pelas atividades humanas e é proveniente de diversas fontes, como edifícios, processos industriais, carros e até mesmo as próprias pessoas. Para determinar quanto calor antropogênico é produzido em uma determinada região, toda a utilização de energia (comercial, residencial, industrial e transporte) deve ser somada. A soma é então dividida pela área da região para permitir a comparação entre diferentes cidades.

Os ganhos de calor antropogênico são geralmente maiores no inverno do que no verão. De acordo com estimativas feitas anteriormente a 1980, acreditava-se que os ganhos de calor antropogênico variavam de 20 a 40 W/m^2 no verão e de 70 a 210 W/m^2 no inverno (Taha, 1997b) e seguiam um padrão de picos duplos parecido com a representação da Fig. 2.6. Trabalhos mais recentes mostram que os ganhos de calor antropogênico são significativamente maiores hoje em dia, por causa da crescente utilização de energia, e principalmente em razão da crescente utilização de ar-condicionado durante o verão.

A Fig. 2.5 mostra o aumento anual do consumo de energia nos Estados Unidos de 1950 até 2000. De 1980 a 2000, o consumo de energia nos Estados Unidos aumentou 25%. Esse aumento ocorreu simultaneamente ao crescimento da área metropolitana, portanto o ganho de calor antropogênico nas cidades, que agora estão espalhados por áreas maiores, será aproximadamente menor do que 15%. Uma porção desse aumento de uso de energia se dá pela maior utilização de ar-condicionado durante o verão, portanto, é

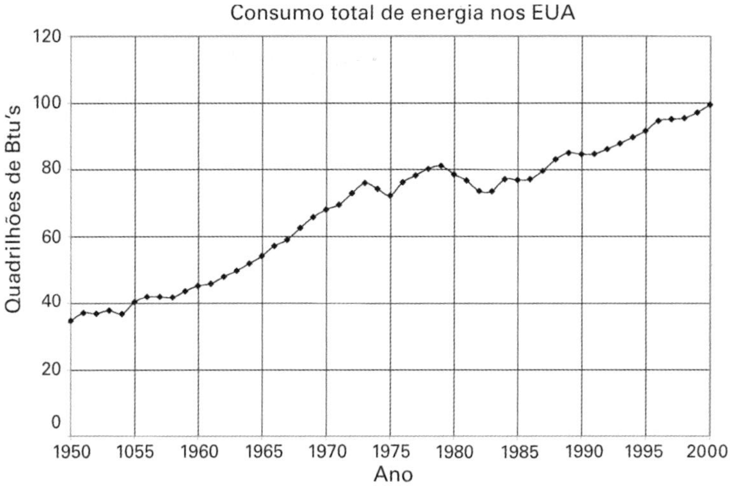

FIG. 2.5 *Consumo de energia nos EUA entre 1950 e 2000*
Fonte: EIA, 2000.

provável que os ganhos de calor antropogênico no verão tenham aumentado mais do que no inverno.

Estimativas mais recentes de ganhos de calor antropogênico incluem estimativas de áreas urbanas, suburbanas e rurais em Brisbane, na Austrália durante o mês de dezembro (verão) de 1996 (Khan e Simpson, 2001). O padrão diário mostrado na Fig. 2.6 apresenta ganhos maiores pela manhã e à tarde e um valor de pico urbano de cerca de 65 W/m^2. Esse valor é maior que os 20-40 W/m^2 pressupostos anteriormente a 1980.

No extremo oposto dos ganhos de calor antropogênico, um estudo das regiões mais densamente povoadas e com maior intensidade de energia urbana em Tóquio, Japão, encontrou níveis elevados de até 400 W/m^2 no verão e de até 1.590 W/m^2 no inverno (Ichinose et al., 1999). A Fig. 2.7 traça o balanço de energia total diário de Tóquio, e mostra que o ganho de calor antropogênico é igual à cerca de 40% de energia solar global no verão e 100% de energia solar no inverno.

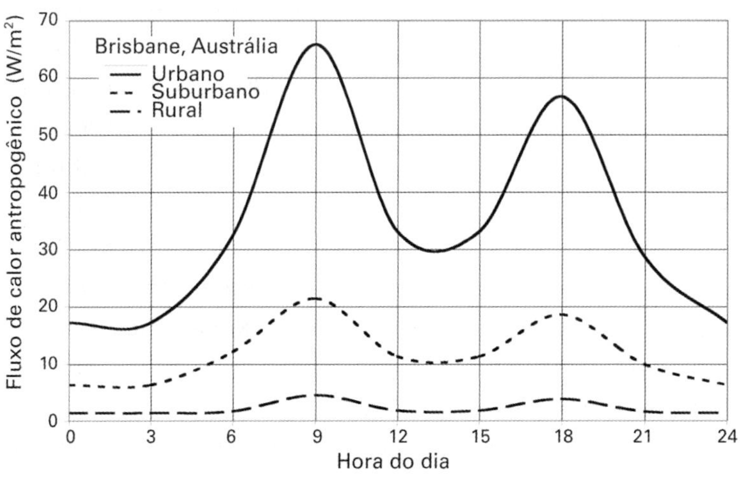

FIG. 2.6 *Geração de energia antropogênica diária em áreas urbanas, suburbanas e rurais de Brisbane, na Austrália, em dezembro de 1996*
Fonte: Khan e Simpson, 2001.

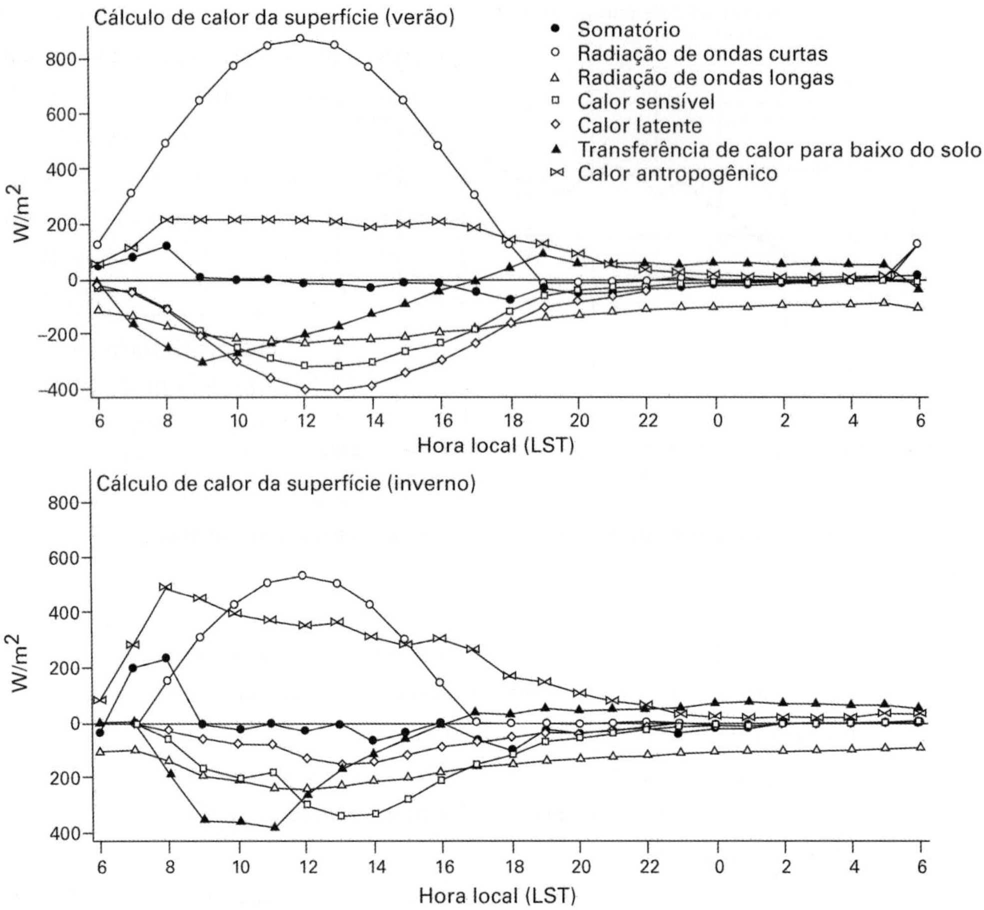

Fig. 2.7 *Balanço de energia no verão e inverno em Tóquio, no Japão, apresentando ganhos de calor antropogênico em relação a outros termos energéticos*
Fonte: Ichinose et al., 1999.

A interação das causas das ilhas de calor

A ilha de calor é um fenômeno relativamente complexo. Em grande parte, isso se deve à complicada natureza das áreas urbanas e padrões de condições meteorológicas, e também à maneira como esses fatores interagem. Fatores que aumentam a intensidade das ilhas de calor geram altas temperaturas de superfície. Essas temperaturas, por sua vez, geram o calor perdido das superfícies e podem também estimular as brisas nas cidades, e ambos tendem a diminuir a intensidade das ilhas de calor.

Ilhas de calor em áreas urbanas tendem a apresentar características típicas, mas a intensidade e o momento de ocorrência das ilhas de calor variam de acordo com cada localidade. No final, a ilha de calor de cada comunidade encontra seu próprio e exclusivo equilíbrio entre temperaturas e fluxos de energia, com base no terreno, tipos de construções e condições meteorológicas da área.

A maneira ideal de medir uma ilha de calor em qualquer cidade seria examinar os padrões do clima regional com e sem a cidade. Claramente, seria impossível remover a cidade e voltar a colocá-la no lugar, portanto no mundo real, existem cinco métodos básicos que são utilizados para medir os efeitos da urbanização sobre os climas urbanos.

- Estações fixas.
- Transectos móveis.
- Sensoriamento remoto.
- Sensoriamento vertical.
- Balanços de energia.

Três

Medição e simulação das ilhas de calor

A medição dos efeitos de uma ilha de calor sobre um clima regional é de grande utilidade e interessante, mas não é um indicativo do quão eficaz seriam as medidas de mitigação para reduzir os impactos da ilha de calor. É aí que a simulação se faz necessária. Diferentes tipos de modelos vêm sendo utilizados para prever como as medidas de mitigação poderiam reduzir as temperaturas, o consumo de energia e a poluição do ar. Existem modelos específicos para observar edifícios individualmente, cânions urbanos e áreas urbanas mais extensas. Este capítulo aborda diversas técnicas de medição e simulação de ilhas de calor.

Medição das ilhas de calor

Aqui apresentamos as cinco abordagens diferentes comumente utilizadas para investigar ilhas de calor: (1) estações fixas, (2) transectos móveis, (3) sonsoriamento remoto, (4) sensoriamento vertical e (5) balanços de energia.

Estações fixas

O método mais simples e comum para analisar uma ilha de calor é comparar dados sobre as condições meteorológicas de duas ou mais localidades fixas. A maioria das cidades ao redor do mundo possui estações meteorológicas com informações acumuladas durante anos sobre temperaturas do ar, velocidades dos ventos, nebulosidade, umidade e níveis de precipitação. Algumas estações também incluem informações sobre radiação solar em termos de watts por metro quadrado ou uma porcentagem da radiação solar total disponível.

Existem muitas estações meteorológicas espalhadas pelas comunidades, inclusive aquelas que são operadas por organizações nacionais de serviços meteorológicos, universidades locais, estações de televisão e empresas de serviços públicos. Arquivos contendo dados meteorológicos colhidos ao longo de muitos anos se tornaram mais acessíveis com a chegada dos computadores e da internet. Valores anuais, diários ou por hora podem ser acessados com relativa facilidade e a um custo baixo ou de graça.

Os dados de estações fixas têm sido utilizados mais comumente de três maneiras diferentes: (1) comparação de dados provenientes de um único par de estações meteorológicas, uma urbana e outra rural; (2) estudo de dados de múltiplas estações a fim de encontrar impactos bidimensionais e regionais; e (3) investigação de um grande número de dados históricos para avaliar as tendências de uma ilha de calor ao longo do tempo, à medida que uma região é urbanizada.

Se um único par de estações (uma rural e outra urbana) é utilizado para avaliar a ilha de calor, é importante escolher os locais a serem analisados cuidadosamente. O local urbano deve ser o mais próximo possível das práticas construtivas típicas da região, e o local rural deve representar da melhor maneira possível o terreno natural que existia ao redor antes da urbanização. O ideal é que esses locais tenham também a mesma altitude, o mesmo terreno e clima no geral, mas isso não é sempre possível.

Entender o clima de cada estação meteorológica é muito importante. As localidades urbano-rurais escolhidas são geralmente o centro comercial de uma cidade e um aeroporto, mas existe certo ceticismo sobre o quão bem esses locais podem representar uma ilha de calor. Primeiramente, esses dois locais podem ter climas bem distintos, independentes dos efeitos urbanos. Segundo, estações meteorológicas são geralmente localizadas em torres ou coberturas, bem acima dos níveis da rua ou do solo em que a maioria das pessoas se encontra.

Em geral, o lugar ideal para medir a temperatura de uma ilha de calor é no "dossel" urbano. O dossel urbano é definido como o volume de ar abaixo dos topos dos edifícios e árvores. Medidas padrão das temperaturas do dossel são feitas à altura do tórax de uma pessoa, geralmente a 1,5 m acima do nível da rua.

Muitas estações meteorológicas "urbanas" são localizadas em topos de edifícios e não refletem as condições do dossel. Caso a instrumentação do dossel urbano for utilizada, deve-se lembrar que as condições podem variar drasticamente de um lado da rua para outro, por causa das sombras dos edifícios e dos padrões de velocidade dos ventos.

Aeroportos podem não representar corretamente as condições rurais para medições em áreas rurais. Eles geralmente não estão protegidos do vento, e a vegetação local pode ter sido eliminada para dar lugar às pistas de pouso. Subúrbios também estão avançando sobre muitos aeroportos, e por isso as medições podem ser afetadas pela urbanização vertical. As estações meteorológicas dos aeroportos são geralmente localizadas em torres, portanto as medições podem não representar as condições do nível do solo.

Uma vez que as melhores localizações possíveis tenham sido escolhidas, uma análise bem simples pode demonstrar as diferenças urbano-rurais entre os locais ao longo de horas, estações do ano e anos. A média por hora é geralmente calculada baseada em dados coletados ao longo de vários dias ou semanas para poder fazer um comparativo dos padrões de médias diárias de temperaturas. Um exemplo desse tipo de análise feito em Melbourne, na Austrália, é mostrado nas Figs. 1.2 e 1.3. Outro exemplo de análise de um único par de estações mostrado na Fig. 1.12, compara a ilha de calor em Bucareste, na Romênia, em dias claros e encobertos.

As medições de pares urbano-rurais podem ser usadas também para avaliar as mudanças de intensidade das ilhas de calor ao longo do tempo. Nesse caso, é importante ficar atento para as mudanças na instrumentação ou localização da estação meteorológica, ou mudanças nas estruturas próximas à estação durante o período observado. Consulte no Cap. 1, onde as Figs. 1.13 e 1.14 mostram como as ilhas de calor em Phoenix e Mesa, no Arizona, se intensificaram principalmente à noite, durante um século inteiro de urbanização.

Uma análise mais rigorosa de uma ilha de calor inclui dados de diversas estações fixas em uma cidade e seu entorno. Se houver estações suficientes, podem-se gerar mapas de contornos bidimensionais das temperaturas de uma cidade. A Fig. 1.4 mostra uma análise que utiliza dados de 26 estações meteorológicas em Minneapolis-St. Paul, Minnesota. O estudo de dados meteorológicos de diferentes estações durante um período de tempo pode muitas vezes demonstrar a intensificação das ilhas de calor que coincide com a urbanização de áreas urbanas e suburbanas.

Se a região não estiver bem representada pelas estações existentes, outras estações fixas suplementares podem ser instaladas temporariamente em áreas onde não há estações, para coletar dados em locais importantes. Uma estação meteorológica suplementar deve incluir no mínimo medições de temperatura, umidade, velocidade e orientação dos ventos. Instrumentos para medir os níveis de radiação solar, como o piranômetro, são bastante úteis também.

Transectos móveis

Geralmente existem poucas estações fixas disponíveis nos locais corretos ao redor de uma cidade para fornecer uma imagem bidimensional clara da ilha de calor. A instalação de estações temporárias para coletar dados em locais fixos suplementares pode ser difícil e custosa. A utilização de um transecto móvel é uma maneira econômica de estudar uma ilha de calor em áreas urbanas e suburbanas e seus arredores rurais.

Um transecto móvel implica percorrer um trajeto predeterminado por uma região, parando em locais representativos para obter medidas utilizando apenas um tipo de instrumentação meteorológica. Métodos de transporte variam. Em áreas de estudo menores, pesquisadores andaram ou usaram bicicletas entre locais de medição (Spronken-Smith e Oke, 1998). Em áreas maiores, pesquisadores utilizaram transporte público ou automóvel (Chandler, 1960; Hutcheon et al., 1967; Yamashita, 1996; Stewart, 2000). Um exemplo de transecto móvel utilizando ferrovia em Tóquio, Japão é representado nas Figs. 1.5 – 1.7.

Transectos móveis podem ser utilizados a qualquer hora do dia ou da noite, embora isso às vezes dependa das condições de trânsito. A maioria dos estudos executa os transectos à noite, sob condições meteorológicas claras e calmas a fim de medir a intensidade de calor máxima de uma ilha de calor. Um transecto de Granada, na Espanha, mostrado nas Figs. 1.8 e 1.9, demonstra como as temperaturas são elevadas em áreas mais densamente urbanizadas.

Existem algumas desvantagens na utilização do método de transecto móvel para medir ilhas de calor. Uma delas é a impossibilidade de obter medições simultâneas em diferentes localidades. É possível utilizar dois jogos ou mais de instrumentos para medição móvel ao mesmo tempo, mas isso, no mínimo duplicaria os custos de equipamento. A maioria dos transectos pode ser executada em menos de uma hora, porém, as condições podem variar significativamente durante esse periodo. Muitas vezes as temperaturas precisam ser ajustadas de acordo com um patamar de tempo comparando as medições com dados de uma ou mais localidades.

É preciso tomar cuidado ao executar medições de transectos móveis. Caso o trajeto seja percorrido por transporte público ou automóvel, é importante manter os instrumentos afastados de fontes de calor. As temperaturas às margens de rodovias podem ser indevidamente influenciadas pelo calor de motores ou de pavimentos, ou por ventos oriundos das condições de trânsito. Se a medição for feita a alguns passos de distância da rodovia, esta poderá ser uma medida mais representativa das condições do local. É importante também permitir que o equipamento tenha tempo suficiente para entrar em equilíbrio com seus arredores antes de auferir a medição.

Sensoriamento remoto

Estações fixas e transectos móveis são geralmente utilizados para monitorar as temperaturas do *ar* em uma cidade. O sensoriamento remoto pode ser usado para medir temperaturas e outras características de *superfícies*, como por exemplo, coberturas, pavimentos, vegetação e solo nu, por meio da medição de energia refletida e emitida a partir deles. Equipamentos especiais em aeronaves ou satélites são utilizados para tirar fotos da energia visível e invisível que irradia das cidades e seus arredores. A Fig. 1.10 mostra a ilha de calor em Buffalo, Nova York, em 1978, uma das primeiras vezes que imagens de satélites foram usadas para mapear as temperaturas terrestres.

Como os satélites estão constantemente circulando ao redor da Terra, eles não gravam informações contínuas durante um determinado período do dia. Eles geralmente passam sobre uma mesma área duas vezes ao dia, portanto características térmicas durante o dia e à noite podem ser comparadas, e as variações sazonais podem ser examinadas. É preciso tomar o cuidado de escolher dias claros para os estudos.

Voos em aeronaves especiais podem ser feitos a qualquer hora do dia, e por isso podem ser mais úteis para capturar os padrões de comportamento de uma ilha de calor. Mas esses voos são caros e muitas vezes necessitam de autorização especial para voar a altitudes mais baixas do que o que é normalmente permitido. A Fig. 1.11 mostra as temperaturas de superfície em Sacramento, na Califórnia, medidas com a utilização de equipamento especial de sensoriamento em um Lear Jet da NASA.

A vantagem de usar o sensoriamento remoto é o seu poder de visualizar temperaturas em grandes áreas. No entanto, o sensoriamento remoto mostra apenas uma vista panorâmica de temperaturas urbanas, deixando de fora temperaturas de paredes e vegetação e as temperaturas sob as árvores. Essas superfícies verticais e sombreadas são tão importantes para uma ilha de calor urbana quanto as superfícies vistas de cima. Alguns trabalhos foram conduzidos em Vancouver, British Columbia, para adicionar essas informações verticais aos dados coletados via sensoriamento remoto para gerar uma temperatura de superfície verdadeiramente tridimensional, ou "completa" (Voogt e Oke, 1997). Os instrumentos de sensoriamento remoto normalmente fazem medidas em cinco comprimentos de ondas de energia diferentes. Essas medidas podem ser utilizadas para determinar o quão quente ou fria as superfícies são, e mostrar a imagem da superfície e quão refletiva ela é. A explicação física por trás dessas medições de energia está detalhada abaixo, para aqueles com visão técnica.

A física das medições de energia radiativa

A energia radiativa é transmitida através de partículas eletromagnéticas, chamadas fótons, que atuam basicamente como ondas. Ela é classificada de acordo com os comprimentos das ondas, como mostrado na Fig. 3.1. Os comprimentos de ondas que nos interessam para o sensoriamento remoto das temperaturas de superfícies estão na banda térmica, e incluem algumas ondas ultravioleta e todas as ondas visíveis e infravermelhas (i.e. comprimentos de onda de cerca de 10^{-7} a 10^{-4} m, ou 0,1 mm a 100 mm).

Todas as superfícies emitem energia térmica de acordo com a Lei de Planck, que diz que o máximo de energia que pode ser emitida a partir de uma superfície perfeita, chamada de corpo negro, depende da quarta potência da temperatura da superfície:

$$\textit{Energia emitida de um corpo negro} = \sigma T^4 \quad (3.1)$$

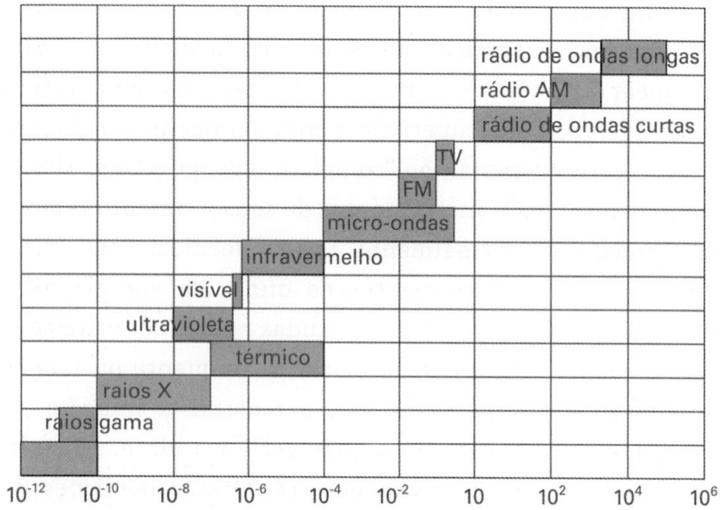

Fig. 3.1 *Comprimento de onda da radiação eletromagnética*

Onde σ é a constante de Stefan-Blotzmann (5,67 x 10^{-8} W/m^2K^4). Nenhuma superfície real é um corpo negro, portanto, para superfícies reais:

$$\textit{Energia real emitida} = \varepsilon\sigma T^4 \qquad (3.2)$$

Onde ε é a emissão da superfície, um valor entre 0 e 1. A emissão da maioria dos materiais presentes na Terra varia de 0,8 a 0,95, porém, a emissão de metais sem revestimento pode variar de 0,2 a 0,6, dependendo do acabamento da superfície metálica.

A energia térmica é sempre emitida em forma de uma curva característica, mostradas na Fig. 3.2 para três temperaturas, nas curvas tracejada, cinza-médio e pontilhada. À medida que uma superfície esquenta, o pico dessa curva aumenta e abrange uma série de ondas mais curtas (i.e. a curva vai para a esquerda na Fig. 3.2). O pico de onda para cada temperatura é definido pela Lei de Wien, como:

$$\textit{Comprimento de onda máximo} = Y_{máx} = 2{,}88 \times 10^{-3}/T \qquad (3.3)$$

Onde a temperatura, T, deve estar em graus Kelvin.

A Fig. 3.2 apresenta a energia emitida por um corpo negro à temperatura de fervura da água (100°C, curva tracejada), à temperatura de congelamento da água (0°C, curva cinza-médio) e a uma temperatura média entre essas duas temperaturas (50°C, curva pontilhada), com valores de pico de aproximadamente 90, 45 e 20 W/m^2,com comprimentos de ondas de cerca de 7,5, 9,0 e 10,5 μm, respectivamente. Essas curvas representam uma variação típica de emissão de energia de superfícies em cidades e áreas rurais.

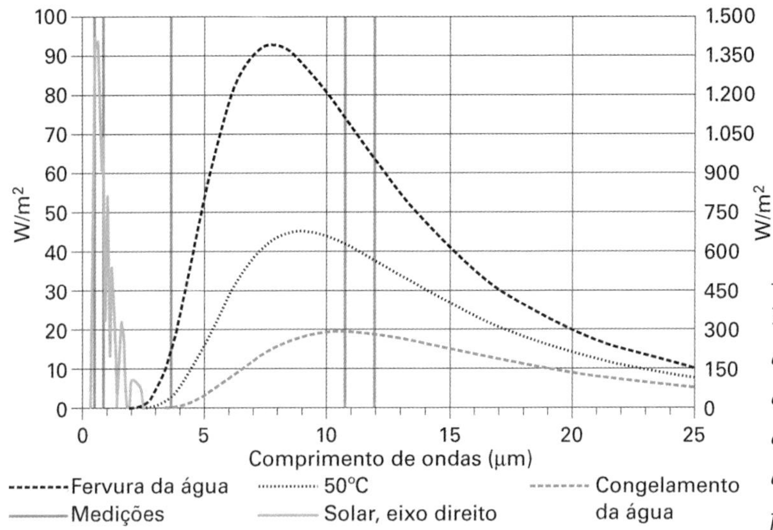

Fig. 3.2 *Emissões de corpo negro a diferentes temperaturas, a energia solar que atinge a Terra e os cinco comprimentos de onda de energia geralmente medidos por sensoriamento remoto*

A curva cinza-clara mostrada na Fig. 3.2 mostra a energia solar, com sua superfície bem mais quente, que atinge a superfície terrestre em um dia claro. Essa curva atinge seu pico a aproximadamente 1.400 W/m^2 com um comprimento de onda de 0,5 μm (observe que os valores dessa curva estão representados no eixo direito da Fig. 3.2). A Fig. 3.3 expande essa curva para mostrar os componentes ultravioleta, visíveis e infravermelhos da energia solar. Essa curva não é suave, e apresenta algumas quedas que indicam onde diversas ondas são absorvidas pela atmosfera terrestre. O vapor d'água filtra energia em vários comprimentos de onda infravermelha, ao passo que o ozônio é responsável por filtrar quase toda a energia ultravioleta.

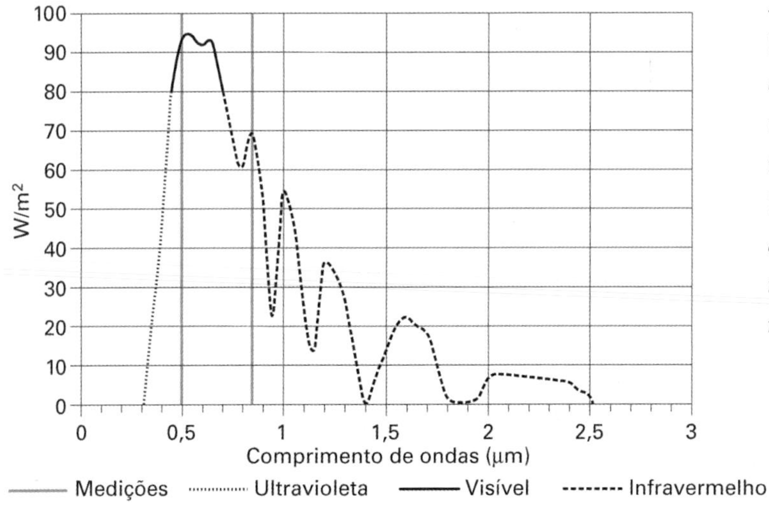

Fig. 3.3 *Energia solar nos comprimentos de onda ultravioleta, visível e infravermelha que atinge a Terra, mais os dois comprimentos de onda de energia que são normalmente utilizados para medir a energia solar refletida*

As cinco linhas verticais cinza-médio na Fig. 3.2 (duas dessas linhas são mostradas também na Fig. 3.3) indicam as cinco bandas de comprimento de ondas que são geralmente medidas remotamente por satélites ou aeronaves. Esses comprimentos de ondas foram medidos pelo radiômetro AVHRR (radiômetro avançado de resolução muito alta), instrumento usado pelos satélites da série NOAA (National Oceanic and Atmospheric Administration) desde 1978 (Hastings e Emery, 1992). As três bandas mostradas no lado direito medem energia térmica emitida, e as duas bandas da esquerda medem energia solar refletida.

As três medições de emissão de energia podem ser utilizadas para derivar as temperaturas da superfície, uma vez que as curvas de emissões de corpos negros são conhecidas. É claro que não é tão simples assim: superfícies terrestres reais não são corpos negros, e por isso as emissões térmicas devem ser estimadas para toda a área que está sendo estudada. A atmosfera terrestre também filtra diversos comprimentos de ondas de energia, portanto a energia medida deve ser ajustada de acordo.

Observe que para minimizar a necessidade de correções, a medição de energia radiativa é executada em comprimentos de ondas menos afetados pela absorção atmosférica. A Fig. 3.4 mostra como diferentes gases atmosféricos absorvem a energia infravermelha. Como observado anteriormente, o vapor d'água na atmosfera é o maior agente de absorção de energia infravermelha, filtrando grande parte dos infravermelhos solares abaixo de 2,5 mm (visto também na Fig. 3.3), bem como a energia entre 2,5 e 3,5 μm, cerca de 4,5 mm, de 5 a 8 μm, cerca de 9,5 mm e a aproximadamente 12,5 μm. O efeito da combinação de todos os gases é mostrado na parte inferior da Fig. 3.4. As três medidas utilizadas para chegar às temperaturas de superfície foram tomadas em comprimentos de ondas de 4,7, 10,8 e 12 mm, onde ocorre menos absorção atmosférica.

Medições nas duas bandas inferiores (centralizadas a aproximadamente 0,5 e 0,85 μm) medem a luz visível e a energia solar refletida das superfícies. Essas medidas são úteis para caracterizar os tipos de superfícies observadas, e especialmente para determinar quanta vegetação existe na área (Goward et al., 1985; Brest, 1987; Gallo et al., 1993a, 1993b; Owen et al., 1998).

Sensoriamento vertical

Já vimos como o ar no dossel urbano é afetado pela ilha de calor. Mas o ar acima do dossel também é afetado. A superfície terrestre influencia os 10 km mais baixos da atmosfera terrestre, que é chamada de troposfera. A maioria desses efeitos fica concentrada em uma faixa menor, de 1 a 1,4 km, chamada de camada limite, onde o calor e o arraste da superfície provocam turbulência. A camada limite é mais grossa durante o dia quando as superfícies quentes aquecem o ar, o que por sua vez, sobe até a atmosfera mais fresca e se mistura. À noite a superfície terrestre tende a ser mais fria do que a atmosfera, e a camada limite se contrai.

Cientistas encontraram diferenças significativas nas camadas limite sobre áreas rurais e urbanas. Essas diferenças são medidas com a utilização de métodos de medição de temperaturas e outras propriedades em diversas altitudes acima da superfície terrestre. Esses

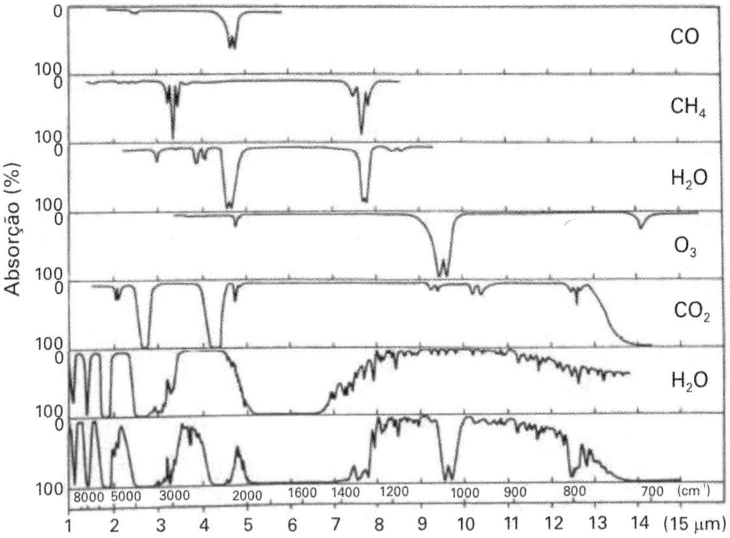

Fig. 3.4 *Absorção da energia infravermelha pelos diferentes componentes da atmosfera terrestre (monóxido de carbono, metano, dióxido de nitrogênio, ozônio, dióxido de carbono e vapor d'água), e todos os componentes combinados (parte inferior)*
Fonte: Sokolik, 2002.

métodos incluem o envio de balões instrumentados para os ares, a instalação de equipamento de monitoração em torres de rádio ou voos a diferentes altitudes em helicóptero ou aeronave instrumentado.

A Fig. 3.5 mostra perfis de temperaturas típicos ao longo do dia nas camadas limite sobre áreas rurais e urbanas. Superfícies urbanas mais quentes criam uma camada limite mais grossa, acima da qual as temperaturas são revertidas e se igualam ao restante da troposfera. A temperatura dentro da camada limite é aproximadamente constante devido aos turbilhões que mantêm o ar bem misturado.

A Fig. 3.6 mostra perfis de temperaturas típicos ao longo da noite sobre áreas rurais e urbanas. Em áreas urbanas à noite, a superfície é mais fria do que o

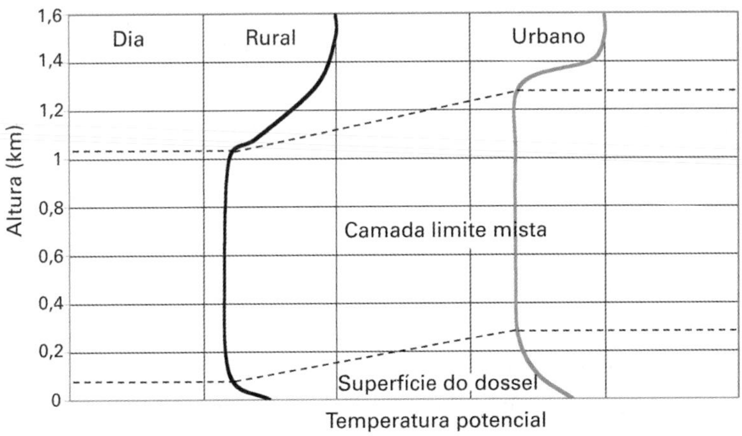

Fig. 3.5 *Perfis de temperaturas potenciais típicas diurnas em áreas rurais e urbanas; temperaturas potenciais foram corrigidas para mudanças em razão de altitude*
Fonte: Oke, 1987.

ar acima dela, criando uma camada estável de ar mais frio abaixo do ar mais quente. A lenta liberação de calor das superfícies urbanas causa uma inversão do ar quente acima da camada limite.

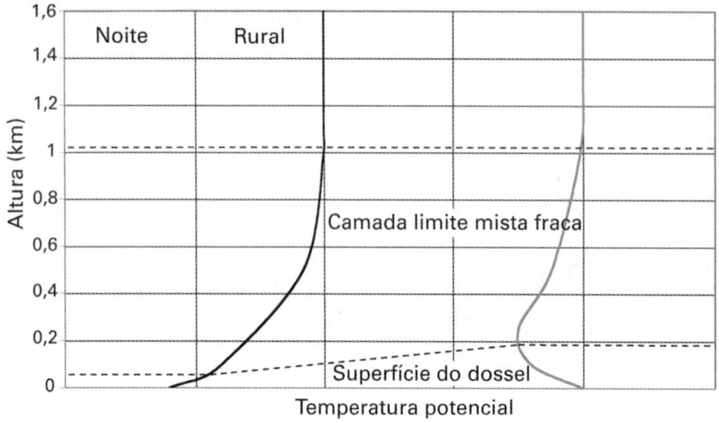

Fig. 3.6. *Perfis de temperaturas potenciais típicas noturnas em áreas rurais e urbanas; temperaturas potenciais foram corrigidas para mudanças em razão de altitude*
Fonte: Oke, 1987.

As medições em uma cidade e seus arredores pode proporcionar um melhor entendimento dos efeitos da ilha de calor sobre o clima local. As Figs. 1.17 e 1.18 mostram temperaturas sobre a região da cidade de Nova York ao amanhecer em dia de verão de 1968, medidas a partir de um helicóptero instrumentado. Os efeitos da ilha de calor sobre perfis de temperaturas verticais também foram estudados conforme seu desenvolvimento ao longo do tempo. A Fig. 1.19 mostra como uma inversão de temperaturas se forma à noite sobre áreas urbanas de St. Louis, Missouri, com os dados coletados a partir de uma torre de rádio alta.

Balanços de energia

A medição do fluxo de energia de e para superfícies é uma maneira sofisticada de medir os efeitos das ilhas de calor. Esse método também proporciona um melhor entendimento das origens das ilhas de calor. A teoria da equação de balanço de energia é discutida detalhadamente no Cap. 2. Para rápida revisão, a equação de balanço de energia é baseada na primeira lei da termodinâmica, que diz que a energia de e para uma superfície deve ser conservada. No caso de uma superfície terrestre, a equação é geralmente escrita da seguinte maneira:

$$\text{Convecção} + \text{Evaporação} + \text{Armazenamento de calor} = \text{Calor antropogênico} + \text{Saldo de radiação} \quad (3.4)$$

A energia incidente nas superfícies terrestres é proveniente de duas fontes: (1) antropogênica, ou produzida pelo homem, fontes como edifícios, máquinas e pessoas ou (2) saldo de radiação, a quantidade de energia solar que é absorvida, não refletida ou emitida a partir de superfícies. Em algum momento, o saldo de radiação e o calor antropogênico sofrerão convecção por meio dos ventos, serão dissipadas pela evaporação da umidade ou pela evapotranspiração da vegetação, ou serão armazenados nas próprias superfícies. Para uma explicação mais detalhada, consulte o Cap. 2.

Experimentos de balanço de energia utilizam muitos equipamentos para medir a energia que flui de e para as superfícies. Quatro tipos de medições distintas podem ser feitas para avaliar o termo de saldo de radiação:

- Radiação solar global (ondas curtas): utiliza piranômetro ou albedômetro.
- Radiação solar refletida (ondas curtas): utiliza piranômetro ou albedômetro.
- Radiação atmosférica (ondas longas): utiliza radiômetro.
- Radiação da superfície (ondas longas): utiliza pirgeômetro.

O saldo de radiação seria, então, calculado assim:

Saldo de radiação = radiação solar global - radiação solar refletida + radiação atmosférica - radiação da superfície (3.5)

Alternativamente, o saldo de radiação incidente sobre a superfície pode ser medido diretamente por meio de apenas um instrumento:

- um radiômetro de esferas, que combina piranômetros e pirgeômetros voltados para cima e para baixo, para computar o saldo de radiação entre 0,3 e 50 mm.

Convecção, evaporação e armazenamento de calor são medidos por meio dos seguintes equipamentos:

- Convecção: por um sistema de covariância de turbilhões, com um anemômetro sônico e termopares de fio fino para medir o vento e oscilações de temperatura são utilizados para calcular fluxos de calor sensíveis (convectivos).
- Evaporação: por um sistema de covariância de turbilhões, com um anemômetro sônico e higrômetro para medir o vento e variações de umidade são utilizados para calcular fluxos de calor latentes (evaporativos).
- Armazenamento de calor: por um medidor de fluxo de calor.

Para reduzir os custos de equipamentos, experimentos de balanços de energia geralmente não medem todos os termos. Algumas vezes o armazenamento de energia não é medido, mas é calculado por meio da equação de balanço de energia. Outras vezes a convecção e a evaporação não são medidas, e um termo combinado para convecção e evaporação é encontrado por meio da equação de balanço de energia. Esse segundo método só é realmente adequado se a umidade não for um fator importante.

Para comparar os dados de diferentes locais e épocas, além dos termos de energia, é necessário medir também variáveis meteorológicas locais:

- Temperatura do ar utilizando termopares.

- Umidade utilizando sensores de temperatura/umidade relativa.
- Velocidade dos ventos utilizando um anemômetro.

É importante observar que o calor antropogênico gerado pela superfície testada não é considerado nesse esquema de medições. Esse termo é geralmente embutido no termo de armazenamento de calor. Na maioria dos casos, o calor antropogênico é baixo em comparação aos demais termos de energia, portanto esse método experimental é razoavelmente preciso.

Simulação das ilhas de calor

Simulações de ilhas de calor são utilizadas tanto para entender o funcionamento de uma ilha de calor, como para estimar a eficácia de aplicação de diferentes medidas de mitigação. Os modelos existem para observar os efeitos de uma ilha de calor em edifícios individuais, em uma rua ou bairro, ou em toda uma região urbana. A seção a seguir observa os cinco principais modelos utilizados para avaliar as ilhas de calor e o potencial de alívio que elas apresentam.

- Simulação térmica de edifícios.
- Calculadores de carga energética em coberturas.
- Simulações de cânions e conforto.
- Simulações de ecossistema.
- Simulações regionais.

Simulações térmicas de edifícios

Simulações térmicas de edifícios são utilizadas para prever quanta energia um edifício utilizará para o seu aquecimento e arrefecimento. Esses modelos são bastante sofisticados, e observam localização, geometria, construção, iluminação e dispositivos, sistemas de aquecimento e arrefecimento e padrões diários de operação de um edifício para estimar seu consumo de energia. Esses métodos são utilizados para avaliar todas as medidas de economia de energia, mas para a mitigação das ilhas de calor eles são utilizados para avaliar os efeitos da instalação de coberturas frescas, plantio de árvores que gerem sombra ou a instalação de pavimentos frescos ao redor de um edifício.

A simulação de energia de edifícios mais amplamente utilizada é o modelo DOE-2, um programa desenvolvido pelo Ministério de energia dos Estados Unidos ao longo de décadas. Apesar do DOE-2 ter sido suplantado por um programa mais avançado, o EnergyPlus, em 2001, esse programa mais novo é mais difícil de executar, e existem apenas algumas interfaces para usuários disponíveis. A versão final do DOE-2, o DOE-2.1E, possui diversas interfaces para usuários que simplificam sua utilização, e por isso ainda serve como base para os cálculos para a maioria dos trabalhos de conservação de energia.

O DOE-2 sofre com algumas limitações que subestimam as economias geradas por coberturas frescas. O programa não calcula a transferência de calor convectivo das coberturas em decorrência de ventos, não considera a transferência de calor radiativo em sótãos ou plenums[1], e pressupõe que as propriedades de isolamento da cobertura se mantêm constantes com o aumento de temperaturas. Já foi constatado que o programa prevê menor economia de energia por meio da utilização de coberturas frescas em até 50% (Gartland et al., 1996). Contudo, esse programa serviu de base para muitas estimativas de economia de energia em edifícios em razão das medidas de mitigação das ilhas de calor (Konopacki et al., 1996; Konopacki e Akbari, 2000, 2001a, 2002).

Calculadores de carga energética em coberturas

Existem três ferramentas para calcular a carga energética em coberturas, disponíveis na internet: (1) uma ferramenta desenvolvida para o programa Energy Star da Agencia Nacional de Proteção Ambiental dos EUA, (2) outra ferramenta desenvolvida pelo Oak Ridge National Laboratoty para o Ministério de energia dos EUA e (3) o Energy Wise da Associação Nacional dos empreiteiros de Coberturas.

Calculadora comparativa de coberturas Energy Star

O DOE-2 também serve como base para a ferramenta da Agencia Nacional de Proteção Ambiental dos EUA usada especificamente para estimar economias geradas a partir da utilização de coberturas frescas, a calculadora comparativa de coberturas Energy Star (Akbari e Konopacki, 2003; Cadmus Group, 2007). Esse calculador com base na web estima quanta energia e quanto dinheiro podem ser economizados com a utilização dos produtos de cobertura Energy Star. Ele foi desenvolvido para estudar edifícios com sistemas de condicionamento de ar de pelo menos 278,7 m^2. Os dados a serem inseridos na calculadora incluem a idade, tipo e localização do edifício; a eficiência dos sistemas de aquecimento e arrefecimento; os custos locais de energia; e informação sobre a área de cobertura do edifício, isolamento e tipo de cobertura. São encontrados os valores da economia anual com eletricidade e gastos, bem como os efeitos de quaisquer penalidades de aquecimento.

Existem algumas desvantagens na utilização da calculadora Energy Star. O principal problema é sua falta de precisão. As equações utilizadas foram derivadas de diversas utilizações do DOE-2 para diferentes condições de edifícios, apesar de não existirem documentos para comprovar a precisão dessas derivações. Como já fora mencionado anteriormente, o DOE-2 subestima a economia de energia proveniente da utilização de coberturas frescas. Seria útil se as estimativas da calculadora fossem comparadas ou calibradas de acordo com as economias de energia encontradas em edifícios reais.

Outra desvantagem é que o Energy Star não estima as reduções de demanda de energia. As contas de luz para edifícios comerciais e industriais geralmente apresentam cobrança pelos picos de demanda de energia bem como pela energia efetivamente gasta. A economia de demanda pode ser significativa e deveria ser considerada nas estimativas de economia.

A calculadora Energy Star também fornece algumas informações incorretas sobre refletância solar. Ao contrário das opiniões apresentadas, membranas de coberturas beges geralmente possuem refletância solar de aproximadamente 20%, e não 45%, e não existem telhas de concreto vermelho com refletância solar de 70%.

Calculadora de coberturas frescas ORNL/DOE

Outra calculadora disponível na internet foi desenvolvida pelo Oak Ridge National Laboratory (ORNL) para o Ministério de Energia dos EUA. A calculadora ORNL (ORNL-BEP, 2001; ORNL, 2007) possui duas versões: uma para edifícios com coberturas com pequena inclinação e outra para edifícios com coberturas com grande inclinação. As equações para essa calculadora são baseadas em uma simulação de transferência de calor de coberturas e foi calibrado para corresponder aos resultados obtidos a partir da montagem de um teste de coberturas e tetos (Wilkes, 1991). Informações utilizadas na simulação incluem localização do edifício, nível de isolamento da cobertura, refletância solar e emissões térmicas da cobertura em questão, e os custos de energia e a eficiência dos sistemas de aquecimento e arrefecimento. Os resultados oferecidos pela calculadora incluem a economia (em dólares) anual comparada a uma cobertura negra e a penalidade de energia de aquecimento anual. A calculadora também pode calcular a economia de demanda que pode ser obtida por meio da redução do consumo de energia em horários de pico.

A calculadora ORNL apresenta algumas informações enganosas sobre refletância solar e emissões térmicas de materiais para coberturas. São atribuidos erroneamente os valores "alto", "médio" e "baixo" de refletância solar, para 80%, 50% e 10%; a maioria dos materiais tradicionais possui valores de refletância solar entre 5 e 25%. A maioria dos materiais frescos é branco reluzente, com refletância solar entre 70% e 85%. Pouquíssimos materiais coloridos possuem refletância solar "média". Ainda mais incorretas são as categorias "alta", "média" e "baixa" de emissões térmicas, consideradas como 90%, 60% e 10%. Emissões térmicas para a maioria dos materiais de cobertura não metálicos variam entre 80% e 95%, emissões térmicas de superfícies metálicas variam entre 20% e 60% e nenhum material de cobertura conhecido possui emissividade térmica inferior a 10%.

Calculadora para coberturas EneregyWise

Assim como a calculadora DOE/ORNL, a calculadora EnergyWise (Bailey, 2006) baseia-se em testes dos componentes de coberturas. Essa calculadora foi desenvolvida pela NCRA (Associação Nacional de Empreiteiros de Coberturas) e é bem mais detalhista quanto às diferentes camadas utilizadas em coberturas do que as outras duas calculadoras. Isso é bastante útil para observar como diferentes níveis de isolamento ou configurações afetam o consumo de energia.

Mas para a avaliação das coberturas frescas, essa calculadora apresenta sérias desvantagens. As opções de definição das características solares da superfície de cobertura são extremamente limitadas. Pode-se apenas especificar se a cobertura atende aos critérios (refletância solar acima de 70% e emissividade térmica acima de 75%) estabelecidos pelo ASHRAE 90.1 (Sociedade dos Engenheiros de Sistemas de Aquecimento, Refrigeração e Ar Condicionado). Não há como utilizar os valores reais de refletância solar e emissões térmicas. Os engenheiros do programa justificam que esse programa tem a única intenção de servir como ferramenta de conformidade para a ASHRAE 90.1, e que não foi desenvolvido para estimar as economias de energia de coberturas frescas (Crowe, 2007). A ferramenta EnergyWise também utiliza atualmente unidades duvidosas (dólares por galão) para calcular os custos de energia de arrefecimento, mas os engenheiros do programa pretendem corrigir isso num futuro próximo (Crowe, 2007).

SIMULAÇÕES DE CÂNIONS E DE CONFORTO

O próximo passo após estudar edifícios individualmente é estudar a configuração de edifícios em torno de uma rua. Isso é chamado de simulações de cânions urbanos. Essas simulações são baseadas em equações de balanço de energia que representam a transferência de calor entre pavimentos e paredes de edifícios. As simulações levam em consideração a geometria do cânion, padrões de ventos e cargas solares, considerando também as sombras durante alguns períodos do dia.

Simulações de cânions foram utilizadas inicialmente para ajudar a esclarecer o funcionamento dos mecanismos responsáveis pelas ilhas de calor (Nunez e Oke, 1976, 1977; Oke, 1981; Arnfield, 1982). Simulações de cânions urbanos foram utilizadas também para avaliar como a geometria de áreas urbanas afetam o clima urbano (Barring et al., 1985; Arnfield, 1990; Todhunter, 1990; Sakakibara, 1996) e como o clima urbano afeta a utilização de energia em edifícios (Santamouris, 2001; Santamouris et al., 2001; Georgakis, 2002).

Simulações de cânions urbanos são ideais para estimar os efeitos do arrefecimento de superfícies e da adição de vegetação, apesar de não terem sido realizados muitos trabalhos desse tipo até o momento. Um estudo interessante utilizou simulações de cânions urbanos para avaliar quais eram os efeitos de coberturas frescas e paredes cobertas com vegetação nas condições da base de cânions urbanos em Atenas, Grécia (Alexandri e Jones, 2006). Foi descoberto que as paredes cobertas de vegetação exerciam o efeito dominante, mas o arrefecimento das coberturas e das paredes em conjunto reduzia as temperaturas do ar em até 6-8°C.

Simulações de conforto utilizam equações parecidas com as equações para cânions urbanos para avaliar as condições de conforto humano sob diferentes condições. O modelo OUTCOMES é uma ferramenta que calcula o balanço de energia para o ser humano, baseado nas condições climáticas e nas características de uma região. O OUTCOMES vem sendo utilizado para avaliar como o conforto humano pode ser melhorado com o uso de árvores que fornecem sombras (Grant et al., 2002; Heisler e Wang, 2002; Calzada, 2003; Heisler, 2003).

SIMULAÇÕES DE ECOSSISTEMA

Simulações de ecossistemas avaliam os efeitos da vegetação em áreas urbanas. Existem dois principais modelos: CITY Green, desenvolvido por American Forests, e i-Tree, do Ministério da Agricultura dos EUA (USDA) – divisão de Serviços Florestais.

CITYgreen

O CITYgreen (American Forests, 2002) é um modelo baseado no sistema de informação geográfica (GIS) que avalia como as árvores e vegetação de uma região podem reduzir os riscos de enchentes, melhorar a qualidade do ar, diminuir o consumo de energia e armazenar carbono. Projetistas urbanos, agências reguladoras, engenheiros florestais urbanos, incorporadoras e outros utilizam o CITYgreen para avaliar os benefícios econômicos da vegetação urbana.

i-Tree

O i-Tree (USDA Forest Service, 2007) é um conjunto de ferramentas para avaliar os custos e benefícios de árvores urbanas. Os dois principais componentes são UFORE, uma ferramenta para avaliar os efeitos ambientais das árvores, e STRATUM, uma ferramenta que avalia os custos e benefícios das árvores. O pacote completo ajuda engenheiros florestais urbanos a compilar dados de campo, inventariar árvores e estimar os custos de gerenciamento das árvores e o valor das árvores em termos de conservação de energia, melhoria na qualidade do ar, redução de CO_2, controle de enchentes e valor imobiliário.

Simulações Regionais

Simulações regionais podem ser utilizados para avaliar os efeitos da mitigação das ilhas de calor nas temperaturas e poluição do ar regional. Pesquisadores conseguiram simular os efeitos de uma ilha de calor utilizando uma combinação de técnicas meteorológicas e fotoquímicas de simulação.

MM5-CAMx

Dois tipos de simulação podem ser utilizados ao mesmo tempo para avaliar os efeitos das ilhas de calor em regiões mais extensas. O MM5, um modelo desenvolvido pela Pennsylvania State University e o Centro Nacional para Pesquisas Atmosféricas (Dudhia, 1993), é utilizado para simulações meteorológicas. O MM5 é mais comumente usado para simular o clima e condições meteorológicas em mesoescala de regiões de pelo menos vários quilômetros quadrados. O modelo abrangente de qualidade do ar (CAMx) com extensões (Yarwood et al., 1996) é usado para simular a qualidade do ar de uma região.

Para avaliar os efeitos de medidas de mitigação das ilhas de calor, é necessário que os dados a serem inseridos no modelo sejam extremamente manipulados. A temperatura, o consumo de energia, emissões e formação de *smog* são bastante interdependentes e por isso os dois modelos devem ser executados iterativamente. Em outras palavras, simular os efeitos de mitigação de ilhas de calor é um empreendimento bastante complicado. Porém, por mais difícil que seja, pesquisadores estão avançando e já são capazes de avaliar como as medidas de mitigação das ilhas de calor podem reduzir as temperaturas, a formação de *smog* e poluentes particulados em diversas áreas urbanas (Douglas et al., 2000; Emery et al., 2000; Taha et al., 2000, 2002; Rose et al., 2003; Sailor, 2003; Taha, 2005).

MIST

Além dos complicados modelos meteorológicos e fotoquímicos, uma ferramenta bem mais simples foi desenvolvida para prever os potenciais impactos regionais causados pela mitigação das ilhas de calor. O MIST (ferramenta de mapeamento dos impactos da mitigação) (Sailor e Dietsch, 2005) é uma ferramenta online que pode estimar como o aumento da refletância solar e vegetação de uma região podem reduzir as temperaturas, o *smog* e o consumo de energia. Com base em modelos de 20 cidades dos EUA, o MIST irá estimar os impactos de mitigação em 200 locais diferentes nos EUA.

Observação

[1] Plenum, nos EUA, refere-se a um espaço cheio de ar dentro de uma estrutura, principalmente em sistemas de ventilação.

Neste capítulo, estudaremos as características de utilizações de terrenos para avaliar como métodos típicos de construção propiciam a formação de ilhas de calor. Áreas urbanas e suburbanas possuem uma alta concentração de coberturas e pavimentos e uma pequena quantidade de árvores e vegetação. A tendência na maioria das áreas vai em direção a cidades maiores e menos árvores.

Quatro

De ilhas de calor para comunidades frescas

Os tipos de materiais utilizados em coberturas e pavimentos são, na maioria dos casos, sólidos e escuros, o que contribui para a pronta absorção e retenção do calor. A falta de árvores também reduz o arrefecimento por meio da evapotranspiração. Esses materiais tradicionais e os padrões de urbanização contribuem para os efeitos das ilhas de calor. Nós investigamos como três estratégias de mitigação de ilhas de calor – utilização de coberturas frescas, pavimentos frescos, e árvores e vegetação – podem ser usadas para reverter as tendências de aquecimento em nossas cidades e subúrbios.

Características típicas de utilização de terreno

O Lawrence Berkeley National Laboratory conduziu "análises de malha urbana" por meio do estudo de imagens de satélite e métodos consistentes para identificar os tipos de cobertura/utilização de terrenos em quatro cidades dos EUA (Akbari e Rose, 1999, 2001a, 2001b, Rose et al., 2003). Os padrões de utilização de terreno encontrados em Chicago, Houston, Salt Lake City e Sacramento mostram algumas características interessantes. A Fig. 4.1 mostra o quanto de coberturas, pavimentos e vegetação cobrem uma amostra de áreas residenciais nessas cidades. A Fig. 4.2 mostra a utilização de terrenos em áreas não residenciais, incluindo espaços comerciais, industriais, escritórios e o centro comercial. A Tab. 4.1 resume os dados numéricos de ambas as figuras.

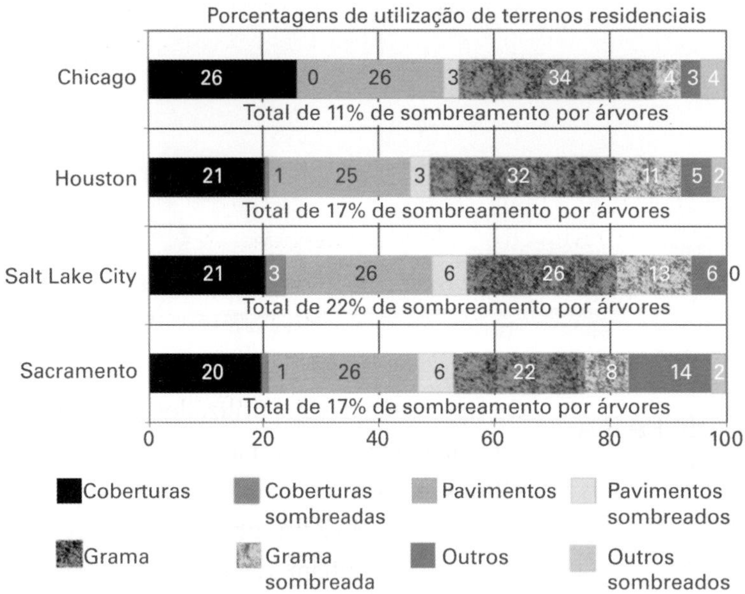

FIG. 4.1 *Áreas ocupadas por coberturas, pavimentação e vegetação em áreas residenciais de Chicago, Houston, Salt Lake City e Sacramento*
Fonte: Akbari e Rose, 1999, 2001a, 2001b; Rose et al., 2003.

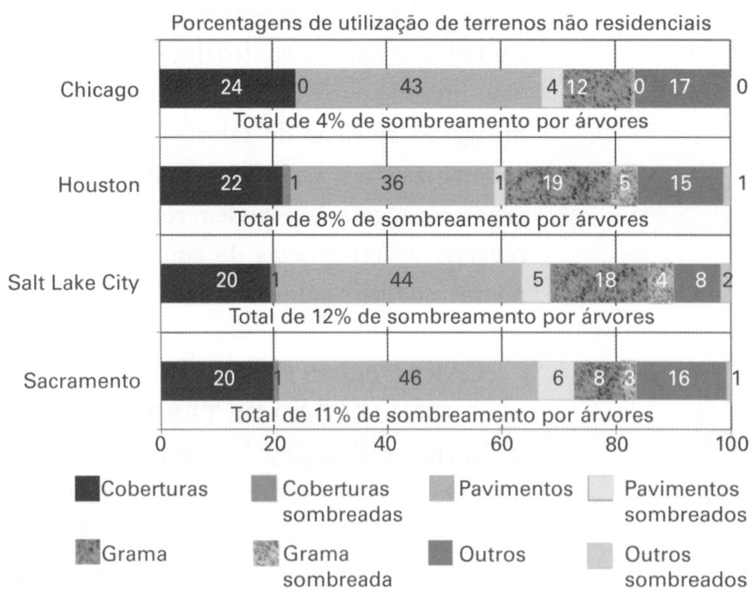

FIG. 4.2 *Áreas ocupadas por coberturas, pavimentação e vegetação em áreas não residenciais de Chicago, Houston, Salt Lake City e Sacramento*
Fonte: Akbari e Rose, 1999, 2001a, 2001b; Rose et al., 2003.

Tab. 4.1 Áreas ocupadas por coberturas, pavimentação e vegetação em áreas residenciais e não residenciais de Chicago, Houston, Salt Lake City e Sacramento

	Áreas residenciais	**Áreas não residenciais**
Cobertura, sem sombreamento	20-26%	20-24%
Pavimento, sem sombreamento	25-26%	36-46%
Grama, sem sombreamento	22-34%	8-19%
Outros, sem sombreamento	3-14%	8-17%
Cobertura arbórea	11-22%	4-12%
Impermeável total, sem sombreamento	46-52%	58-67%
Vegetação total	39-49%	16-30%

Fonte: Akbari e Rose, 1999, 2001a, 2001b; Rose et al., 2003.

Como é de se esperar, áreas não residenciais possuem mais área pavimentada, menos gramados e menos árvores do que áreas residenciais. Talvez seja uma surpresa que a área de coberturas apresente aproximadamente a mesma porcentagem em áreas residenciais e não residenciais. Quando somadas, as áreas pavimentadas e de coberturas cobrem de 46-52% das áreas residenciais e 58-67% das áreas não residenciais nessas quatro cidades. A vegetação, incluindo sobras provenientes das árvores, cobre de 39-49% das áreas residenciais e de 16-30% das áreas não residenciais.

A média total de utilização de áreas para as quatro cidades é mostrada na Fig. 4.3. Olhando para baixo, de cima das árvores, nota-se que superfícies sólidas cobrem mais da metade dessas cidades. Coberturas, rodovias, estacionamentos, calçadas e vias de acesso cobrem respectivamente 20%, 15%, 12%, 5% e 3% de toda a área, de um total de 56% de cobertura impermeável. Árvores cobrem apenas 12% da área, e grama cobre outros 22%, portanto apenas 34% de uma cidade típica é coberta por vegetação.

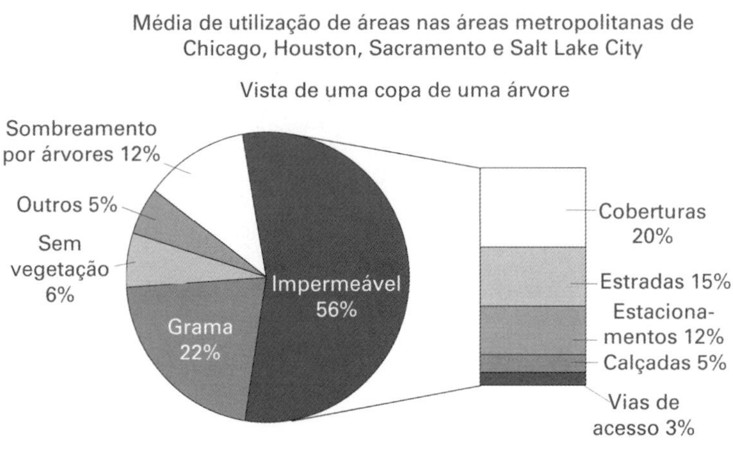

Fig. 4.3 *Utilização de terreno típica em Chicago, Houston, Sacramento e Salt Lake City*

Outros estudos confirmam esses baixos níveis de vegetação em cidades dos EUA. O Serviço Florestal do USDA comparou coberturas de árvores em áreas urbanas e rurais. Eles descobriram que copas de árvores cobrem 27% dos 306.560 km^2 de área urbana nos 48 Estados norte-americanos contíguos contra 33% em áreas não urbanas (Dwyer et al., 2001). Foi descoberto que o estado vegetativo natural de uma área é um fator importante para a cobertura arbórea. Cidades localizadas em áreas naturalmente florestadas tinham em média 34% de cobertura arbórea, cidades em áreas de campo, tinham em média 18% de seu terreno coberto por árvores e cidades desérticas tinham em média apenas 9% (Dwyer et al., 2001).

A tendência na maioria das cidades em todo o mundo é de aumentar o crescimento urbano e diminuir a cobertura arbórea e vegetação. Um exemplo bastante impressionante é o crescimento da cidade de Atlanta, na Georgia. Conforme apresentado na Fig. 4.4, Atlanta vem crescendo e tomando conta de uma área florestada desde 1972, cobrindo cerca de 65% dessas florestas com rodovias e edifícios (Dwyer et al., 2001). Como resultado, as temperaturas médias durante os verões em Atlanta aumentaram pelo menos 3.3°C entre 1973 e 1997, e a área de sua ilha de calor triplicou (Moll e Berish, 1996; Quattrochi et al., 1997; American Forests, 2001).

Nem sempre a urbanização diminui a cobertura arbórea nas cidades. A colonização humana pode ter diversos efeitos sobre a vegetação ao longo do tempo. Por exemplo, em Oakland, na Califórnia, a cobertura arbórea aumentou de

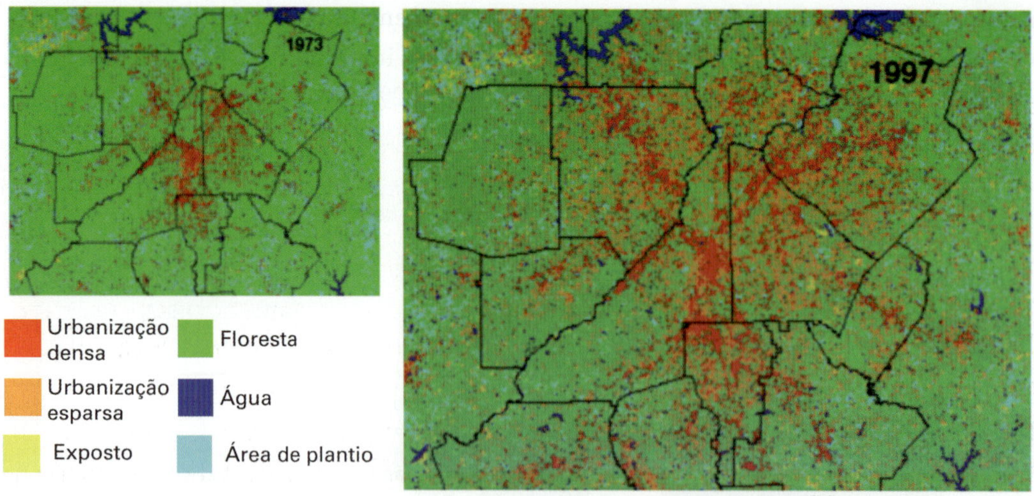

Fig. 4.4 *Imagens por satélite de região metropolitana de Atlanta, Geórgia, mostrando mudanças na utilização de terrenos entre 1973 e 1997*
Fonte: American Forests, 2001.

menos de 5% em 1900 para mais de 20% no ano 2000 (Dwyer et al., 2001). Mas antes de 1900, a vegetação da região foi dizimada pela atividade madeireira nas florestas da região durante a corrida do ouro, assim como com a derrubada dos carvalhos nativos pelos colonizadores mais antigos. O aumento da cobertura arbórea se deu em função do reflorestamento das colinas de Oakland e de a cidade começar a se expandir em direção às áreas mais planas, com árvores plantadas ao longo das ruas e residências para efeito de embelezamento.

Los Angeles também tem uma história interessante em termos de cobertura arbórea. Os colonizadores do início dos anos 1900 plantavam pomares, mas de 1930 até o fim do século, os edifícios e pavimentos foram incansavelmente substituindo esses pomares irrigados. As temperaturas máximas em Los Angeles primeiro caíram cerca de 1,5°C, e depois subiram mais de 3°C, imitando essas tendências da vegetação (Akbari et al., 1996).

Materiais típicos para coberturas

As coberturas cobrem cerca de 20% das áreas urbanas e suburbanas, e são as características mais quentes vistas nas imagens termais das cidades. Observe novamente na Fig. 1.11, a imagem termal de Sacramento, na Califórnia, e note que os coberturas podem ser facilmente identificadas pelos retângulos vermelhos, que representam temperaturas de pelo menos 50°C. Aliás, muitos materiais para coberturas normalmente atingem temperaturas entre 65 e 90°C. A capacidade de refletância solar desses materiais varia entre 5 e 25%, o que significa que eles absorvem de 75 a 95% da energia solar.

O mercado de coberturas são, na verdade, dois mercados diferentes; um para coberturas com pequena inclinação e outro para coberturas com grande inclinação. Coberturas com pequena inclinação são quase planas e definidas por ter uma inclinação menor do que um em doze, o suficiente para permitir que a água da chuva seja escoada. Essas coberturas são encontradas normalmente em grandes edifícios comerciais, industriais e de escritórios. Coberturas com grande inclinação possuem inclinação maior do que um em doze. Essas coberturas são normalmente encontradas em edifícios residenciais e são essenciais para o visual de uma residência. Esses dois mercados utilizam conjuntos de materiais bem distintos.

As Figs. 4.5 e 4.6 mostram como esses materiais estão divididos no mercado de coberturas com pequena inclinação. Infelizmente, a maioria dos materiais usados em coberturas com pequena inclinação hoje em dia é considerado "quente". Os três materiais mais comumente utilizados em cerca de 70% das coberturas com pequena inclinação nos EUA absorvem 75% ou mais da energia solar.

O monômero de etileno propileno dieno (EPDM) responde por quase 1/3 de todas as vendas para coberturas com pequena inclinação nos EUA. O EPDM é uma manta ou camada única, feita de borracha sintética. É geralmente preto e absorve cerca de 95% da energia solar.

O betume modificado, que responde por aproximadamente 20% das vendas para coberturas com pequena inclinação é uma membrana feita de polímeros de asfalto e plástico, que é fixada à cobertura sobre uma

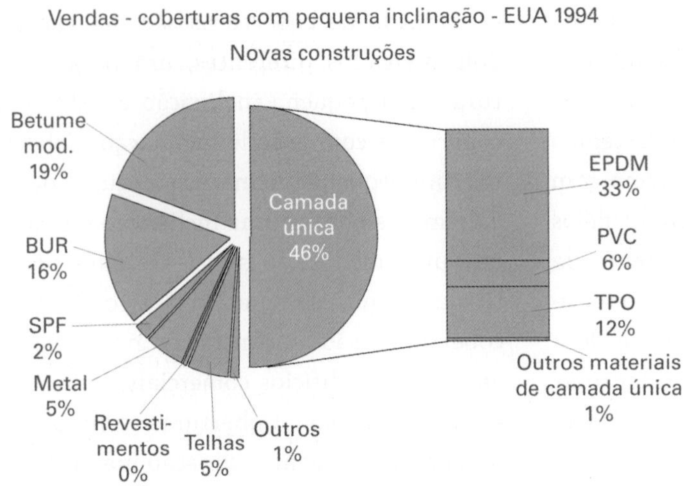

Nota: EPDM, monômero de etileno propileno dieno; PVC, policloreto de vinila; TPO, poliolefina termoplástica; Mod, betume modificado; BUR, built-up roofing*; SPF, espuma de poliuretano spray.*

Fig. 4.5 *Tipos de coberturas com pequena inclinação utilizadas nos EUA para construção de novos edifícios, 2004*

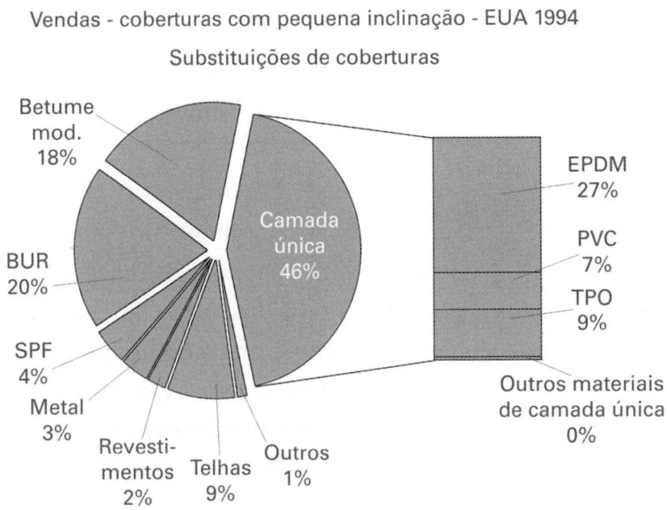

Nota: EPDM, monômero de etileno propileno dieno; PVC, policloreto de vinila; TPO, poliolefina termoplástica; Mod, betume modificado; BUR, built-up roofing*; SPF, espuma de poliuretano spray.*

Fig. 4.6 *Tipos de coberturas com pequena inclinação utilizadas nos EUA para substituição de coberturas em edifícios existentes, 2004*

manta asfáltica adesiva. É normalmente de cor cinza-escura e absorve 80% ou mais do calor solar.

As coberturas tipo BUR (*built-up roofing*, ou coberturas com manta asfáltica), cerca de 20% das vendas para coberturas com pequena inclinação, consistem de camadas de feltro ou fibra de vidro saturadas com asfalto. As coberturas BUR devem estar protegidas do sol, e por isso geralmente é coberto por uma camada protetora com pequenos grânulos coloridos ou uma camada de agregados, i.e. pedrinhas. Os grânulos ou agregados são normalmente bege escuro ou cinza e absorvem 75% ou mais do calor solar.

As Figs. 4.7 e 4.8 mostram a divisão dos materiais utilizados para novas construções e retelhamentos de coberturas com grande inclinação nos EUA.

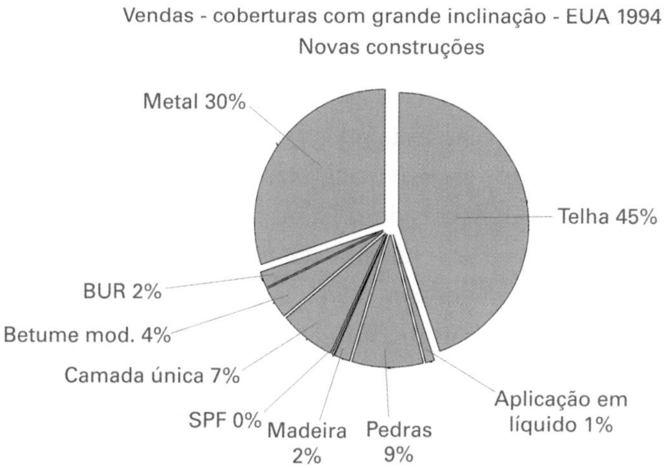

Nota: *EPDM, monômero de etileno propileno dieno; PVC, policloreto de vinila; TPO, poliolefina termoplástica; Mod, betume modificado; BUR,* built-up roofing*; SPF, espuma de poliuretano spray.*

Fig. 4.7 *Vendas de coberturas com grande inclinação nos EUA para construção de novos edifícios, 2004*

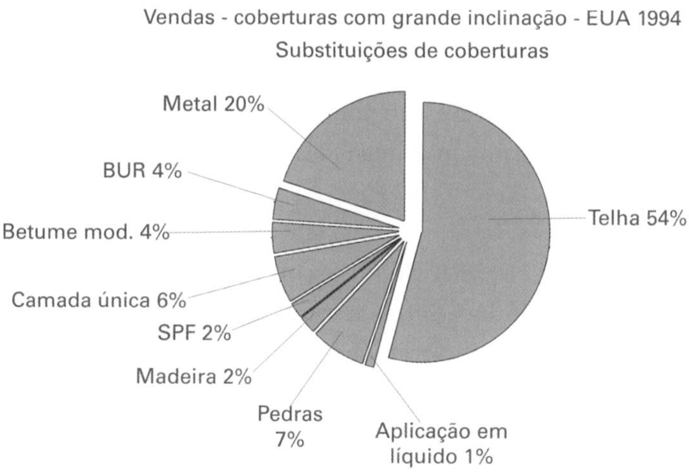

Nota: *EPDM, monômero de etileno propileno dieno; PVC, policloreto de vinila; TPO, poliolefina termoplástica; Mod, betume modificado; BUR,* built-up roofing*; SPF, espuma de poliuretano spray.*

Fig. 4.8 *Vendas de coberturas com grande inclinação nos EUA para substituição de coberturas em edifícios existentes, 2004*

As telhas[1] (*shingles*) constituem cerca de 50% das vendas para coberturas com grande inclinação nos EUA. As telhas, assim como as coberturas BUR, são feitas de feltro ou fibra de vidro saturados com asfalto e cobertas por grânulos. As cores de telhas de asfalto podem ter diferentes tons de marrom/bege, cinza/preto, verde e vermelho. A refletância solar das telhas varia entre 5 e 25% e temperaturas podem chegar a 65-90°C sob o sol.

Coberturas metálicas compõem cerca de 25% do mercado para coberturas com grande inclinação nos EUA. O metal pode ser revestido ou não, mas em ambos os casos o metal fica quente quando exposto ao sol. Quando são revestidos, as coberturas metálicas podem ter diversos tons de verde, azul, vermelho e marrom, e têm valores de refletância solar e temperaturas similares às telhas. Coberturas metálicas sem revestimento podem ter valores de refletância solar um pouco mais altos, geralmente variando entre 20 e 60%. Mas as coberturas metálicas sem revestimento tendem a reter calor, i.e. possui emissividade térmica baixa, e geralmente se aquece a 50-70°C sob o sol.

Materiais para coberturas frescas

A boa notícia é que novos materiais "frescos" para coberturas vêm sendo introduzidos no mercado. As temperaturas de superfície de materiais frescos ficam geralmente abaixo de 50°C mesmo nos dias mais quentes e ensolarados do verão. Materiais tradicionais podem se aquecer a temperaturas de até 90°C. Coberturas mais frescas ajudam a reduzir as ilhas de calor, uma vez que eles liberam menos calor para o ar durante o dia e à noite.

Materiais frescos para coberturas possuem duas propriedades que os mantém mais frescos do que os materiais tradicionais durante os picos de calor do verão:

- Alta refletância solar.
- Alta emissividade térmica (acima de 85%).

Alta refletância solar significa que esses materiais refletem a energia solar mais facilmente do que os materiais tradicionais, que possuem valores de refletância solar de 25% ou menos (Berdahl e Bretz, 1997). A definição de "alta" refletância solar é um tanto subjetiva. Para coberturas com pequena inclinação, o Órgão de Proteção Ambiental dos EUA (Ryan, 2007) especifica que a refletância solar deve ser de 65% ou mais. Outros órgãos, como o do Estado da Califórnia (CEC, 2006), definem 70% como o mínimo de refletância solar para coberturas com pequena inclinação. Para coberturas com grande inclinação, O US EPA (Órgão de Proteção Ambiental dos EUA) define que a refletância solar mínima deve ser de 25%, ao passo que o órgão da Califórnia exige um mínimo de 40%.

Os materiais mais frescos possuem também alta emissividade térmica para auxiliá-lo a irradiar todo o calor armazenado. A emissividade térmica da maioria dos materiais é maior que 85%, mas superfícies metálicas sem revestimento tendem a ter valores de emissividade térmica variando entre 20 e 60%. As exigências quanto às emissões térmicas também variam. O US EPA não faz exigência quanto a emissividade térmica mínima para classificar coberturas como produtos Energy Star (Ryan, 2007). O Estado da Califórnia permite que uma cobertura fresca com baixa emissividade térmica compense essa desvantagem apresentando maior refletância solar (CEC, 2006).

No mercado de coberturas com pequena inclinação, materiais de camada única como o policloreto de vinila (PVC) e poliolefina termoplástica (TPO) geralmente têm cor branca reluzente, possuem valores de refletância solar maiores que 70% e se mantêm a uma temperatura inferior a 50°C. A espuma de poliuretano *spray* (SPF) é um tipo de material isolante, geralmente aplicado com uma camada protetora de alta refletância, que também se mantém fresca. Camadas frescas altamente refletivas também estão sendo aplicadas sobre os materiais usados para coberturas com pequena inclinação para aumentar a vida desses materiais.

O mercado de coberturas com grande inclinação ainda não obteve tanto progresso em termos de materiais frescos. Novos pigmentos altamente refletivos já estão disponíveis e estão lentamente, mas certamente, sendo adotados para revestimento de coberturas metálicas. Esses pigmentos refletem a invisível energia infravermelha do sol, mantendo as coberturas metálicas mais frescas sem alterar muito sua coloração. Tais pigmentos podem também ser usados para revestir os grânulos das telhas de asfalto, porém sua adoção pela indústria de telhas de asfalto tem sido negligenciada até o momento. Maiores informações sobre materiais para coberturas frescas podem ser encontradas no Cap. 5.

Materiais típicos para pavimentação

Como já foi relatado, pavimentos cobrem entre 25 e 50% das cidades e são geralmente o aspecto mais dominante em nossos ambientes urbanos. As características térmicas dos pavimentos exercem muita influência sobre a formação das ilhas de calor.

Os dois tipos de pavimentos mais comumente utilizados são o concreto de cimento asfáltico, chamado de asfalto e o concreto de cimento Portland, chamado de concreto. O asfalto é preto ou cinza após a instalação, com 5-10% de refletância solar inicial. Com o tempo, o asfalto clareia e sua refletância solar aumenta para 10-20%. O asfalto pode ser aquecido a 65°C ou mais sob o sol de verão e é o segundo aspecto mais quente da paisagem urbana, atrás somente dos materiais tradicionais para coberturas.

Pavimentos de concreto são inicialmente cinza-claros, com 30-40% de refletância solar. Com o tempo o concreto fica mais sujo e sua refletância diminui para 25-35%. Os pavimentos de concreto se mantêm mais frescos do que o asfalto, geralmente abaixo de 50°C mesmo nos dias mais quentes e ensolarados.

As indústrias de asfalto e de concreto são concorrentes ferozes e não são muito acessíveis no que se refere a dados de mercado. Mas é evidente que pavimentos asfálticos possuem a maior fatia do mercado nos EUA. A Tab. 4.2 oferece uma estimativa da participação no mercado de asfalto e concreto para diferentes tipos de aplicações. O asfalto tende a oferecer custos mais baixos de instalação e é mais fácil de ser instalado, ao passo que o concreto tende a ter maior durabilidade, suporta maiores cargas de tráfego, necessita de menos manutenção e possui menores custos de ciclo de vida (Packard, 1994; Ting et al., 2001; Hawbaker, 2003). A maior parte dos órgãos responsáveis pela pavimentação, como departamentos de transporte dos governos e incorporadoras estão mais interessados em manter os custos iniciais baixos e são menos motivados pelas considerações de ciclos de vida.

Uma análise de estatísticas de estradas nos EUA confirma a dominância de mercado do asfalto para estradas e rodovias (USDOT, 2000). A Fig. 4.9 mostra qual porcentagem das estradas americanas é pavimentada com asfalto (denominado pavimentos flexíveis na estatística), qual porcentagem é de concreto (denominado pavimentos rígidos), e quais estradas usam uma composição, geralmente estradas inicialmente pavimentadas com concreto e subsequentemente recuperadas com asfalto.

Geralmente é mais provável que estradas sejam pavimentadas com concreto ou pelo menos tenham uma base de concreto, ao passo que cidades geralmente são pavimentadas com asfalto. Isso acontece em parte, pela exigência das estradas para suportarem

TAB. 4.2 ESTIMATIVA DE PARTICIPAÇÃO DE MERCADO DE PAVIMENTOS DE ASFALTO E DE CONCRETO NOS EUA

Aplicações de pavimentos	Participação no mercado de Asfalto	Participação no mercado de Concreto
Estradas	70%	30%
Ruas urbanas	85%	15%
Vias de acesso	40%	60%
Calçadas	10%	90%
Estacionamentos	85%	15%
Caminhos e trilhas	80%	20%
Espaços para pedestres/shoppings abertos	25%	75%

Fonte: Hawbaker, 2002.

cargas mais pesadas. Pode ser também por causa dos subsídios mais estáveis por parte de órgãos de transportes federais e estaduais, responsáveis pela maior parte da pavimentação de estradas, que conseguem arcar com os gastos iniciais mais elevados a favor de custos mais baixos com os ciclos de vida.

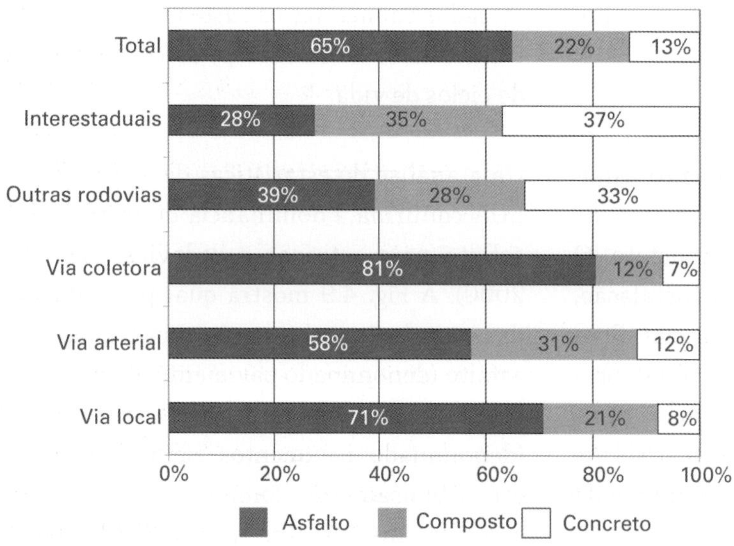

FIG. 4.9 *Porcentagem de superfícies de estradas nos EUA cobertas com asfalto, concreto e uma composição de concreto e asfalto, corrigida para o número de faixas em cada tipo de estrada Fonte: USDOT, 2000.*

MATERIAIS FRESCOS PARA PAVIMENTAÇÃO

Materiais frescos para pavimentação reduzem as temperaturas de pavimentos em 19,5°C ou mais (Aseada et al., 1996; Pomerantz et al., 2000c; Gartland, 2001). Os pavimentos mais quentes tendem a ser impermeáveis e de cor escura, com refletância solar abaixo de 25%. Existem duas formas de resfriar pavimentos: (1) mudar sua cor, para uma cor mais clara, aumentando assim sua refletância solar para 25% ou mais, e/ou (2) tornando-os permeáveis, permitindo que a água seja drenada através deles durante as chuvas e seja posteriormente evaporada em dias quentes e ensolarados. A água evaporada retira o calor dos materiais de pavimentação, mantendo-os mais frescos, um processo similar à evapotranspiração das plantas.

A emissividade térmica não é um fator tão importante para as temperaturas de superfícies de pavimentos como é para coberturas. Pavimentos asfálticos geralmente têm valores de emissividade térmica de 85% ou mais, ao passo que a emissividade térmica de pavimentos de concreto varia entre 70 e 90%. Mas os efeitos de emissões térmicas são suplantados pelos efeitos da refletância solar. Para pavimentos secos e impermeáveis, a refletância solar é o fator que mais afeta sua temperatura. Uma vez que as cores dos pavimentos exercem o maior efeito sobre a refletância solar, os pavimentos de cores mais claras são geralmente os mais frescos.

Pavimentos asfálticos geralmente não são frescos, mas podem ser resfriados de diversas maneiras. Pigmentos claros ou agregados (pedras na mistura do pavimento) de cores claras podem ser adicionados à mistura de asfalto. Esses aditivos podem aumentar a refletância solar dos pavimentos em até 30 pontos percentuais. Por exemplo, um pavimento típico com refletância solar de 15% pode potencialmente elevar sua refletância a até 45% com a utilização de agregados e pigmentos de cores claras em sua mistura. Pigmentos e agregados de cores claras podem também ser adicionados às capas selantes e filmes hidrofugantes (usados para restituição de aderência) utilizados na recuperação e manutenção do asfalto (Cartwright, 1998; Ting et al., 2001). Pavimentos asfálticos também podem ter acabamentos em diversas texturas – imitando tijolos ou pedras – com a utilização de camadas coloridas para simular a aparência de outros materiais.

Pavimentos de concreto tendem a ter uma cor mais clara do que pavimentos asfálticos, com valores de refletância solar que poderiam caracterizar os típicos pavimentos de concreto como pavimentos frescos. No entanto, eles podem ser ainda mais resfriados por meio da utilização de agregados e aglutinantes de cimento de cores mais claras. Testes de laboratório de concretos especialmente clareados revelaram valores de refletância solar de até 80% (Levinson e Akbari, 2001). Concreto também pode ser aplicado sobre pavimentos asfálticos por meio de um processo chamado *white-topping* (revestimento de piso asfáltico com concreto de cimento Portland) ou *white-topping* ultrafino, que utiliza reforços de fibras para dar mais resistência ao pavimento, mantendo-o mais fino e reduzindo seu tempo de cura (Hurd, 1997).

Outra maneira de manter pavimentos frescos é torná-los porosos ou permeáveis. Isso permite que a água da chuva escorra por pequenas aberturas, armazenando água no solo ou nos materiais coadjuvantes sob o pavimento. Em dias quentes e secos, a água armazenada evapora e resfria o pavimento. Para que pavimentos porosos se mantenham frescos com o tempo, é necessário que haja uma fonte de água, ou por meio das chuvas constantes ou por irrigação periódica.

Tanto o asfalto como o concreto podem ser utilizados para a construção de pavimentos porosos. Com o asfalto "pré-misturado aberto" e concreto poroso, as menores partículas de areia e rocha não são incluídas nas misturas de concreto. Isso cria espaços entre as pedras maiores e permite que a água escoe pelo pavimento. Os tamanhos desses espaços devem ser cuidadosamente analisados para evitar que sejam obstruídos por sujeira ou outros materiais. Versões porosas tanto de concreto como de asfalto têm sido utilizadas em estradas e estacionamentos (Smith, 1999; Maes e Youngs, 2002).

Existem outras opções de pavimentos frescos, como revestimentos com blocos e pavimentos à base de resinas, mas estes são bem menos comuns do que os pavimentos tradicionais. Os blocos para revestimento são permeáveis e podem ser feitos de plástico, metal ou concreto. Esses blocos são fixados sobre uma armação aberta que é então preenchida com pedras ou terra; pode-se plantar grama ou flores nessa terra. Os blocos fornecem apoio estrutural, ao passo que ainda permitem que a água seja escoada e consequentemente evaporada. Revestimentos com blocos porosos têm sido utilizados com sucesso em áreas de baixo tráfego, como corredores, vias de acesso, estacionamentos e vias de acesso para bombeiros (Cote et al., 2000; Chicago, 2002).

Pavimentos à base de resinas utilizam resinas de árvores para fixar os pavimentos ao invés de aglutinantes asfálticos ou de cimento, que são utilizados em pavimentos de asfalto ou de concreto. A resina é translúcida, portanto toma a cor dos agregados, areia e terra do restante da mistura. Esses agregados são geralmente retirados do próprio local, permitindo que o pavimento se misture bem ao restante do ambiente. Pavimentos à base de resinas têm sido utilizados com sucesso em trilhas e corredores para bicicletas em parques e outros locais ecologicamente sensíveis. Informações mais detalhadas sobre pavimentos frescos podem ser encontradas no Cap. 6.

PROPRIEDADES TÉRMICAS DOS MATERIAIS

Valores de refletância e emissão de materiais comuns em áreas urbanas e rurais estão representados na Fig. 2.3. Dois materiais de maior projeção possuem baixa refletância solar: pavimentos asfálticos e BUR (coberturas planas com manta asfáltica). Os materiais de coberturas e pavimentos predominantemente utilizados em cidades aumentam a radiação solar acumulada em áreas urbanas.

Os materiais utilizados em coberturas e pavimentos possuem características que intensificam o problema das ilhas de calor. Embora já tenha sido apresentado no Cap. 2, vale mencionar novamente: condutividade térmica e capacidade calorífica também são fatores importantes. Materiais com elevada condutividade térmica tendem a armazenar e liberar mais calor. A Fig. 2.2 traça os valores para materiais naturais e de construção comuns. Materiais de construção fabricados pelo homem como pavimentos e materiais isolantes tendem a armazenar mais calor durante o dia, e liberá-lo lentamente à noite.

ARREFECIMENTO COM ÁRVORES E VEGETAÇÃO

Árvores e vegetação refrescam sua circunvizinhança de duas maneiras: (1) a evapotranspiração converte a energia solar em água evaporada ao invés de calor, mantendo as temperaturas da vegetação e do ar mais baixas, e (2) árvores e vegetação promovem sombras para as superfícies e protegerem-nas do calor do sol, mantendo essas superfícies mais frescas e reduzem o calor armazenado por elas.

Mais de 75% da população mundial reside em áreas urbanas (United Nations, 2002), e as árvores urbanas são as únicas árvores que a maioria das pessoas veem no dia a dia. De acordo com análises feitas pelos órgãos USAF (United States American Forests) e Lawrence Berkeley National Laboratory, muitas cidades dos EUA possuem menos de 25% de cobertura arbórea em áreas residenciais e menos de 15% em áreas comerciais (Akbari e Rose, 1999, 2001a, 2001b; American Forests, 2002; Rose et al., 2003). O Serviço Florestal do Ministério da Agricultura dos EUA contou cerca de 3,8 bilhões de árvores em áreas urbanas, ou 17 árvores para cada habitante urbano (Dwyer et al., 2001).

O American Forests estima que o plantio de mais 634,4 milhões de árvores nos EUA, cerca de mais 3 árvores para cada habitante urbano, poderia trazer benefícios significativos para as áreas urbanas (American Forests, 2002). De acordo com os cálculos desse órgão, muitas cidades dos EUA possuem menos de 25% de cobertura arbórea em áreas residenciais e menos de 15% em de espaços cobertos por árvores em áreas comerciais (American Forests, 2002). O American Forests recomenda que seja aumentada a cobertura arbórea até atingir os níveis indicados na Tab. 4.3. De uma maneira geral, cidades com água em abundância devem ter 40% de sua área coberta por árvores, ao passo que cidades mais secas devem ter 25% de cobertura arbórea. O American Forests determinou que a adição de árvores para atingir esses níveis seria uma maneira prática e com boa relação custo-benefício para reduzir o consumo de energia, a poluição do ar e problemas com enchentes em áreas urbanas e suburbanas.

Tab. 4.3 Recomendações de cobertura arbórea para cidades dos EUA

	Cidades ao leste do Rio Mississipi e ao Noroeste Pacífico	**Cidades ao sudoeste e oeste árido**
Residencial Suburbana	50%	35%
Residencial Urbana	25%	18%
Distrito comercial central	15%	9%
Total	40%	25%

Nota: Áreas residenciais suburbanas são definidas como áreas com densidade de até cinco unidades habitacionais por hectare; áreas residenciais urbanas são aquelas com densidade de cinco ou mais unidades habitacionais por hectare; e por distritos comerciais centrais entende-se que são áreas com uma combinação de uso comercial e industrial.

Fonte: American Forests, 2002; Moll e Kollin, 2002.

Análises independentes de Chicago e Sacramento confirmam as recomendações de aumentar a cobertura arbórea do American Forests. Um estudo de Chicago estimou que 38% da área da cidade deveria estar "disponível" para o plantio de árvores, porém, apenas 11% de Chicago realmente tem cobertura arbórea. Os outros 27% representam áreas onde árvores poderiam, potencialmente, ser plantadas, geralmente em quintais ou jardins residenciais; faixas de terrenos ao longo das rodovias (terrenos oficialmente inspecionados, áreas reservadas para estradas e rodovias); e em terrenos comerciais, industriais ou institucionais (McPherson et al., 1993). Um trabalho parecido feito em Sacramento estimou que árvores poderiam cobrir outros 15% da cidade, aumentando assim a oferta de sombra em 20% para coberturas, 20% para estradas, 50% para calçadas e 30% para estacionamentos (Akbari e Rose, 1999).

Árvores e vegetação podem ser ainda mais úteis quando plantadas em locais estratégicos em volta de edificações (McPherson e Simpson, 1999b; Sarkovich, 2002). O plantio de espécies decíduas ao sul, sudoeste, leste e sudeste tem se mostrado bastante eficiente no arrefecimento de edificações, especialmente se as árvores fornecem sombra para janelas e uma parte das coberturas desses edifícios. O plantio de espécies sempre-verdes ao norte ajuda a barrar os ventos no inverno. [Nota do Editor: essas orientações referem-se ao Hemisfério Norte. Para o caso do Brasil, as considerações acerca do posicionamento ao norte e ao sul se invertem.]

O sombreamento de estacionamentos e ruas pode também ser uma maneira eficaz de resfriar uma comunidade. Árvores podem ser plantadas em torno do perímetro ou em canteiros centrais (espaços não pavimentados usados para separar vias de trânsito opostas, ou calçadas e ruas, ou carros estacionados uns dos outros) dentro de estacionamentos ou pela extensão de ruas. Muitas cidades têm regulamentações que exigem que ruas e estacionamentos tenham projetos paisagísticos. Essas regulamentações não têm a intenção apenas de embelezar as áreas, mas têm também intenções específicas de manter essas áreas mais frescas.

Muitos *playgrounds*, áreas escolares e campos esportivos não possuem sombreamento algum de árvores ou vegetação. As pessoas que utilizam essas áreas, principalmente crianças, poderiam muitas vezes tirar proveito de um "descanso" do calor do sol e seus nocivos raios ultravioleta. Algumas árvores estrategicamente plantadas poderiam tornar essas áreas mais confortáveis e saudáveis.

Lembre-se de que árvores não são a única opção de vegetação. Existem muitas áreas onde não há espaço para árvores ou elas crescem muito lentamente para se tornarem eficazes em curto prazo. Outra opção paisagística bastante promissora é a trepadeira cultivada em treliças. Essas plantas requerem menos terra e menos espaço, crescem rapidamente e geralmente podem ser apoiadas em arames ou fios.

Coberturas verdes, ou tetos-jardim, também podem ser opções interessantes para sombreamento e paisagismo de áreas urbanas. Seria impossível sombrear todos os topos de edifícios plantando árvores em volta dessas construções, mas já existem sistemas de coberturas eficazes para plantar desde arbustos simples até jardins completos nos topos de edifícios.

Informações detalhadas sobre a utilização de árvores e vegetação podem ser encontradas no Cap. 7.

Potencial de arrefecimento

O Cap. 8 revê como a utilização de coberturas frescas, pavimentos frescos e mais árvores e vegetação pode ter grande influência sobre as temperaturas urbanas. Um estudo teórico em Sacramento, na Califórnia, observou o que aconteceria se a quantidade de árvores e vegetação fosse duplicada e materiais frescos para pavimentos e coberturas fossem utilizados. A temperatura média de superfície durante o período mais quente diminui 16°C, e as temperaturas do ar diminuiria 1,2°C em tardes quentes.

Observação

[1] Telha/*Shingle* nos EUA refere-se a um pequeno pedaço de material de construção, geralmente afilado, para ser utilizado em coberturas ou em coberturas de paredes.

Materiais de coberturas tradicionais tendem a esquentar sob o sol, atingindo temperaturas entre 50-90°C. Materiais de coberturas quentes criam problemas para o edifício que está abaixo, inclusive:

- Temperaturas internas mais elevadas.
- Conforto interno reduzido.
- Maior demanda de energia para arrefecimento.
- Mais gastos com eletricidade/água.
- Mais desgaste dos sistemas de arrefecimento/refrigeração.
- Deterioração mais rápida da cobertura.

Cinco
Tudo sobre Coberturas Frescas

Coberturas quentes também criam problemas para suas comunidades, inclusive:

- Maior demanda de eletricidade, principalmente durante os períodos de pico vespertinos.
- Maior potencial para brownouts (subtensão) e blecautes na rede de força.
- Maior emissão da central elétrica.
- Temperaturas urbanas e suburbanas mais elevadas.
- Mais formação de *smog*, pela combinação de mais emissões e temperaturas mais altas.
- Mais resíduos de coberturas enviados aos aterros.

Substituir materiais de cobertura quentes por materiais frescos pode contribuir para o alívio desses problemas. Materiais de cobertura frescos se mantêm mais frios sob o sol, geralmente atingindo picos de aquecimento na ordem de 40-60°C. Os materiais para cobertura mais frescos possuem duas características importantes:

- Alta refletância solar (chamada também de albedo), a porcentagem de energia solar refletida por uma superfície (é recomendado que coberturas brancas tenham valores de refletância solar superiores a 70%, coberturas coloridas tenham valores superiores a 40% e todas as coberturas devem ter valores de emissividade térmica superiores a 80%).
- Alta emissividade térmica, a porcentagem de energia que um material é capaz de irradiar (não refletir).

Este capítulo explica o que faz uma cobertura ser considerada fresca e identifica os diversos tipos de materiais frescos para coberturas, disponíveis hoje em dia. Serão descritos, então, os muitos benefícios de coberturas frescas.

Definição de cobertura fresca

Como já foi dito, materiais frescos para coberturas precisam apresentar tanto alta refletância solar como alta emissividade térmica. Antes de descrevermos mais detalhadamente refletância e emissividade, é de grande utilidade entender um pouco mais sobre a energia solar, uma vez que é isso que aquece os materiais de coberturas.

Propriedades solares

A Fig. 5.1 mostra a energia solar típica que atinge a superfície terrestre em dias claros de verão. Sua intensidade varia em comprimentos de ondas de 0,3 a 3,0 μm com pico em aproximadamente 0,6 μm. Esses comprimentos de ondas são classificados em três categorias – ultravioleta, visível e infravermelho. A energia ultravioleta é responsável pelas queimaduras de sol, fica na categoria de comprimento de onda mais curta e contribui com apenas 3% da energia solar. A luz visível é responsável por 40% da energia solar em comprimentos de ondas que variam de 0,4 a 0,7 μm. A luz visível possui cores que vão do vermelho ao violeta (lembre-se de VLAVAIV para vermelho, laranja, amarelo, verde, azul, índigo e violeta), que são combinados em uma luz quase branca. Os outros 57% da energia solar, com comprimentos de ondas de 0,7 a 2,5 μm, são a energia infravermelha, sentida em forma de calor.

Somando a área abaixo da curva da Fig. 5.1, que combina as contribuições dos comprimentos de ondas ultravioleta, visíveis e infravermelhas, tem-se um pico de energia solar de cerca de 1.200 W/m^2. Esse é o máximo de energia a atingir a superfície terrestre ao meio-dia de um dia claro de verão. Para efeito de comparação, isso é o equivalente ao calor de doze lâmpadas incandescentes de 100W atingindo o solo a cada metro quadrado aproximadamente.

Refletância solar

Refletância solar é uma medida geral de como um material reflete todos os componentes da energia solar. Materiais nem sempre refletem a energia com diferentes comprimentos de ondas de maneira uniforme, mas geralmente refletem mais energia com determinado comprimento de onda e menos com outro. Medindo quanta energia um material reflete em cada comprimento de onda entre

0,3 e 2,5 μm e depois calculando a média desses valores, pode-se encontrar a refletância solar. As normas técnicas do ASTM standard E 903 (ASTM, 1992) podem fornecer maiores detalhes sobre esses cálculos.

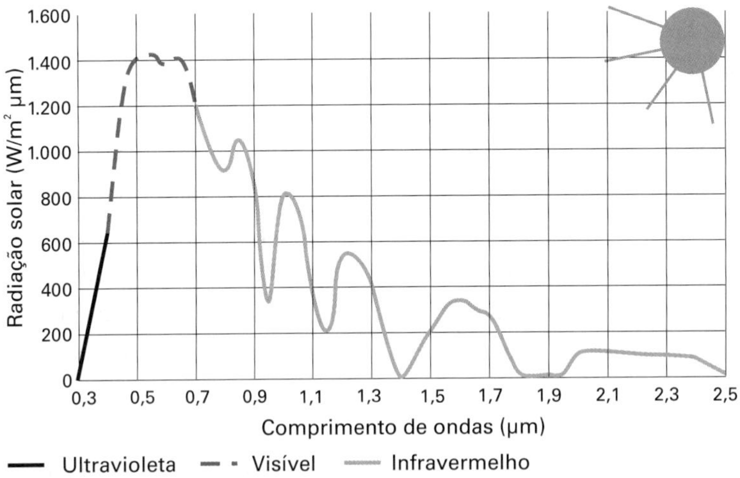

FIG. 5.1 *Energia solar* versus *comprimentos de onda que atingem a superfície da Terra*

Os materiais tradicionais para coberturas refletem a energia solar de maneira insatisfatória, com valores totais de refletância solar entre 5 e 25%. A Fig. 5.2 mostra as propriedades refletivas de materiais típicos para coberturas (Berdahl e Bretz, 1997). Uma telha asfáltica preta reflete cerca de 5% de energia em todos os comprimentos de ondas. Uma telha verde tem um desempenho um pouco melhor, com uma refletância total de cerca de 14%. Observe a variação de refletância do material verde entre 0,4 e 0,6 μm; essa variação refletiva da luz visível é o que dá cor ao material.

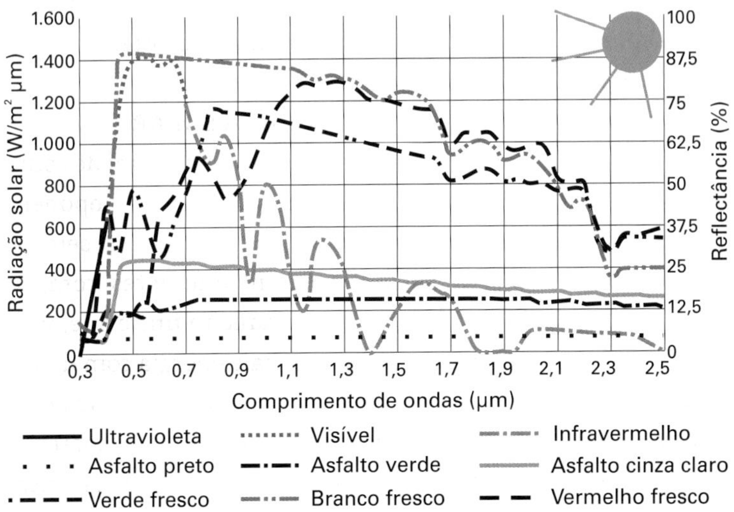

FIG. 5.2 *Refletância solar de diferentes materiais para cobertura*

O material mais refletivo dentre os materiais de construção tradicionais tem coloração cinza-clara, geralmente denominada branco pelos departamentos de marketing das empreiteiras. No entanto, esse material cinza--claro possui refletância total de apenas 25%. Lembre-se de que a energia solar incidente numa cobertura pode chegar a 1.200 W/m^2, portanto com refletância de 25%, 900 desses watts são absorvidos pela cobertura.

Os materiais mais frescos para coberturas tendem a refletir mais energia visível e infravermelha. A Fig. 5.2 mostra a refletância solar de um dos materiais mais frescos do mercado, um revestimento branco fresco (Berdahl e Bretz, 1997). Esse revestimento possui refletância muito alta na porção visível do espectro solar, por isso tem coloração branca reluzente. Sua refletância sofre uma queda na faixa infravermelha, mas ainda assim sua refletância solar total é de 75%. Isso significa que ao invés de absorver 900 W/m^2, a cobertura fresca absorve apenas 300 W/m^2. Centenas de revestimentos brancos frescos e materiais de camada única para coberturas estão prontamente disponíveis no mercado hoje em dia.

As camadas brancas reluzentes são capazes de atingir alta refletância solar principalmente pela utilização de dióxido de titânio (TiO_2), um pigmento que reflete a energia solar em todos os comprimentos de ondas. Foram descobertos outros pigmentos que refletem grandes quantidades de energia infravermelha, mas não refletem a energia visível. Esses pigmentos têm menos efeito sobre a coloração de um material e criaram uma nova categoria de materiais para coberturas – cores frescas.

A Fig. 5.2 mostra exemplos desses materiais de cores frescas. O material verde fresco utiliza uma mistura de pigmentos de óxido de cromo (Cr_2O_3) e óxido de titânio e consegue atingir refletância solar total de 48%. Isso é bem maior do que os 15% de um material tradicional verde (Berdahl e Bretz, 1997). O material vermelho fresco usa óxido ferroso (Fe_2O_3) e óxido de titânio para conseguir um revestimento vermelho com refletância de 43%. Materiais vermelhos tradicionais possuem refletância de apenas 10-20%. A Fig. 5.2 mostra que ambos os materiais atingem a maior parte de seus ganhos refletivos nos comprimentos de ondas infravermelhas. A refletância solar esperada de materiais de cores frescas é de 30 a 60%, dependendo do tipo de pigmento usado e da tonalidade da cor escolhida. Exemplos de cores frescas disponíveis no mercado hoje são apresentados ainda neste capítulo.

Emissividade térmica

O efeito da refletância solar, por exemplo quando dado material se mantém mais fresco se absorve menos energia solar, é bastante óbvio. O efeito da emissividade térmica sobre os materiais não é tão óbvio. O material com alta emissividade térmica é capaz de irradiar o calor para longe de si e se manter fresco. O material que tem baixa emissividade térmica conserva a energia em nível molecular quando exposto a ondas longas, com comprimentos entre 5 e 40 μm. Essas ondas longas correspondem a baixas temperaturas relativas, para o lado direito em nosso gráfico de comprimentos de ondas solares, das Figs. 5.1 e 5.2. A energia que não é emitida a partir desse material aumenta a sua temperatura.

A maioria dos materiais para coberturas, e a maioria dos materiais em geral, apresentam valores de emissividade térmica de 80% ou mais. Mas uma classe importante de materiais, os metais, tende a ter baixa emissividade. A emissividade térmica de superfícies metálicas sem revestimento varia entre 20 e 60%, dependendo do tipo de acabamento (liso ou grosso) e das condições (brilhante e limpo, sujo ou enferrujado). Essa baixa emissividade térmica evita que coberturas metálicas sem revestimento sejam materiais frescos, apesar de terem alta refletância solar.

Um exemplo do efeito da emissividade térmica sobre temperaturas seria uma chave inglesa exposta ao sol quente. É provável que a chave inglesa queime a sua mão quando apanhá-la, apesar de ser brilhosa e refletiva, e ter alta refletância solar. Mas uma chave inglesa, por ser feita de metal, possui baixa emissividade térmica. A chave reflete a maior parte do calor do sol, mas não é capaz de irradiar a energia que é absorvida. De maneira semelhante, uma cobertura de estanho fica quente porque não é capaz de se autorresfriar por meio da radiação como outros materiais. Tenesse Williams estava certo quanto à física quando escreveu *Gata em teto de zinco quente*!

Observe que apenas a emissividade da camada superior da cobertura é importante. Uma cobertura metálica sem revestimento tem baixa emissividade, mas se aplicarmos qualquer revestimento não metálico sobre esse metal, como tinta, sua emissividade será imediatamente maior. Inversamente, podemos aplicar um revestimento metálico sobre uma cobertura não metálica e imediatamente baixar sua emissividade.

Conforme a ilustração da Fig. 5.3, refletância solar e emissividade térmica trabalham juntas para afetar as temperaturas das superfícies. Superfícies de coberturas tradicionais possuem baixa refletância (5-25%) e alta emissividade (acima de 80%), e se aquecem a até 65-90°C ao meio-dia durante o verão. Coberturas com superfícies metálicas sem revestimento ou coberturas com revestimento metálico possuem alta refletância (50% ou mais se estiverem limpos) e baixa emissividade (20-60%), mas ainda se aquecem a até 60-75°C. Coberturas frescas com alta refletância (maior que 70%) e alta emissividade (acima de 80%) se aquecem a apenas 35-60°C sob o sol de verão.

Muitas pessoas usam os termos "refletivo", "albedo alto", "de cor clara", ou "branco" alternadamente quando se referem a materiais frescos. É importante lembrar que essas condições por si só não garantem que um material se mantenha fresco sob o sol. Materiais realmente frescos devem ter tanto alta refletância solar como alta emissividade térmica. Por exemplo, materiais metálicos como revestimentos de alumínio podem ser altamente "refletivos" e ter "albedo alto", mas não são frescos por causa de sua baixa emissividade térmica. Assim como telhas asfálticas podem ser consideradas "brancas" ou "de cor clara", mas ainda assim têm baixa refletância solar e esquentam sob o sol quente.

Medições e terminologia de materiais frescos para coberturas

A introdução de pigmentos refletivos infravermelhos tornou a identificação da refletância de um material bastante difícil. Não podemos simplesmente olhar para um material – é preciso medir sua refletância solar e emissividade térmica. Existem cinco métodos padrão da American Society for Testing Materials (ASTM) que são comumente empregados para medir propriedades solares. Não há exigência de teste para as propriedades solares, mas existem dois programas voluntários onde fabricantes podem testar e registrar seus produtos: o programa Energy Star e o programa do Conselho de Classificação de Coberturas Frescas (Cool Roof Rating Council). Esses métodos de testes e programas voluntários são descritos a seguir.

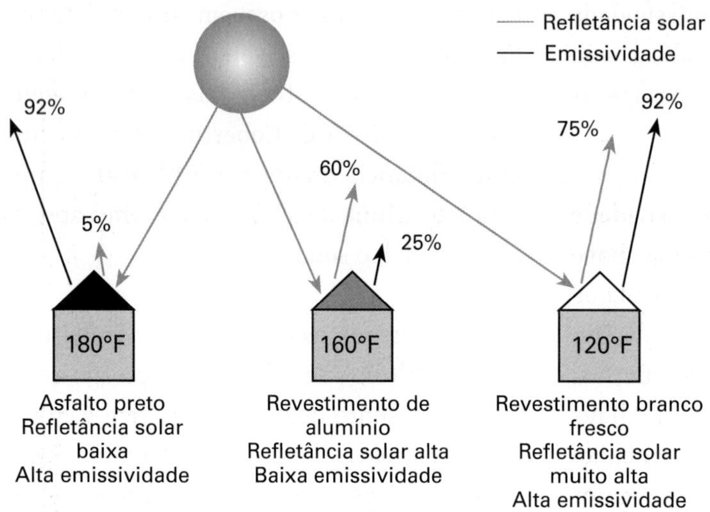

FIG. 5.3 *Efeitos combinados de refletância solar e emissividade sobre a temperatura da cobertura*

Métodos de teste

Refletância solar e emissividade térmica podem ser medidas por meio da utilização de métodos de teste desenvolvidos e validados pela ASTM. Esses métodos estão listados na Tab. 5.1. Refletância e emissividade podem ser testadas tanto em laboratório como em campo. Medições de laboratórios são feitas geralmente para identificar as propriedades de amostras de novos materiais. O equipamento utilizado para as medições em laboratório é bastante caro, por isso, normalmente são feitos por laboratórios independentes. Medições em campo são úteis para avaliar o desgaste provocado pelo tempo, condições climáticas e acúmulo de sujeira em materiais para coberturas. O equipamento utilizado para testes de campo tende a ser menos caro, porém, oferece menor precisão. Algumas vezes os testes de campo são feitos pelo fabricante ou por outro interessado, com o equipamento correto.

O último método listado na Tab. 5.1 não é exatamente um teste, mas demonstra uma forma de calcular o índice de reflexão solar, IRS. O IRS é um termo utilizado ocasionalmente ao referir-se a materiais frescos para coberturas. Esse valor incorpora tanto a refletância solar como a emissividade térmica em um único valor para apresentar o desempenho de dado material ao ser

TAB. 5.1 MÉTODOS DE TESTE PARA AVALIAR AS PROPRIEDADES SOLARES DOS MATERIAIS PARA COBERTURAS

Propriedade medida	Método de teste	Equipamento utilizado	Local de teste
Refletância solar	E 903: Método de teste padrão para determinar absortância, refletância e transmissividade de materiais utilizando esferas integradoras (ASTM, 1992)	Espectrofotômetro com esfera integradora	Laboratório
Refletância solar	E 1918: Método de teste padrão para medir refletância solar em superfícies horizontais e de pequena inclinação em campo (ASTM, 1997b)	Piranômetro	Campo
Refletância solar	C 1549: Método de teste padrão para determinar refletância solar próxima à temperatura ambiente utilizando um Reflectômetro solar portátil	Piranômetro	Campo
Emissividade Térmica	E 408: Método de teste padrão para Emissividade Normal Total de superfícies utilizando técnicas Inspection-meter (ASTM, 1990)	Reflectômtero e medidor de emissividade	Laboratório
Emissividade Térmica	C 1371: Método de teste padrão para determinar refletância de materiais próxima à temperatura ambiente utilizando emissometers portáteis (ASTM, 1998)	Medidor de emissividade	Campo
Índice de reflexão solar	E 1980: Prática padrão para calcular o Índice de reflexão solar de superfícies opacas horizontais e com pequena inclinação (ASTM, 1999)	Método de cálculo	–

exposto ao sol. Esse índice nos diz como uma superfície quente se compararia a uma superfície negra padrão e uma superfície branca padrão. Em termos físicos, seria como colocar um material para cobertura ao lado de uma superfície negra perfeita e outra superfície branca perfeita e medir as temperaturas das três superfícies. O IRS é um valor entre zero (tão quente quanto uma superfície negra) e 100 (tão fresco quanto uma superfície branca). Ao calcular o IRS, as temperaturas das superfícies não são realmente medidas; ao invés disso, o ASTM E 1980 propõe equações para encontrar o IRS a partir de valores de refletância solar e emissividade térmica previamente mensurados.

CLASSIFICAÇÃO DE COBERTURAS FRESCAS

Não existe uma exigência para que fabricantes meçam ou classifiquem a refletância solar ou emissividade térmica de seus produtos, mas existem atualmente dois programas que auxiliam fabricantes que desejam certificar seus produtos como frescos. Desde 1998, a agência de proteção ambiental dos EUA lista produtos para coberturas sob seu programa Energy Star. O Cool Roof Rating Council tem um programa de teste e classificação desde 2003.

Programa Energy Star

Fabricantes testam seus produtos com o Energy Star de acordo com normas ASTM E 903 ou ASTM E1918. O produto pode ser então qualificado como um produto Energy Star se atender às exigências apresentadas na Tab. 5.2.

TAB. 5.2 CRITÉRIOS DE CLASSIFICAÇÃO PARA PRODUTOS ENERGY STAR

Tipo de produto para cobertura[a]	Refletância solar quando novo	Refletância solar após 3 anos[b]
Pequena inclinação	65% ou mais	50% ou mais
Grande inclinação	25% ou mais	15% ou mais

Nota: [a] *Um produto com pequena inclinação deve ser usado em coberturas com inclinação menor do que 1 em 6; um produto para grande inclinação deve ser usado em coberturas com inclinação maior do que 1 em 6*
[b] *A refletância solar após 3 anos é medida em uma cobertura com 3 anos ou mais de utilização.*

Para garantir a integridade em longo prazo dos produtos refletivos, o programa Energy Star não só exige que materiais sejam testados após três anos de utilização, como também exige que os produtos tenham garantias comparáveis àquelas oferecidas por produtos não refletivos (Schmeltz e Bretz, 1998; EPA, 2000a).

Existem três observações a serem feitas sobre os critérios do Energy Star. Primeira, os critérios de refletância solar são diferentes para coberturas com pequena inclinação e com grande inclinação, mas esses critérios variam bastante. Existem centenas de produtos para coberturas com pequena inclinação que atendem aos critérios Energy Star de 65% de refletância solar. Infelizmente, somente alguns produtos para coberturas com grande inclinação atendem aos critérios Energy Star de 25% de refletância solar. O uso de pigmentos coloridos frescos em coberturas com grande inclinação ainda não foi totalmente adotado pela indústria de coberturas.

Segunda, a emissividade térmica não é um critério classificatório para o Energy star. Na versão original do programa (que foi utilizado até 2007), a emissividade térmica não precisava nem ser testada ou informada. Na versão 2.0 do Energy Star, que passou a ser utilizada em 31 de dezembro de 2007, a emissividade térmica precisa ser medida (por meio de métodos de teste ASTM C 1371 ou E 408) e informada. No entanto, os níveis de emissividade térmica não são usados para decidir se um material se qualifica como produto Energy Star ou não, mesmo na versão 2.0 do programa.

Produtos com baixa emissividade – metais sem revestimento ou revestimentos metálicos – podem, portanto, ser qualificados como produtos Energy Star mesmo não sendo especialmente frescos. Para coberturas com pequena inclinação isso não representa um grande problema, uma vez que existem dificuldades para materiais metálicos com baixa emissividade atenderem a exigência de 65% de refletância solar. Mas produtos com baixa emissividade podem, geralmente, ser classificados como produtos Energy Star nas categorias para coberturas com grande inclinação, que exige apenas 25% de refletância solar. Metais sem revestimento ou revestimentos metálicos devem ser escolhidos cuidadosamente para serem utilizados como produtos frescos para coberturas.

Outro aviso sobre o programa Energy Star é que ele permite que fabricantes apliquem seus próprios testes, o que mantém os custos baixos para o fabricante, e também permite certo abuso do sistema de teste, seja intencional ou não. O Energy Star afirma que eles mesmos fazem fiscalizações pontuais de valores e testam os produtos randomicamente para verificação dos valores informados. No entanto, houve uma ocorrência (já corrigida) em que se publicou um valor de mais de 100% de refletância solar na lista da Energy Star. As últimas informações sobre produtos para coberturas Energy Star, inclusive testes, classificação e lista de produtos podem ser encontradas no site da Energy Star (www.energystar.gov).

Lista de produtos do Cool Roof Rating Council (Conselho de Classificação de Coberturas Frescas)

O Cool Roof Rating Council, ou CRRC, também tem um programa que mede e classifica as propriedades solares de materiais para coberturas. O CRRC foi incorporado em 1998 como uma organização educacional sem fins lucrativos. Sua missão, como está postada em seu site, é:

- executar e comunicar um sistema justo, preciso e confiável para a classificação de desempenho de radiação de energia de produtos para coberturas;
- apoiar pesquisas sobre propriedades energéticas de superfícies de coberturas, inclusive a durabilidade dessas propriedades;
- fornecer educação e apoio objetivo aos interessados em entender e comparar diversas opções para coberturas.

Com esses objetivos, o CRRC deu início ao seu próprio programa de testes e classificação de produtos para coberturas em 2002. Esse programa difere do Energy Star em alguns pontos importantes. Primeiro, o CRRC exige que todas as pessoas que aplicam testes de propriedades de materiais sejam credenciados por meio de seus programas de treinamento. Fabricantes podem ser credenciados para realizarem seus próprios testes, como dois fabricantes já fizeram até o momento. Existem também quatro laboratórios independentes que são credenciados pelo CRRC.

Segundo, o CRRC sempre exigiu que tanto a refletância solar como a emissividade térmica dos materiais para coberturas fossem testadas e informadas. Refletância solar pode ser medida usando o ASTM E 903, E 1918 ou C 1549, ou utilizando o método de teste #1 do próprio CRRC. A emissividade térmica deve ser testada usando o ASTM C 1371. Além disso, o CRRC também exige que novos testes sejam feitos após três anos de uso do produto. Esse teste só pode ser feito em locais de testes credenciados situados em três climas diferentes (quente/úmido, frio/temperado e quente/seco).

Terceiro, a lista CRRC não exige que os produtos atendam um critério mínimo. Qualquer produto que tenha sido testado corretamente pode ser fazer parte da lista, independente de suas propriedades térmicas. Isso significa que os produtos da lista CRRC não são necessariamente "frescos", mas as propriedades de seus materiais foram testadas e verificadas. Consumidores podem, então, tomar suas próprias decisões quanto aos limites aceitáveis.

Finalmente, o CRRC estabeleceu um sistema classificatório de produtos coloridos para coberturas. Fabricantes podem indicar a qual das 18 famílias de cores pertence seus diversos materiais, com base nos valores de cores do sistema Hunter. Isso permite aos fabricantes testar apenas uma cor representativa dentro de uma família de cor, em vez de testar cada uma das cores dos produtos que oferecem.

Tipos de coberturas frescas

O mercado de coberturas é dividido em dois segmentos que utilizam tipos de produtos bem distintos: o mercado de coberturas com pequena inclinação e o mercado para coberturas com grande inclinação.

Uma cobertura com pequena inclinação é praticamente plana, com inclinação suficiente apenas para garantir um bom escoamento de água. Ela é geralmente definida por uma inclinação de não mais do que um em doze. Essas coberturas são encontradas na maioria das edificações comerciais e industriais, como edifícios de escritórios, armazéns e edificações de varejo, bem como em edifícios com vários apartamentos e residências.

Coberturas com grande inclinação apresentam inclinações maiores do que um em doze. Geralmente são encontradas em edificações residenciais, e os materiais da cobertura ficam visíveis. Os materiais mais utilizados para esse tipo de cobertura incluem telhas *shingles* compostas, coberturas metálicas, *roofing tiles* e *roofing shakes* (*shakes*[1] são telhas feitas de troncos de madeira). Até o momento as opções mais frescas para coberturas com grande inclinação são telhas frescas cobertas por pigmentos especiais e coberturas metálicas revestidas por cores frescas.

Opções frescas para pequenas inclinações

As opções frescas para coberturas com pequena inclinação incluem revestimentos e membranas de camadas únicas, bem como camadas frescas aplicadas sobre materiais tradicionais para coberturas.

Revestimentos frescos

Revestimentos frescos para coberturas são tratamentos de superfícies que são preferencialmente aplicados em coberturas com pequena inclinação em bom estado. Os revestimentos têm a consistência de uma tinta grossa (Fig. 5.4), porém eles têm em sua composição aditivos que os tornam

Fig. 5.4 *Aplicação de revestimento elastomérico fresco para cobertura*

Fig. 5.5 *Revestimento cimentício fresco para cobertura*

bem superiores à tinta em termos de aderência, durabilidade, supressão de algas e fungos, e sua habilidade de "autolimpar" ou livrar-se de sujeiras em condições chuvosas normais.

Não é recomendada a utilização de revestimentos frescos sobre telhas existentes em coberturas com grande inclinação. O revestimento pode inibir a contração e a expansão natural das telhas, fazendo com que estas se curvem nas pontas. O revestimento pode também bloquear canais de escoamento entre as telhas, o que pode levar ao acúmulo de água sob a cobertura.

Existem dois tipos principais de revestimentos frescos – cimentícios e elastoméricos. Revestimentos cimentícios contêm partículas de cimento (Fig. 5.5); revestimentos elastoméricos contêm polímeros que os tornam menos quebradiços e aumentam sua aderência. Polímeros de uretano, silicone ou acrílico podem ser utilizados em revestimentos elastoméricos, mas polímeros acrílicos são mais amplamente utilizados. Alguns revestimentos contêm tanto partículas de cimento como polímeros, tornando-os tanto cimentício como elastomérico.

Ambos os tipos de revestimento geralmente têm coloração branca reluzente, e consequentemente apresentam altos valores de refletância solar (normalmente 70% ou mais quando novos) e emissividade térmica (acima de 80%). Mais de duas centenas de revestimentos em conformidade com os critérios acima constam da lista de produtos do CRRC.

Além dos revestimentos brancos, existem alguns revestimentos coloridos com alta refletância solar. Desde o verão de 2007, existem cerca de 15 revestimentos cinza ou bege na lista do CRRC, com valores de refletância acima de 70%. Existem também aproximadamente 30 revestimentos de diversas cores, inclusive bege, cinza, verde e vermelho, com valores de refletância solar maiores de 40%. Todos esses revestimentos são não metálicos e têm alta emissividade térmica (maior que 80%).

Revestimentos cimentícios e elastoméricos são intercambiáveis em termos de desempenho térmico. Os revestimentos não têm efeitos discerníveis sobre o isolamento térmico ou valor de R (resistência térmica) de uma cobertura, uma vez que são aplicados em camadas finas. Os revestimentos não possuem ingredientes mágicos para isolar sua cobertura dos efeitos de ganho de calor no verão ou de perda de calor no inverno, por isso fique atento a declarações que afirmam o contrário.

O melhor revestimento fresco é aquele que adere ao telhado. Existem muitas histórias de horror sobre revestimentos frescos que descascaram ou lascaram após poucos anos ou até meses da aplicação. Em razão da natureza quebradiça dos revestimentos cimentícios, estes tendem a apresentar maiores problemas de aderência do que os revestimentos elastoméricos. Revestimentos são formulados para aderir a uma grande variedade de superfícies de coberturas, inclusive camadas superiores (*cap sheet*) ou brita sobre telhados com manta asfáltica, betume modificado, diversos materiais de camadas únicas, e metais. Mas qualquer revestimento pode apresentar problemas de aderência, seja pela má formulação do revestimento ou por falhas nos procedimentos de aplicação.

Existem meios de evitar a utilização de produtos de qualidade inferior ou a aplicação incorreta dos revestimentos. Primeiro, procure um produto que tenha garantia de pelo menos dez anos contra descascamento, lascas ou rachaduras dos materiais de revestimento, e que seja fabricado por uma empresa confiável e testado para dar suporte a tal garantia. Segundo, procure revestimentos que estejam em conformidade com os padrões de qualidade como o ASTM D 6083-97, padrão de especificações para aplicação de revestimento acrílico líquido utilizado em coberturas (ASTM, 1997a). Esse padrão exige que um revestimento acrílico atenda a exigências específicas quanto à viscosidade, volume e peso de sólidos, alongamento e força tênsil, permeabilidade à água, inchamento causado por água, desgaste acelerado, aderência a substratos, resistência a fungos e tração a ruptura, e flexibilidade a baixas temperaturas. Atualmente não existe nenhum padrão similar para avaliar a qualidade de revestimentos cimentícios.

Outra maneira de garantir que um revestimento permanecerá sobre sua cobertura é fazer um teste de aderência antes da aplicação sobre toda a cobertura. Esse teste consiste em aplicar o revestimento sobre uma porção da cobertura, deixando um pedaço de tecido resistente embebido no revestimento, com uma parte do tecido solta de um dos lados. Deixe que o revestimento seque por duas semanas e então tente arrancar o pedaço de tecido da cobertura. Um revestimento com boa aderência não permitirá que se arranque o tecido com facilidade. Antes da aplicação, observe que revestimentos não foram feitos para reparar ou vedar vazamentos. É importante que todos os vazamentos, rachaduras ou problemas de escoamento sejam solucionados antes da aplicação do revestimento. A superfície da cobertura também deve ser limpa, geralmente por lavadora de alta pressão, antes da aplicação do revestimento. Revestimentos são normalmente aplicados por *spray* ou rolo sobre a área principal da cobertura e são pintados com pincel nos cantos e fendas da cobertura. Eles são geralmente aplicados em duas camadas separadas, visando cobertura total de 0,8 a 1,2 litros por m^2, ou 500 a 750 micrometros de espessura. Os melhores resultados de aplicação são obtidos em condições quentes e secas. Para garantir bons resultados, o revestimento deve seguir as especificações de temperaturas e umidade do fabricante.

Existe alguma preocupação sobre a perda de refletância solar dos revestimentos com o passar do tempo. Um estudo feito pelo Lawrence Berkeley National Laboratory constatou que a refletância solar de revestimentos frescos não diminui tanto com o passar do tempo, como se temia. A refletância diminuiu apenas cerca de 20% (Bretz e Akbari, 1994, 1997). A maior parte dessa redução acontece no primeiro ano após a aplicação, não ocorrendo mais desgaste após três anos de utilização. Isso significa que um revestimento com refletância solar inicial de 70% deve ter sua refletância reduzida para não menos do que 56%. Tanto as listas do Energy Star como do CRRC informam valores obtidos após três anos de uso dos revestimentos, e o Energy Star exige que a deterioração da refletância solar não atinja níveis abaixo de 50%.

Em algumas situações, uma cobertura pode acumular mais sujeira do que consegue limpar sob condições de chuva normais. Se a cobertura de um edifício tem tendência a acumular muito material particulado e detritos, a lavagem ou varredura dessas coberturas todos os anos pode ajudar a manter a cobertura refletiva.

A aplicação de revestimento fresco em coberturas geralmente custa entre U$ 0,75 e 1,50 por pé quadrado (1 pé quadrado = 0,09 m^2) para materiais e mão de obra. Esses valores devem incluir a preparação de superfície de rotina, como a lavagem com alta pressão, mas não inclui reparos de vazamentos, rachaduras ou bolhas ou quaisquer reparos de escoamento na superfície da cobertura a ser revestida. Os custos de instalação variam de acordo com o tamanho da área a ser revestida, o número de fendas ou obstáculos na cobertura, a facilidade de acesso à cobertura e condições de mercado.

Cobertura fresca em camada única

Cobertura em camada única é a denominação geral para qualquer material de cobertura em lâminas pré-fabricadas e aplicadas em camada única sobre coberturas com pequena inclinação. Esses produtos são geralmente colados ou presos sobre toda a superfície da cobertura. As emendas entre as lâminas devem ser seladas e fundidas por meio de aquecimento (para materiais termoplásticos que podem ser derretidos e solidificados novamente), ou devem ser coladas (para materiais termofixos).

A maioria dos materiais em camada única disponíveis no mercado não é fresca atualmente, mas um número crescente desses materiais vem sendo feitos com superfícies frescas, de cor branca reluzente. Esses produtos frescos em camada única são oferecidos em uma variedade de materiais, inclusive TPO (poliolefina termoplástica), PVC (policloreto de vinila), EPDM (monômero de etileno propileno dieno) ou CSPE (mistura de copolímero polietileno clorosulfonado).

Os custos de coberturas em camada única variam consideravelmente entre U$ 1,50 a 3,00 por pé quadrado, incluindo materiais, a instalação e um trabalho de preparação de superfície razoável. Esses custos não incluem reparos ou remoção de camadas existentes na cobertura. Assim como qualquer trabalho de cobertura, os custos variam de acordo com o tamanho do trabalho, número de fendas ou obstáculos e facilidades de acesso à cobertura.

✱ Cobertura em PVC

PVC costumava ser o material em camada única mais comum do mercado. Suas vantagens são o custo relativamente baixo, alta refletância solar inicial e facilidade de instalação. PVC é um material termoplástico e por isso suas emendas podem ser seladas a quente para uma fusão bastante segura.

As desvantagens do PVC se tornaram visíveis rapidamente. PVC não é um material naturalmente flexível, portanto é necessário adicionar plastificantes para que ele se torne mais maleável. Em algumas formulações de PVC, os plastificantes migravam para a superfície do material, formando uma camada grudenta que atraía sujeira (Fig. 5.6). Principalmente em climas úmidos, os plastificantes favoreciam o crescimento de mofo, fungos e bactérias. À medida que os plastificantes são filtrados para fora da cobertura, o PVC restante torna-se quebradiço.

Fig. 5.6 *Essa cobertura de PVC era originalmente tão branca quanto o papel da prancheta*

Uma notória cobertura de PVC que sofreu com problemas de mofo foi o Minute Maid Park, sede do time de baseball Houston Astros. A cobertura retrátil do estádio de 45.000 m^2 foi instalada em 2000, mas havia sofrido severa descoloração devido ao mofo à época do verão de 2003. Os proprietários do estádio passaram meses em litígio com o fabricante da cobertura. Ao final, conseguiram forçar o fabricante a pagar por uma limpeza manual completa da cobertura pouco antes de sediarem o torneio Super Bowl em 2004. A solução de longo prazo para esse problema não foi divulgada, mas a cobertura necessitará de limpezas frequentes ou novo revestimento acrílico para manter sua condição branca reluzente.

Outra desvantagem do PVC é sua formulação química. Devido ao alto teor de cloro do PVC, a dioxina, que é um conhecido carcinogênico, é produzida durante o processo de fabricação. O cloro apresenta o benefício de ser resistente ao fogo, e, ao invés de queimar, o PVC solta fumaça quando é aquecido, liberando não somente dioxina, mas também gás cloreto de hidrogênio, que é altamente tóxico. Bombeiros se opõem a utilização do PVC em materiais de construção, pois sua fumaça pode causar queimaduras sérias e fatais nos olhos, pele e tecido pulmonar. Aqueles que optarem pela cobertura de PVC em camada única devem certificar-se de que ela atende às especificações ASTM D 4434, que são as especificações padrão para coberturas (em camadas) de PVC.

✱ Cobertura TPO

TPO é um material para cobertura relativamente novo, e que rapidamente se tornou líder do mercado para coberturas frescas em camada única. Apesar do PVC e TPO terem preço similar, o TPO desbancou o PVC como líder de mercado por duas razões. Primeiro, o TPO é flexível o suficiente para não precisar de plastificantes adicionais. Sem os plastificantes, o TPO se mantém mais limpo, mais flexível e consegue manter maior refletância solar com o passar do tempo. Segundo, a formulação básica do TPO não contém cloro, e por isso é considerada mais compatível com o meio ambiente do que o PVC.

Coberturas em TPO são oferecidas em versões brancas reluzentes com refletância solar inicial acima de 80%, e também em tons de bege com refletância solar inicial acima de 70%. Como seu nome sugere, o TPO é um material termoplástico, e por isso suas emendas podem ser seladas a quente para uma fusão mais resistente e confiável. No entanto, selagem a quente pode apresentar problemas para o TPO, pois ele não é naturalmente resistente ao fogo. Geralmente é necessário adicionar aditivos ao TPO para melhorar sua resistência ao fogo. O TPO halogenado usa pequena quantidade de cloro ou bromo como retardantes de chamas. Os halogênios reagem na atmosfera e reduzem a camada de ozônio, contribuindo para o aumento do efeito estufa. TPO não halogenado usa minerais hidratados ou íons de fosfato como retardantes de chamas, e esses materiais são considerados menos nocivos para o meio ambiente. Materiais para cobertura à base de TPO em camada única devem atender aos critérios ASTM D 6878, especificações do fabricante para lâminas para coberturas à base de poliolefina termoplástica.

✱ Coberturas em EPDM

EPDM é um material de borracha sintética que vem sendo utilizado como material para cobertura em camada única há muitos anos, mas é tradicionalmente de cor preta, com refletância solar de 10% ou menos (ver Fig. 5.7). Preto de carbono é geralmente adicionado à mistura de borracha EPDM para proteger o material dos raios ultravioleta.

Fig. 5.7 *Rolo de EPDM comum, preto em camada única*

EPDM branco geralmente apresenta duas camadas, com uma camada superior branca reluzente sobre a base negra tradicional. EPDM branco é menos durável do que o EPDM preto, já que não é tão bem protegido do sol. Por isso, versões brancas frescas de EPDM com alta refletância solar não são comumente utilizadas. EPDM é um polímero termofixo e por isso não pode ser selado a quente; em vez disso, suas emendas devem ser coladas ou adesivadas.

✱ Coberturas em CSPE

CSPE (também conhecido por seu nome comercial Hypalon) é um material branco reluzente em camada única, de uso limitado. O CSPE é durável, resistente ao fogo e resiste bem às condições meteorológicas e aos raios ultravioleta. Sua formulação, porém, tem variado ao longo do tempo, tornando-o pouco confiável ou vulnerável ao crescimento microbiano. O CSPE é também mais caro do que coberturas em PVC e TPO.

O CSPE é um material termoplástico durante a instalação, por isso suas emendas podem ser seladas a quente. Ele é curado em poucos dias e torna-se um material termofixo, portanto reparos posteriores devem usar colas ou adesivos. Todas as coberturas de CSPE em camada única devem atender aos padrões mínimos constantes das especificações do fabricante ASTM D 5019.

Materiais tradicionais tornados frescos

Fabricantes de alguns produtos para coberturas em camadas testados e analisados estão agora modificando seus produtos para torná-los frescos. Diversos fabricantes produzem atualmente capas protetoras brancas reluzentes para serem aplicadas sobre coberturas asfálticas ou de betume modificado. Esses materiais ultrapassam 70% de refletância solar e 80% de emissividade térmica para tornar coberturas tradicionais realmente frescas. Você deve estar preparado para pagar mais por esses materiais, já que são dois sistemas de cobertura distintos: os mesmos materiais tradicionais com uma camada ou revestimento adicional sobre eles.

Opções frescas para coberturas com grande inclinação

O desenvolvimento de materiais para coberturas com grande inclinação está defasado em pelo menos dez anos em comparação ao mercado de coberturas com pequena inclinação. Coberturas com pequena inclinação são praticamente invisíveis a menos que se olhe para elas de edifícios mais altos ou de cima de uma colina. Os fabricantes de coberturas com grande inclinação têm que lidar com o fato de que suas coberturas são visíveis e contribuem para a apresentação arquitetônica de uma edificação.

A opção de cobertura fresca mais simples, que é tornar a cobertura branca reluzente, ainda não foi assimilada como uma opção de projeto na maior parte do mundo. A Fig. 5.8 mostra uma cobertura branca reluzente sobre uma residência na Flórida, uma área onde coberturas brancas às vezes são utilizadas em edificações residenciais. Apesar do visual tipo bolo de casamento não agradar a todos, parece ser mais viável e desejável em climas quentes e úmidos e quentes e secos.

Fig. 5.8 *Cobertura branca reluzente em residência da Flórida*

Por muitos anos os fabricantes de coberturas com grande inclinação puderam contar apenas com o dióxido de titânio para tornar as cores de seus materiais mais frescas. Com o surgimento dos pigmentos que refletem o calor infravermelho, esses fabricantes ganharam mais opções. Atualmente poucos fabricantes estão tirando proveito dessas oportunidades. Desde o verão de 2007, apenas uma pequena parcela da indústria de telhas cerâmicas e coberturas metálicas se mostrou séria em relação ao desenvolvimento e venda de produtos frescos para coberturas. Fabricantes do maior segmento do mercado de coberturas com grande inclinação, as *shingles* compostas, ainda estão por desenvolver ou comercializar qualquer produto com refletância solar acima de 29%.

Telhas frescas

A MCA Clay Tile foi a primeira fabricante de coberturas com grande inclinação a utilizar pigmentos em seus produtos. Ela produz telhas cerâmicas em uma grande variedade de cores, com valores de refletância solar variando entre 30% até 60%, como mostra a Fig. 5.9. Outros dois fabricantes juntaram-se a MCA, fabricando telhas coloridas, testando-as e registrando-as na lista de produtos do Cool Roof Rating Council. As telhas cerâmicas são extremamente resistentes e duráveis, mas seu alto custo inicial tende a manter sua participação no mercado baixa.

Telhas de concreto são um tanto mais acessíveis, e são comumente utilizadas em novas construções residenciais. Os fabricantes de telhas de concreto mantêm-se relutantes, até o momento, em entrar para o mercado das cores frescas. Fabricantes desenvolvem as telhas utilizando diferentes cores para diferentes regiões. Eles parecem não se importar muito com a refletância solar ou com a utilização de energia de seus produtos, ou não veem muita demanda por produtos frescos. Algumas telhas de concreto disponíveis no mercado atualmente podem até ser frescas, mas seus fabricantes ainda não as testaram ou registraram em qualquer lista de produtos frescos.

Coberturas metálicas frescas

Até o momento os fabricantes de coberturas metálicas adotaram mais amplamente a tecnologia de pigmentação colorida. Coberturas metálicas são geralmente revestidas durante o processo de fabricação, e a utilização de revestimentos frescos foi relativamente simples de ser implantada. Ao juntarem-se com fabricantes de revestimentos inovadores, muitos fabricantes de coberturas metálicas desenvolveram uma série de produtos com cores frescas para coberturas com grande inclinação. Produtos metálicos coloridos, em tons de marrom, cinza, vermelho, verde e azul estão disponíveis com valores de refletância solar de até 56%. Revestimentos em tons mais claros de cinza e branco em coberturas metálicas podem apresentar refletância solar ainda maior. A Fig. 5.10 mostra um exemplo de revestimentos metálicos frescos e suas refletâncias correspondentes.

Shingles *frescas*

Telhas *Shingles* compostas são o material mais barato e mais comumente utilizado no mercado de coberturas com grande inclinação. Elas compõem mais de 50% do mercado de coberturas com grande inclinação nos EUA (Hinojosa e Kane, 2002). A adoção de tecnologias frescas pelos fabricantes de telhas *shingles* pode ter grande impacto no mercado.

Atualmente apenas um fabricante, a GAF Materials Corporation, registrou *shingles* frescas, colocando diversas telhas *shingles* com uma camada de 29% de refletância solar

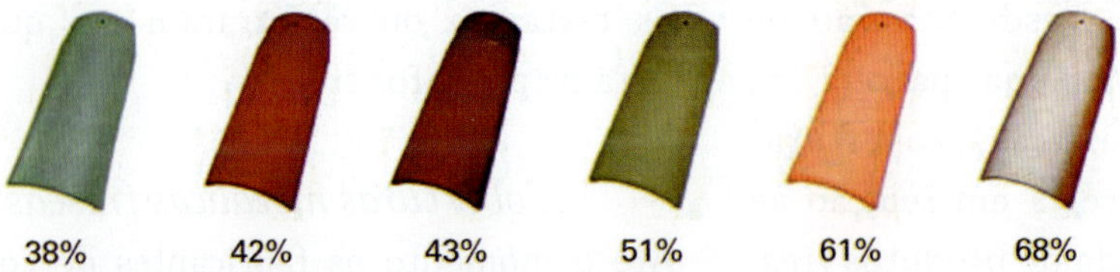

Fig. 5.9 *Telhas cerâmicas de cores frescas e seus valores de refletância solar*

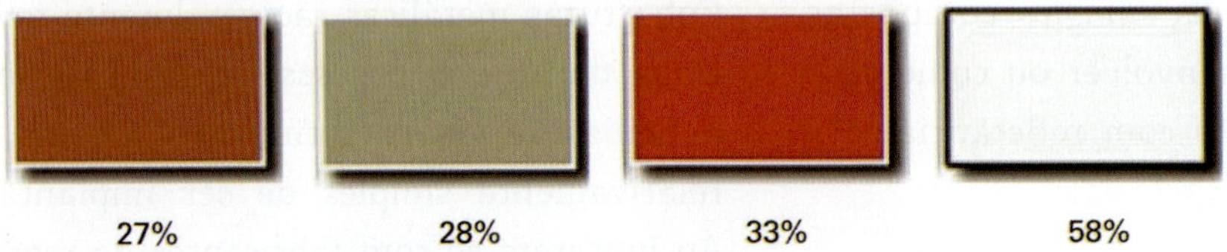

Fig. 5.10 *Revestimentos metálicos frescos e seus valores de refletância solar*

na lista de produtos para cobertura Energy Star. A 3M Corporation não possui produtos nas listas Energy Star ou do CRRC, mas eles têm um site com descrições de seus grânulos frescos para coberturas. Aqui eles comparam uma de suas telhas *shingles* frescas na cor preta, que chega a uma temperatura média de 66,9°C com uma telha preta tradicional, que chega a 77,5°C, uma diferença de 10,6°C (Fig. 5.11). Esse site afirma que os grânulos frescos da 3M possuem refletância solar até 3 vezes maior do que os grânulos similares.

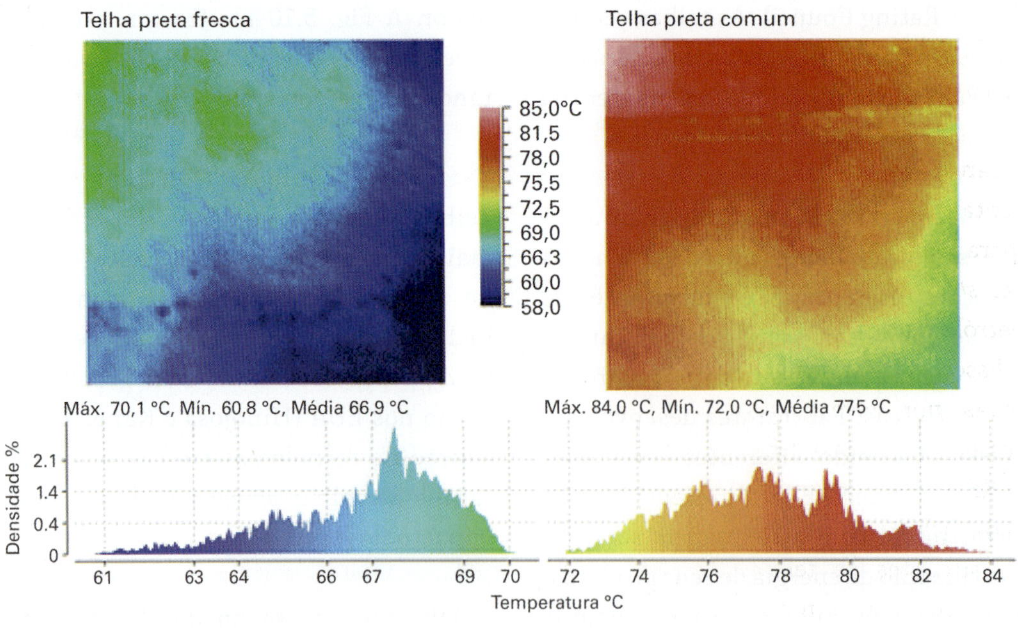

Fig. 5.11 *Temperaturas da telha preta fresca da 3M* versus *uma telha tradicional preta e mais quente*
Fonte: <http://solutions.3m.com/wps/portal/3M/en_US/IMPD/Roofing-Solutions/Products/Cool-Roofing-Granules/#palette>. Acesso em: ago. 2007.

Os esforços para tornar telhas *shingles* compostas mais frescas são um tanto decepcionantes por diversas razões. Primeiro, não está claro a qual *shingle* exatamente a GAF se refere na lista Energy Star, já que sua telha *shingle* com refletância de 29% não é designada ou nomeada por cor. Não é muito provável que todas as suas telhas *shingles* tenham a mesma refletância de 29%. Segundo, 29% não é um valor especialmente alto para refletância solar para um produto de cor fresca, uma vez que é possível alcançar valores de até 40%. Os esforços da 3M parecem ser bem intencionados, e uma redução de 10°C na temperatura é considerável, mas uma telha a 67°C ainda é uma telha bem quente. O site da 3M apresenta oito cores frescas, mas não lista seus valores de refletância solar. Uma refletância solar que é "três vezes maior" parece impressionante, mas pode se referir a um aumento de 5 para 15%. Se quaisquer desses valores de refletância fosse superior a 25%, sem dúvida estaria na lista de produtos Energy Star.

Fabricantes de telhas *shingles* compostas enfrentam algumas dificuldades específicas para tornarem seus produtos frescos. As telhas *shingles* são feitas de um substrato de petróleo e cobertas por pequenos grânulos. Esses grânulos são partículas minerais cobertas por revestimentos cerâmicos e são essenciais para a telha, porque a protegem da rápida deterioração do substrato causada pelos raios ultravioleta. A maioria dos fabricantes de telhas *shingles* compra seus grânulos de um fornecedor independente, e esse fornecedor é quem decide quais tipos e cores de revestimentos cerâmicos são utilizados. Os grânulos também tornam a superfície da telha mais áspera, o que reduz sua refletância. É bem provável que a luz do sol refletida a partir de um grânulo seja direcionada a outro grânulo, o que aumenta a chance dessa luz ser absorvida pela telha. Superfícies granuladas podem diminuir a refletância solar em 5-10%, impedindo que o material atinja alta refletância solar pela utilização de pigmentos de cores frescas. No entanto, se telhas cerâmicas coloridas e coberturas metálicas conseguem atingir valores de refletância solar acima de 50%, as telhas *shingles* compostas deveriam atingir valores de pelo menos 40%.

DICAS PARA ESCOLHER E INSTALAR COBERTURAS FRESCAS

É provável que existam muitos produtos para coberturas frescas diferentes, que sejam adequados para qualquer tipo de cobertura. Em geral, o revestimento fresco é uma boa opção se a sua cobertura atual não requer muitos reparos, e um produto em camada única é uma melhor opção se a sua cobertura requer um trabalho de reparos extenso. Nem sempre é fácil decidir. O melhor a fazer é obter orçamentos de diversas empresas de coberturas e analisar bem seus preços e suas orientações.

Questione as empresas de coberturas extensamente sobre quaisquer propostas de reparos e preparação da superfície, bem como a durabilidade e adesão esperada do material proposto sobre a sua cobertura atual. Peça para ver de perto uma cobertura que use o mesmo produto ou sistema. Saiba que a maioria das empresas que instalam coberturas se especializa em determinado produto ou técnica e tende a promover apenas os métodos que conhece. Para uma orientação mais imparcial, procure um consultor em coberturas com experiência em tecnologias frescas para coberturas.

Muitas empresas de coberturas não conhecem bem as coberturas frescas e/ou não as instalam. Algumas empresas podem ter utilizado produtos frescos de má qualidade ou podem ter presenciado os efeitos negativos de produtos de má qualidade. Não se surpreenda se a empresa de coberturas que você usa atualmente não recomendar o uso de tecnologia para coberturas frescas. A indústria de coberturas ganha conhecimento na base da tentativa e erro, por isso sua empresa de cobertura regular pode não ter experiência suficiente com coberturas frescas para julgar os seus méritos. Saiba também que a indústria de coberturas é muito competitiva – empresas que trabalham com materiais para coberturas mais tradicionais não abrem mão de participação de mercado facilmente em função de novas tecnologias.

OS BENEFÍCIOS DAS COBERTURAS FRESCAS

Os benefícios das coberturas frescas se estendem aos ocupantes de edifícios, proprietários dos edifícios e a comunidade em geral. Os benefícios incluem maior conforto dentro dos edifícios, economia de água e luz, menos manutenção, redução de picos de demanda de energia, níveis de poluição do ar reduzidos e menos resíduos de materiais de coberturas enviados para aterros. A substituição de coberturas existentes por coberturas frescas também diminuem os efeitos das ilhas de calor em nossas cidades e subúrbios.

Todos os benefícios das coberturas frescas resultam da capacidade dessas coberturas de se manterem mais frescas sob o sol de verão. A Fig. 5.12 mostra uma fotografia infravermelha de cobertura tirada em um dia quente de verão, ao meio-dia. Uma cobertura de manta asfáltica cinza-clara estava sendo coberta por um revestimento fresco branco reluzente. A temperatura da porção não coberta atingia em média 70°C, com pontos quentes de até 80°C nos pontos escuros das emendas entre as seções. A porção da cobertura já coberta pelo revestimento atingia temperaturas de aproximadamente 40°C, uma redução de 30°C.

Coberturas não mantêm a mesma temperatura durante todo o dia, elas variam de temperaturas baixas no início da manhã para altas temperaturas sob o sol do meio-dia. A Fig. 5.13 mostra temperaturas tomadas durante uma semana na mesma cobertura de Gilroy apresentada na Fig. 5.12, com e sem o revestimento fresco. As temperaturas da cobertura não revestida variam de baixas de 10°C a altas de 65°C, uma diferença de 55°C. A variação de temperaturas da porção revestida é bem menor, entre baixas de 10°C a altas de 45°C.

MAIOR CONFORTO NO INTERIOR DE EDIFICAÇÕES

Além da redução de consumo de energia, edificações com coberturas frescas tendem a ter condições mais frescas e confortáveis em seu interior. Existem dois estudos que ilustram o aumento potencial do conforto.

A loja Home Base em Vacaville, na Califórnia (Gartland, 1998) era inicialmente desconfortável em seu interior. Essa loja usava um sistema de arrefecimento evaporativo de tamanho menor do que o necessário para

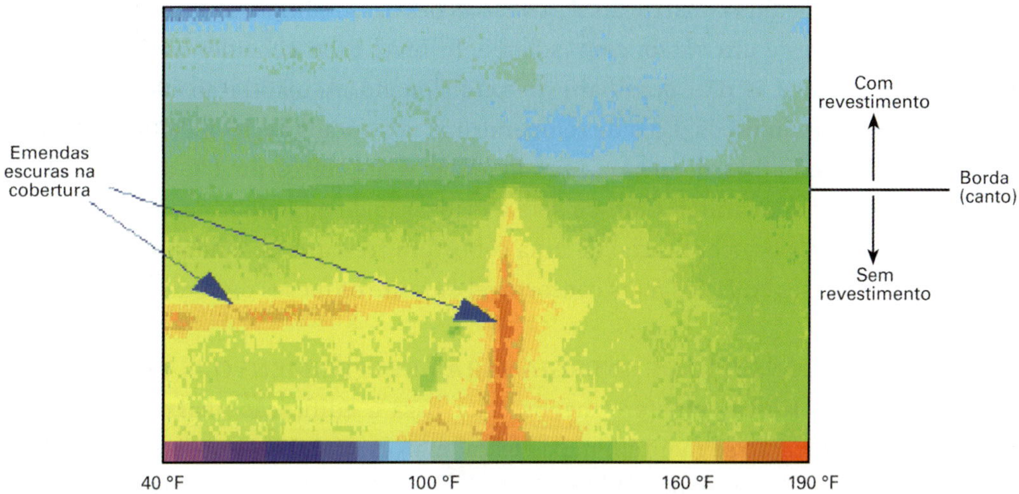

FIG. 5.12 *Fotografia infravermelha de uma cobertura asfáltica cinza-clara em Gilroy, na Califórnia, numa ponta do revestimento branco reluzente*
Fonte: Konopacki et al., 1998.

atender a demanda de arrefecimento. Foram medidas temperaturas internas de até 32°C antes da instalação da cobertura fresca, mesmo com o sistema de arrefecimento em funcionamento constante (inclusive à noite) para manter o edifício resfriado. Após aplicar o revestimento fresco, os picos de temperaturas internas foram reduzidos para 29°C ou menos, e mais dez horas semanais foram consideradas confortáveis (abaixo de 26°C e 60% de umidade) no interior da loja. Apesar de o sistema de arrefecimento evaporativo não ser do tamanho ideal para lidar com os dias mais quentes, as temperaturas do interior da loja melhoraram significativamente com a cobertura fresca.

Um complexo de apartamentos em Sacramento (Vincent e Huang, 1996) também demonstrou os efeitos que uma cobertura fresca pode ter sobre o

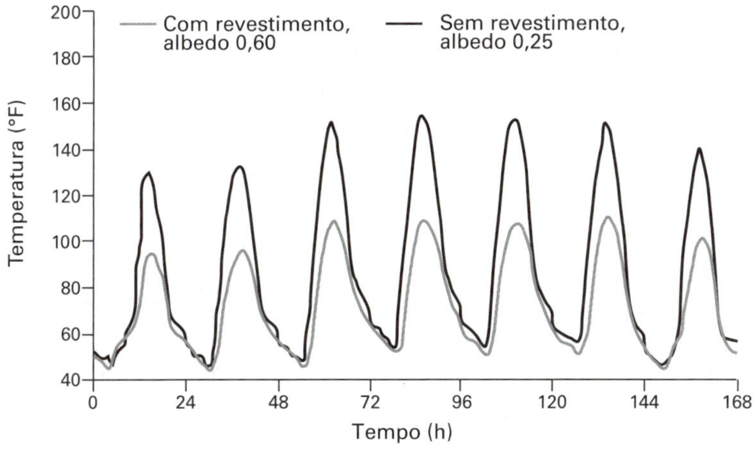

FIG. 5.13 *Temperaturas da cobertura asfáltica cinza-clara sem revestimento* versus *o revestimento branco reluzente e cobertura sobre um edifício de Gilroy, na Califórnia durante a semana de 26 de agosto a 1º de setembro de 1996*
Fonte: Konopacki et al., 1998.

conforto no interior de uma construção. As construções desse complexo apresentavam dois andares e um sótão, com isolamento nível R-38 considerável sobre o segundo andar, e não possuíam ar-condicionado. A instalação de coberturas frescas diminuiu os picos de temperaturas nos sótãos de 16-22°C, refrescou 2°C a temperatura do ar no segundo andar, e até refrescou 1°C as temperaturas no primeiro andar. Com ou sem a utilização de aparelhos de ar condicionado em edifícios, a aplicação de uma cobertura fresca pode ajudar a manter o interior desses edifícios mais confortável durante os meses de verão.

Redução de consumo de energia para arrefecimento

Uma cobertura mais fresca transfere menos calor para a edificação abaixo dela, e por isso a edificação se mantém mais fresca, mais confortável e utiliza menos energia para arrefecimento. A Fig. 5.14 mostra a energia consumida para o arrefecimento durante uma semana, no mesmo edifício em Gilroy para o qual são demonstradas as temperaturas de cobertura nas Figs. 5.12 e 5.13. Observe que o edifício é fechado e o sistema de arrefecimento é desligado durante os dois dias do final de semana. A cobertura fresca faz com que os perfis de consumo de energia diários se tornem mais curtos e estreitos. A economia total durante a semana chegou a 860 kWh, ou 21% da energia utilizada para arrefecimento.

Cada edifício responde de maneira diferente aos efeitos de uma cobertura fresca. A Tab. 5.3 lista as características gerais e economias de energia de diversos edifícios monitorados pelos EUA, inclusive o edifício Kaiser Permanente em Gilroy, na Califórnia citado anteriormente. As economias realmente medidas apresentaram grande variação, de 0,04 kWh/ft^2 (pé quadrado) anual a até 0,70 kWh/ft^2, e de 2 a 69% do total de energia para arrefecimento utilizada por um edifício.

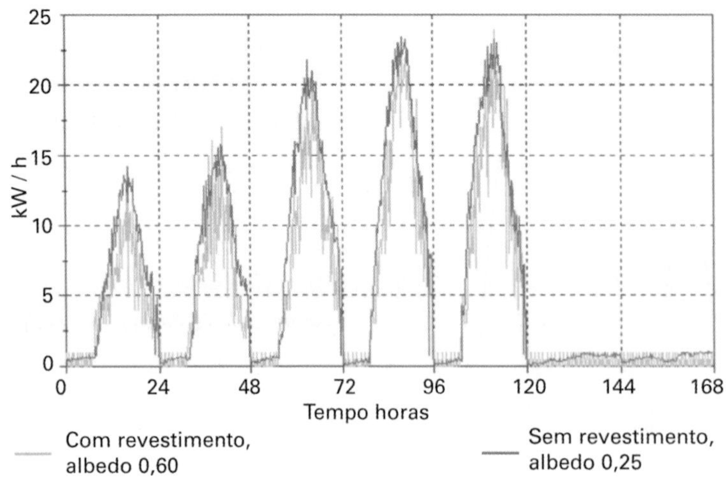

Fig. 5.14 *Efeito do revestimento branco reluzente sobre o consumo de energia de um edifício em Gilroy, Califórnia durante a semana de 26 de agosto a 1º de setembro de 1996*
Fonte: Konopacki et al., 1998.

TAB. 5.3 ECONOMIA DE ENERGIA PARA ARREFECIMENTO EM EDIFÍCIOS COM COBERTURAS FRESCAS MONITORADAS

Edifício	Local, referência	Utilização, tamanho ft²	Número de andares	Isolamento de cobertura*	Plenum	Energia economizada
Long's Drugs	San Jose, CA (Konopacki et al., 1998)	Varejo 32.900	1-2	Barreira de alumínio	Sim	2%
CA Lottery	Sacramento, CA (Vincent, 2000)	Escritórios 87.000	2	R-19	Sim	7%
Home Base	Vacaville, CA (Gartland, 1998)	Varejo 110.000	1	Nenhum	Não	10%
Domicílio particular	Merrit Island, FL (Parker e Barkaszi, 1994)	Residência 1.800	1	R-25	Sótão	10%
Loja varejista	Austin, TX (Konopacki e Akbari, 2001)	Loja 100.000	1	R-12	Sim	11%
Kaiser permanente	Gilroy,CA (Konopacki et al., 1998)	Médico 23.800	1	R-19	Sim	13%
Domicílio particular	Miami, FL (Parker et al., 1994a)	Residência 1.341	1	R-11	Nenhum	15%
Kaiser permanente	Davis, CA (Konopacki et al., 1998)	Médico 31.700	1	R-8	Sim	18%
Discovery Museum	Sacramento,CA (Vincent, 2000)	Exposição 9.000	1-2	Nenhum	Nenhum	20%
Domicílio particular	Merrit Island, FL (Parker et al., 1994a)	Residência 1.700	1	R-7	Nenhum	20%
WEAVE Safehouse (abrigo)	Sacramento, CA (Vincent, 2000)	Residência 8.000	1	R-11	Sótão	21%
Domicílio particular	Cocoa Beach, FL (Parker et al., 1994b)	Residência 1.795	1	R-11	Sótão	25%
Domicílio particular	Nobleton, FL (Parker et al., 1994a)	Residência 900	1	R-3	Sótão	25%
Trailer escolar**	Volusia County, FL (Callahan et al., 2000)	Escola 1.440	1	R-11	Nenhum	33%
Trailer escolar	Sacramento, CA (Akbari et al., 1993)	Escola 960	1	R-19	Nenhum	34%

TAB. 5.3 ECONOMIA DE ENERGIA PARA ARREFECIMENTO EM EDIFÍCIOS COM COBERTURAS FRESCAS MONITORADAS (continuação)

Edifício	Local, referência	Utilização, tamanho ft²	Número de andares	Isolamento de cobertura*	Plenum	Energia economizada
Escola Our Savior	Cocoa Beach, FL (Parker et al., 1996)	Escola 10.000	1	R-19	Sótão	35%
Domicílio particular	Cocoa Beach, FL (Parker et al., 1994b)	Residência 1.809	1	R-0	Sótão	43%
Domicílio particular	Sacramento, CA (Akbari et al., 1993)	Residência 1.825	1	R-11	Nenhum	69%

*Nota: * A resistência térmica do isolamento, ou sua capacidade de resistir ao fluxo de calor, é indicada pelo valor – R, dado aqui em unidades imperiais de hora × pé quadrado × °F/Btu.*

Esses valores de isolamento podem ser convertidos em unidades SI de metro quadrado × °C/W multiplicado por 5,67.

*** Um* trailer *escolar é um prédio móvel, pré-fabricado, longo e retangular, cada vez mais usado em escolas para ganhar espaços de salas de aula.*

A economia sofre influência das variáveis apresentadas na Tab. 5.3, como o número de andares, o nível de isolamento na cobertura e se a estrutura da cobertura/teto inclui um plenum. Mas também é influenciada por variáveis que não listadas, como níveis de cargas internas, configuração do edifício, ganhos solares pelas janelas e tamanho do equipamento de arrefecimento. Por exemplo, a farmácia de San José obteve pouquíssima economia de energia para arrefecimento porque sua parede sul era uma enorme extensão de janelas; os outros três lados do edifício abrigavam espaços de estoque e escritórios sem arrefecimento, e um pé direito alto causava a estratificação do ar quente dentro da loja. Inversamente, uma residência em Sacramento obteve grande economia de energia graças ao proprietário que aumentou o termostato e ocasionalmente desligava o ar-condicionado por completo. A loja Home Base de Vacaville poderia ter obtido uma economia bem maior, 30% ao invés de 10%, caso seu sistema de arrefecimento não fosse tão pequeno. Apesar de existir variação de um edifício para outro, é esperado que uma cobertura fresca economize cerca de 20% da energia gasta para o arrefecimento de um edifício.

REDUÇÃO DE DESPESAS COM MANUTENÇÃO DE UM EDIFÍCIO

A razão mais convincente para a utilização de uma cobertura fresca é a redução significativa dos gastos com manutenção em longo prazo. A Tab. 5.4 mostra uma breve análise dos custos de coberturas frescas e coberturas tradicionais similares durante um período de vinte anos. Essa análise considera que uma cobertura quente tradicional tem uma camada superior a cada dez anos (ao preço de U$ 1,50 por pé quadrado) até que as camadas se tornem muito grossas e pesadas e tenham que ser arrancadas e substi-

TAB. 5.4 COMPARAÇÃO DE CUSTOS ENTRE COBERTURA FRESCA E COBERTURA CONVENCIONAL AO LONGO DE VINTE ANOS

	Revestimento fresco (U$)	Cobertura Convencional (U$)
Novo revestimento/ nova cobertura no ano 0	+ $1,00/ft^2	+ $1,50/ft^2
Novo revestimento/ nova cobertura no 10º ano	+ $1,00/ft^2	+ $1,50/ft^2
Novo revestimento/ nova cobertura no 20º ano	+ $1,00/ft^2	+ $3,50/ft^2
Economia de energia em 20 anos	- $0,40 a - $1,40/ft^2	nenhuma
Custo total	$1,60 a $2,60/ft^2	$6,50/ft^2
Economia	$3,90 a $4,90/ft^2	

tuídas por um novo material em camada única (ao preço de U$ 3,50 por pé quadrado). Comparativamente, uma cobertura fresca recebe uma nova camada de revestimento fresco a cada dez anos (ao preço de U$ 1,00 por pé quadrado). Uma vez que esse revestimento é bem mais fino e leve do que o material da cobertura tradicional, não há previsão da necessidade de arrancar e substituir essa cobertura ao longo de sua vida útil. Ao longo dos vinte anos, a cobertura fresca irá também economizar com gastos de eletricidade (entre U$ 0,02 e 0,07 por pé quadrado por ano). A simples soma desses valores, sem a correção para valores atuais, demonstra uma economia vitalícia entre U$ 3,90 e 4,90 por pé quadrado, de acordo com os níveis de economia de energia.

Se um revestimento fresco para cobertura for utilizado, pode haver também mais benefícios financeiros. Trabalhos em coberturas são geralmente classificados como despesas de capital e devem ser depreciados para cálculo dos impostos anuais. Ao aplicar um revestimento fresco em uma cobertura, isso pode muitas vezes ser classificado como gasto de manutenção do edifício e ser totalmente dedutível no ano em que for aplicado.

Além de economizar em manutenção do edifício, uma cobertura fresca pode economizar quantias despendidas com equipamentos de arrefecimento. Utilizar menos arrefecimento por causa de uma cobertura fresca significa que o equipamento de arrefecimento será usado menos frequentemente e durará por mais tempo. Quando o equipamento tiver que ser eventualmente substituído, o novo equipamento poderá ter menor capacidade, uma vez que a cobertura fresca reduz significativamente as cargas de arrefecimento de um edifício. Equipamentos menores custam menos e representam economia em altos investimentos para despesas de capital.

Picos de demanda de eletricidade reduzidos

Outro benefício de coberturas frescas é que elas economizam energia quando esta é mais necessária, durante os picos de demanda de energia nos meses de verão. Picos de demanda de energia ocorrem quando edifícios consomem grandes quantidades de energia da rede elétrica, geralmente quando os sistemas de arrefecimento são utilizados juntamente com outros equipamentos durante tardes quentes de verão. Uma projeção de economia de energia em 11 cidades dos EUA mostrou que o uso disseminado de coberturas frescas pode reduzir os picos de demanda de energia em mais de 1.300 MW em todo o país (Konopacki et al., 1996). Só em Los Angeles as coberturas frescas representam potencial para reduzir picos de demanda de energia no verão em mais de 250 MW.

Edifícios individuais também podem se beneficiar dos picos de demanda de energia reduzidos com a utilização de coberturas frescas. Diferentemente dos consumidores residenciais, que são cobrados pela energia realmente consumida, consumidores comerciais e industriais são cobrados pela maior quantidade de energia consumida durante um período de cobrança. Como coberturas frescas utilizam menos kilowats hora e consomem menos watts, consumidores comerciais e industriais economizam em ambas as partes de sua conta de eletricidade.

A Tab. 5.5 mostra reduções estimadas dos picos de demanda de energia em residências e edifícios comerciais típicos nos EUA. A Tab. 5.6 lista as reduções registradas em edifícios monitorados para efeitos de coberturas frescas. Os números mostram que a economia de demanda é significativa em edifícios individuais e pode ser ainda maior em edifícios mais velhos, com isolamento de má qualidade e em climas mais quentes.

Reduza os efeitos da ilha de calor

Um estudo do Lawrence Berkeley Laboratory estimou a quantidade de sombreamento produzido por árvores e a porcentagem dos diferentes tipos de superfícies de terrenos na área metropolitana de Sacramento (Akbari e Rose, 1999). A Fig. 5.15 mostra a divisão dos tipos de superfícies. Grama ou vegetação cobre 21% de toda área metropolitana, superfícies pavimentadas cobrem 44% (incluindo 22% de rodovias, 12% de estacionamentos, 5% de calçadas e 4% de vias de acesso) e coberturas cobrem 20% da área de superfície de Sacramento.

Considerando todas essas superfícies, 13% dessa área são sombreados por árvores.

A importância dos padrões de cobertura das superfícies fica evidente quando observamos os típicos picos diários de temperaturas. Árvores, grama e vegetação são os mais frescos, com temperaturas entre 15-38°C ou menos em condições extremas no verão. As temperaturas dos pavimentos são mais elevadas, variando entre picos de 49-60°C para pavimentos brancos ou cinza até 71°C para pavimentos escuros. As coberturas de edificações são facilmente reconhecíveis como as áreas mais quentes em cidades e subúrbios, com picos de temperatura variando entre 66 e 88°C. A temperatura de superfície média em Sacramento nessas condições pode ser estimada da seguinte maneira:

TAB. 5.5 ESTIMATIVA DE ECONOMIA DE PICOS DE DEMANDA DE ENERGIA PARA COBERTURAS FRESCAS EM RESIDÊNCIA E EDIFÍCIOS DE ESCRITÓRIOS NOVOS E ANTIGOS

Local	Casa antiga R-11* cobertura W/1000ft²**	Casa nova R-19* cobertura W/1000ft²**	Escritório antigo R-11* cobertura W/1000ft²**	Escritório novo R-19* cobertura W/1000ft²**
Atlanta	143 (7%)	91 (6%)	247 (6%)	118 (4%)
Chicago	117 (5%)	52 (4%)	198 (5%)	129 (4%)
Los Angeles	247 (11%)	130 (9%)	292 (7%)	173 (6%)
Fort Worth	175 (5%)	97 (5%)	155 (3%)	100 (3%)
Houston	130 (4%)	110 (6%)	243 (5%)	141 (4%)
Miami	208 (9%)	84 (6%)	153 (3%)	57 (2%)
Nova Orleans	71 (3%)	84 (6%)	314 (7%)	143 (5%)
Nova York	169 (7%)	84 (6%)	163 (4%)	63 (2%)
Filadélfia	201 (13%)	91 (10%)	247 (7%)	131 (6%)
Phoenix	162 (4%)	97 (4%)	196 (3%)	96 (2%)
Washington, DC	162 (6%)	84 (5%)	233 (6%)	124 (4%)

Nota: A resistência térmica do isolamento, ou sua capacidade de resistir ao fluxo de calor, é indicada pelo valor –R, dado aqui em unidades imperiais de hora x pé quadrado x °F/Btu.*
Esses valores de isolamento podem ser convertidos em unidades SI de metro quadrado x °C/W multiplicado por 5,67.
*** Para converter W/1000 ft² para W/km², multiplique por 10.76. Para converter de ft² para m², divida por 10,76.*
Fonte: Konopacki et al., 1996.

TAB. 5.6 REDUÇÃO DE PICOS DE DEMANDA DE ENERGIA EM RAZÃO DE COBERTURAS FRESCAS EM EDIFÍCIOS MONITORADOS

Construção	Local, referência	Utilização, tamanho ft²	Isolamento de cobertura	Plenum	Economia de demanda W/1000 ft²
Loja varejista	Austin, TX (Konopacki e Akbari, 2001)	Loja 100.000	R-12	Plenum	350 14%
Domicílio particular	Miami, FL (Parker et al., 1994a)	Residência 1.341	R-11	Nenhum	270 13%
Domicílio particular	Merrit Island, FL (Parker et al., 1994a)	Residência 1.700	R-7	Nenhum	580 23%
Domicílio particular	Cocoa Beach, FL (Parker et al., 1994b)	Residência 1.795	R-11	Sótão	370 28%
Domicílio particular	Nobleton, FL (Parker et al., 1994a)	Residência 900	R-3	Sótão	560 30%
Trailer escolar	Volusia County, FL (Callahan et al., 2000)	Escola 1.440	R-11	Nenhum	970 37%
Trailer escolar	Sacramento, CA (Akbari et al., 1993)	Escola 960	R-19	Nenhum	625 17%

Tab. 5.6 Redução de picos de demanda de energia em razão de coberturas frescas em edifícios monitorados (continuação)

Construção	Local, referência	Utilização, tamanho ft²	Isolamento de cobertura	Plenum	Economia de demanda W/1000 ft²
Our Savior	Cocoa Beach, FL (Parker et al., 1996)	Escola 10.000	R-19	Sótão	560 35%
Domicílio particular	Cocoa Beach, FL (Parker et al., 1994b)	Residência 1.809	R-0	Sótão	475 38%
Domicílio particular	Sacramento, CA (Akbari et al., 1993)	Residência 1.825	R-11	Nenhum	330 32%

*Nota: * A resistência térmica do isolamento, ou sua capacidade de resistir ao fluxo de calor, é indicada pelo valor –R, dado aqui em unidades imperiais de hora x pé quadrado × °F/Btu. Esses valores de isolamento podem ser convertidos em unidades SI de metro quadrado ×°C/W multiplicado por 5,67. Para converter W/1000ft² para W/km², multiplique por 10.76. Para converter de ft² para m², divida por 10.76.*
Fonte: Akbari e Rose, 1999.

$$T_{vegetação}\, x\, A_{vegetação} + T_{pavimentos}\, x\, A_{pavimentos} + T_{coberturas}\, x\, A_{coberturas} + T_{misc}\, x\, Amisc = 27°C\, x\, 0{,}21 + 54°C\, x\, 0{,}44 + 71°C\, x\, 0{,}20 + 52°C\, x\, 0{,}15 = 52°C \quad (5.1)$$

Onde T é a temperatura e A é a fração da área total. Se as coberturas fossem resfriadas em 28°C utilizando materiais frescos, a temperatura de superfície média de Sacramento poderia ser reduzida em 5,5°C, como demonstrado abaixo:

$$27°C\, x\, 0{,}21 + 54°C\, x\, 0{,}44 + 43°C\, x\, 0{,}20 + 52°C\, x\, 0{,}15 = 46°C \quad (5.2)$$

Ilhas de calor são formadas quando o ar urbano é aquecido pelas superfícies quentes, portanto, a redução de 5,5°C da temperatura de superfície média pode ter um efeito significativo.

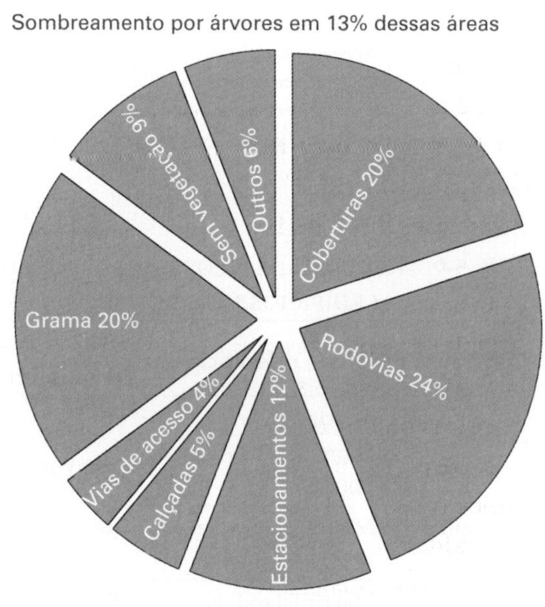

Fig. 5.15 *Utilização de terreno e sombreamento por árvores em Sacramento, Califórnia*
Fonte: Akbari e Rose, 1999.

Poluição do ar reduzida

A utilização de coberturas frescas reduz a poluição do ar direta e indiretamente. Reduções diretas ocorrem porque existe menor necessidade de energia para arrefecimento, e menor consumo de energia significa menos emissões a partir das usinas. Reduções indiretas da poluição do ar podem ocorrer se coberturas frescas e outras estratégias forem adotadas em quantidade suficiente para reduzir os efeitos da ilha de calor e reduzir a temperatura do ar de uma região, assim reduzindo a necessidade de arrefecimento.

Pesquisadores do Lawrence Berkeley Laboratory fizeram estimativas de reduções de emissões de carbono diretas e indiretas em razão da utilização de estratégias de mitigação de ilhas de calor em cinco cidades dos EUA. Essas reduções são resumidas na Tab. 5.7. Quando os efeitos do sombreamento por árvores e coberturas frescas são combinados, seus efeitos individuais são reduzidos. O sombreamento por árvore é menos eficaz sobre uma cobertura fresca e uma cobertura fresca é menos eficaz debaixo da sombra de uma árvore. Por isso as "reduções diretas e indiretas combinadas" não são iguais à soma das reduções diretas e indiretas individuais.

O ar urbano mais fresco pode também ajudar a reduzir os níveis de ozônio e *smog* ao nível do solo. O *smog* não sai direto das chaminés de fábricas ou dos escapamentos dos carros. Ele é formado por meio de uma reação química que ocorre quando poluentes do ar como óxidos de nitrogênio (NOx) e compostos orgânicos voláteis (COVs) se misturam no ar. A reação depende da temperatura do ar. Quanto mais quente, mais rapidamente acontece a reação e maior é a quantidade de *smog* formado.

Estudos de várias cidades dos EUA mostraram que temperaturas de ar mais elevadas em razão dos efeitos de ilhas de calor parecem ser responsáveis pela formação de uma quantidade surpreendente de ozônio e *smog*. Uma simulação de condições meteorológicas e qualidade do ar em Los Angeles evidenciou que resfriando a cidade em 3,3°C com superfícies frescas e árvores os níveis de *smog* e ozônio foram reduzidos em 10% (Akbari e Douglas, 1995; Akbari et al., 1996). Um estudo similar para Sacramento mostrou que o aumento de cobertura arbórea e superfícies de coberturas frescas diminuiu os picos de temperaturas do ar em cerca de 1,7°C e reduziu a concentração de *smog* em 10 partes por bilhão, ou 6,5% (Taha et al., 2000). Os efeitos das ilhas de calor sobre a qualidade do ar também foram simulados para as cidades de Baton Rouge, Salt Lake City e o corredor Nordeste (Douglas et al., 2000; Taha et al., 2000). Os resultados revelaram menos impacto em Baton Rouge e Salt Lake City e impactos bastante misturados no corredor Nordeste.

Os efeitos da mitigação de ilhas de calor sobre a formação de ozônio são extremamente complexos. A redução de ozônio em uma parte da área metropolitana parece vir acompanhada de aumentos de ozônio em outras áreas. Esse tipo de análise da qualidade do ar ainda está sujeita a avaliações muito minuciosas e mais refinadas; esse tipo de trabalho vem sendo desenvolvido em Los Angeles (Emery et al., 2000) e outras localidades. Como os benefícios da mitigação de ilhas de calor são potencialmente bastante significativos, os trabalhos estão sempre em andamento para melhorar técnicas de simulação e para avaliar novas áreas.

Reduzir resíduos de coberturas enviados a aterros

Coberturas frescas, presumivelmente, têm vida útil consideravelmente mais longa do que os materiais de coberturas "quentes" tradicionais. Um estudo da empresa Rohm and Haas (Antrim et al., 1994) investigou o desgaste de materiais para coberturas à base de asfalto em razão dos efeitos do calor e da luz do sol. Descobriu-se que tanto o excesso de calor como os raios ultravioleta do sol aceleram o processo de degradação química da cobertura. Foram feitas comparações lado a lado de telhas *shingles* asfálticas sem revestimento e telhas *shingles* cobertas por revestimento fresco branco reluzente. Os testes mostraram que as telhas *shingles* revestidas não sofreram qualquer tipo de desgaste após sete anos, ao passo que as telhas sem revestimento sofreram degradação severa (Fig. 5.16). Isso significa que a aplicação de revestimentos frescos de tempos em tempos preserva o material da cobertura indefinidamente, tornando as substituições de coberturas uma coisa do passado.

Estima-se que 11 milhões de toneladas de resíduos de coberturas asfálticas sejam enviadas para aterros nos EUA todos os anos, e nos últimos quarenta anos 7-10% dos espaços de aterro foram ocupados por resíduos de coberturas de edificações residenciais e comerciais

Fig. 5.16 *Partes com e sem revestimento de uma cobertura de telhas asfálticas na Pensilvânia*
Fonte: Antrim et al., 1994.

(RSI, 1993). A utilização de revestimentos e materiais frescos pode aumentar significativamente a vida de coberturas e reduzir a quantidade de material de cobertura substituído que é enviada a aterros. Os resíduos de coberturas restantes podem ser reciclados para utilização em misturas para rodovias por meio de processos já existentes, como o que está em operação na unidade de reciclagem da RamCo em Fort Meyers, na Flórida (Roofer Magazine, 1996). Essas tecnologias podem ajudar a direcionar a indústria de coberturas para um caminho mais "verde" ou sustentável.

Outras considerações sobre coberturas frescas

Penalidade de aquecimento de coberturas frescas

Coberturas frescas são muito eficientes para reduzir as necessidades de arrefecimento em condições (climáticas) quentes, mas edifícios com coberturas frescas têm uma penalidade de aquecimento para o inverno. Coberturas frescas refletem calor que poderia ser útil para aquecer o edifício durante o inverno. Na maioria dos climas urbanos essa penalidade não é alta o suficiente para cancelar as economias geradas no verão. Existem duas razões para isso. Primeiro, durante o inverno o sol é menos intenso e existem menos horas de luz diurna. Portanto a quantidade de energia útil que é refletida no inverno é bem menor do que a energia indesejável refletida no verão. Segundo, utiliza-se eletricidade para acionar os sistemas de arrefecimento na maioria das edificações, ao passo que sistemas de aquecimento utilizam gás natural. Eletricidade é geralmente mais cara do que gás natural, por isso a economia de energia anual é revertida na economia anual total em contas de água

TAB. 5.7 REDUÇÕES DIRETAS E INDIRETAS DE EMISSÃO DE CARBONO (MILHARES DE TONELADAS) EM RAZÃO DA UTILIZAÇÃO DE ESTRATÉGIAS DE MITIGAÇÃO DAS ILHAS DE CALOR EM CINCO CIDADES DOS EUA

	Baton Rouge	Chicago	Houston	Sacramento	Salt Lake City
Caso base de emissões de carbono	257	1749	1453	608	188
Redução direta em razão de sombreamento por árvores	12	26	58	18	3
Redução direta em razão de coberturas frescas	19(7%)	21 (1%)	80 (6%)	29 (5%)	5 (3%)
Redução indireta em razão de arrefecimento do ar	6	10	33	11	7
Combinação reduções diretas e indiretas	35 (14%)	58 (3%)	170 (12%)	50 (8%)	9 (5%)

Fonte: Konopacki e Akbari, 2000, 2002.

e luz. O preço do gás natural tem se mostrado instável ultimamente, mas o preço de energia é um tanto dependente dos preços do gás natural e espera-se que o acompanhe no longo prazo, mantendo positiva a vantagem econômica das coberturas frescas.

Em estudo do Lawrence Berkeley Laboratory (Konopacki et al., 1996), pesquisadores fizeram simulações de energia em edifícios para observar os efeitos de coberturas frescas em onze cidades dos EUA. A Tab. 5.8 mostra os efeitos das penalidades de aquecimento sobre as contas de água e luz em edifícios mais antigos em cada uma dessas cidades. A penalidade de aquecimento não é alta o suficiente em nenhuma dessas cidades para cancelar nem a metade das economias financeiras obtidas com a instalação de coberturas frescas.

ISOLAMENTO E COBERTURAS FRESCAS

Muitos pesquisadores consideram isolamento e coberturas frescas como opções concorrentes para economizar energia em edifícios. Diversos estudos avaliaram os níveis de isolamento exigidos para produzir a mesma economia de energia que uma cobertura fresca (Konopacki e Akbari, 1998; Akbari et al., 1999, 2000). Esses estudos foram utilizados para definir códigos de obras que permitem a utilização de isolamento de cobertura reduzido se uma cobertura fresca for instalada (Georgia Energy Code, 1995; CEC 2001).

Existem vários motivos, tanto técnicos como filosóficos, para evitar esse tipo de comparação de troca. Filosoficamente, uma cobertura fresca apresenta tantos benefícios que uma comparação com o isolamento puramente em função da economia de energia parece não ser suficiente. Tecnicamente, coberturas frescas e isolamento têm funções muito diferentes, e a comparação de ambos leva à confusão sobre desempenho sazonal. O isolamento economiza energia o ano todo, ao passo que coberturas frescas economizam energia no verão, mas geram uma penalidade de aquecimento no inverno.

Tab. 5.8 Efeito da penalidade de aquecimento em edifícios comerciais antigos nos EUA, com sistemas de arrefecimento e aquecimento a gás.

Local	Economia com arrefecimento kW/1000ft²	Economia com arrefecimento $/1000ft²	Penalidade de aquecimento kBtu/1000ft²	Penalidade de aquecimento $/1000ft²	Economia total $/1000ft²
Atlanta	293	$22	776	$5	$17
Chicago	191	$16	1367	$7	$9
Los Angeles	377	$34	306	$2	$32
Fort Worth	305	$20	571	$3	$17
Houston	335	$25	327	$1	$24
Miami	424	$29	0	$0	$29
Nova Orleans	383	$32	367	$2	$30
Nova York	168	$21	939	$6	$15
Filadélfia	221	$26	1796	$11	$15
Phoenix	562	$52	265	$2	$50
Washington, DC	251	$18	1082	$6	$12

Nota: Para converter de unidades por 1000/ft² para unidades por km², multiplique por 10,76.
Fonte: Konopacki et al., 1996.

Outro problema técnico é que o modelo de energia utilizado para fazer esses cálculos de troca não representa as coberturas frescas de maneira confiável. O modelo geralmente utilizado, o DOE-2, não leva em conta a transferência de calor radiativo nos sótãos ou espaços plenum e não permite variação da condutividade do isolamento de acordo com a temperatura (Gartland et al., 1996). O modelo tende a calcular a economia de energia por conta de coberturas frescas a menor, por isso coberturas frescas podem parecer menos eficientes do que realmente são.

A decisão de aumentar o nível de isolamento deve ser tomada separadamente da decisão de instalar uma cobertura fresca. Deve-se considerar o aumento de isolamento em coberturas se:

- O isolamento atual é significativamente inferior ao que é exigido pelo código de obras vigente.
- A edificação encontra-se em local onde há invernos rigorosos e/ou existe grande necessidade de aquecimento.

* A área de cobertura da edificação é significativamente maior do que as demais áreas de superfície do edifício.

Deve-se considerar a instalação de coberturas frescas em todas as edificações, principalmente se:

* A edificação encontra-se em local de clima quente e ensolarado durante pelo menos parte do ano.
* Há utilização significativa de energia para arrefecimento.
* Existem problemas para manter o conforto nas áreas internas de edifícios durante o verão.
* A área de cobertura da edificação é maior do que as demais áreas de superfície do edifício.
* Os materiais de cobertura tendem a rachar e deteriorar-se prematuramente em razão de exposição ao sol.

Em alguns casos é conveniente acrescentar isolamento a um projeto de cobertura fresca. Muitas pessoas acreditam que acrescentar isolamento para cobertura significa instalar o isolamento sob a cobertura ou acima do teto, o que é difícil de fazer sem importunar os ocupantes do edifício. Mas existem diversos tipos de isolamento rígido que podem ser instalados na cobertura, logo abaixo de um revestimento fresco ou de material fresco em camada única. O poliestireno expandido (EPS) ou espuma de poliuretano em *spray* (SPF) são dois materiais rígidos para isolamento comumente utilizados em projetos de coberturas. Uma polegada de isolamento pode acrescentar um isolamento próximo de R-6 (hr ft^2 °F/Btu) à classificação de isolamento da cobertura instalada (Fig. 5.17). SPF é particularmente interessante porque

FIG. 5.17 *Uma cobertura fresca em Connecticut apresenta menor derretimento da neve à direita, onde o isolamento de SPF reduz a transferência de calor do edifício*

cobre uniformemente vigas e membros estruturais. SPF não deixa frestas, pode selar vazamentos e pode servir de barreira contra vapor e vento.

A aplicação de isolamento de espuma pode ser complicada. Dois compostos separados são misturados durante o processo de pulverização. Isso deve ser feito sob as condições meteorológicas corretas e na proporção exata. Quando aplicada corretamente, a espuma endurece formando uma camada rígida e durável, resistente o suficiente para suportar o tráfego de pessoas. Se for aplicada incorretamente, a espuma pode não endurecer apropriadamente, podendo lascar ou se desintegrar com facilidade. É importante, como sempre, utilizar o serviço de empresas confiáveis com equipes experientes.

MITOS SOBRE COBERTURAS FRESCAS

Muitas propagandas de materiais para coberturas apresentam declarações enganosas e às vezes até incorretas. Abaixo estão quatro dos exemplos mais comuns de declarações falsas, para as quais devemos estar atentos:

Este revestimento irá manter sua casa mais fresca no verão e mais quente no inverno.

Nenhum revestimento por si só consegue manter uma edificação fresca no verão e quente no inverno. Todos os revestimentos frescos apresentam penalidade de aquecimento no inverno, porém, essa penalidade é pequena o suficiente para fazer com que valha a pena utilizar o revestimento fresco. Algumas propagandas que apresentam essa declaração presumem que o revestimento é aplicado no interior do edifício, nas paredes e teto além da cobertura do edifício. Tecnicamente, não está claro se essa ideia tem mérito. Maior refletância de superfícies internas pode ajudar a compensar alguma perda de calor durante o inverno, mas pode também prender o calor no interior do edifício durante o verão. Essa ideia também não representa uma boa opção de decoração. Os revestimentos mais eficientes são muito brancos reluzentes, o que fica muito forte para ambientes internos. Revestimentos frescos também são formulados com agentes que suprimem o crescimento de algas e mofo, e promovem a capacidade autolimpante do revestimento, o que não é necessário em ambientes internos.

Este revestimento acrescenta uma capacidade isolante equivalente ao valor R-19 a sua cobertura.

Se fosse assim tão simples, não acham que todo mundo aplicaria uma fina camada de revestimento em suas coberturas para isolá-las? Revestimentos não fornecem isolamento significativo porque são aplicados com espessura entre 508 e 762 μm, o que é fino demais para diminuir o condução de calor em uma cobertura. A palavra problemática aqui é "equivalente" (que às vezes é deixada de fora de uma explicação de vendedor). O que essa declaração quer dizer é que esse revestimento funciona tão bem quanto uma camada isolante para manter o calor do lado de fora do edifício – mas somente em horários de pico no verão. O que essa declaração não diz é que em outros momentos o revestimento terá um comportamento completamente diferente e nem sempre a favor do edifício. Não espere qualquer benefício no inverno desse "equivalente ao R-19": na realidade, existem penalidades de aquecimento, em substituição.

A alta emissividade desse produto mantém seu edifício mais fresco.

Uma cobertura fresca certamente deve ter alta emissividade. Porém, somente coberturas metálicas sem revestimento e revestimentos metálicos possuem baixa emissividade. Todos os outros tipos de produtos para coberturas possuem alta emissividade, por isso essa declaração não tem nada de especial.

Esse produto metálico possui alta refletância solar para manter seu edifício fresco.

Se a referência for a um produto metálico sem revestimento ou um revestimento metálico, pode ser que tenha alta refletância solar. Porém a baixa emissividade de metais sem revestimentos previne-os de serem considerados materiais frescos. Se a referência for a um metal com revestimento colorido, o revestimento adicional da superfície provavelmente aumenta sua emissividade, mas pode reduzir sua refletância solar. Para ser considerada fresca, uma cobertura metálica deve ser de cor branca reluzente com alta refletância solar, ou ter pigmentos especiais com capacidade de refletir os raios infravermelhos com alta refletância solar. Sem esses revestimentos altamente refletivos, uma cobertura metálica revestida possui baixa refletância e não mantém um edifício fresco.

Seis

Tudo sobre pavimentos frescos

O que é pavimento fresco?

Como discutimos no Cap. 4, superfícies pavimentadas cobrem grande parte de áreas urbanas e suburbanas. Os pavimentos contribuem para os efeitos das ilhas de calor, pois se aquecem sob o sol e liberam esta energia armazenada para seus arredores ao entardecer e durante a noite.

Os pavimentos mais quentes tendem a ser impermeáveis e de cor escura, com valores de refletância solar abaixo de 25%. Esses pavimentos podem esquentar a até 65°C ou mais sob o sol de verão. Inversamente, as temperaturas de pavimentos frescos são reduzidas em 15°C ou mais (Asaeda et al., 1996; Pomerantz et al., 2000c; Gartland, 2001), mantendo os picos de temperatura abaixo de 50°C. Existem duas maneiras de tornar pavimentos mais frescos: (1) o aumento de sua refletância solar e/ou (2) o aumento da sua capacidade de armazenar e evaporar água.

Pavimentos com refletância solar de moderados 25% ou mais podem ser considerados frescos. O aumento da refletância solar significa tornar pavimentos mais claros em sua coloração por meio do uso de ingredientes de cor mais clara em sua composição ou aplicar revestimentos mais claros sobre a superfície do pavimento. Uma vez que a coloração exerce o maior efeito sobre a refletância solar, os pavimentos de cor mais clara são normalmente os mais frescos, mas pavimentos frescos geralmente têm tonalidades de cinza, bege e outras cores. Não é esperado que os materiais de pavimentos frescos tenham a mesma cor branca reluzente de suas contrapartes de coberturas. Aliás, se eles fossem muito reluzentes poderiam causar riscos de ofuscamento visual.

Observe que a emissividade térmica dos pavimentos normalmente não representa um fator importante para as suas temperaturas. Todos os materiais para pavimentos mais comuns apresentam emissividade térmica de 80% ou mais.

Quando um pavimento tem sua capacidade de armazenar água aumentada, significa que este se torna poroso. A água é então filtrada pela camada superior rígida e é armazenada no solo ou nas camadas de sustentação abaixo. Pavimentos porosos permitem que a água escoe por entre o pavimento durante as chuvas para ser posteriormente evaporada em dias de sol e calor. A água evaporada retira calor do pavimento, mantendo-o mais fresco sob o sol.

Tipos de pavimentos frescos

Os tipos de pavimentos mais comumente empregados são o concreto de cimento asfáltico (ACC – *asphalt cement concrete*), usualmente chamado de 'asfalto' por leigos e o concreto de cimento Portland (PCC – *Portland cement concrete*), usualmente chamado de "concreto". Ambos os tipos de pavimentos podem se tornar mais frescos de diversas maneiras. Existem também alguns outros tipos de pavimentos menos comuns com grande potencial para pavimentos frescos.

Pavimentos asfálticos

Pavimentos asfálticos tradicionais tendem a ser de cor preta ou cinza, com valores de refletância solar entre 5-10% quando novos. Pavimentos asfálticos tornam-se mais claros e mais refletivos com a idade, como mostra a Fig. 6.1.

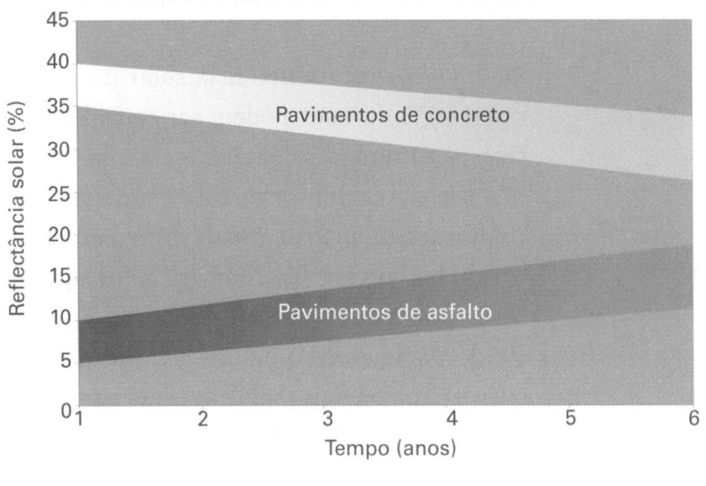

Fig. 6.1 *Variação da refletância solar de pavimentos de asfalto e de concreto com o passar do tempo*

No entanto, sua coloração relativamente escura tende a manter sua temperatura em 65°C ou mais sob o sol de verão.

Um estacionamento de asfalto antigo em Tucson, no Arizona é mostrado na Fig. 6.2. O pavimento do estacionamento tem refletância solar de aproximadamente 15% (Gartland, 2001). A Fig. 6.3 mostra como as temperaturas desse pavimento oscilam durante o dia, variando entre 25°C à noite e 65°C por volta do meio-dia, com quedas quando árvores fornecem sombra ao estacionamento ou quando o sol está encoberto por nuvens.

FIG. 6.2 *Pavimento de estacionamento em Tucson, Arizona, com cerca de 15% de refletância solar*

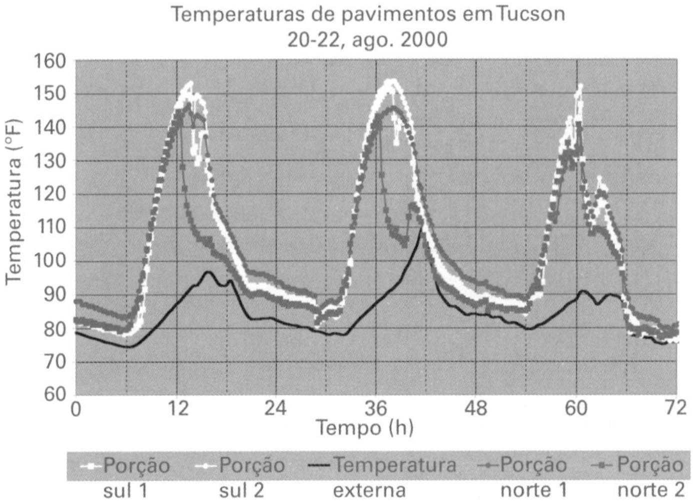

FIG. 6.3 *Variações de temperaturas do pavimento de estacionamento em Tucson, Arizona*

Um estudo japonês mostra como o calor é armazenado e liberado em pavimentos asfálticos ao longo de um dia (Asaeda, 1996). As Figs. 6.4 e 6.5 traçam temperaturas de superfície e fluxo de calor para dentro e para fora de um pavimento asfáltico seco com refletância solar de 10%. Nesse dia fazia 34°C e as temperaturas de superfície chegaram a 57°C. À medida que o saldo de radiação (radiação do sol e do céu menos a radiação solar refletida e a radiação emitida pela superfície do pavimento) para o pavimento aumenta, o calor é liberado para o ar por meio de convecção. Pela manhã e no início da tarde essa convecção não é suficiente para manter o pavimento fresco e o calor é armazenado no pavimento. A partir do meio da tarde, à medida que a energia solar diminui, o asfalto consegue liberar o calor armazenado e é resfriado. Sem a presença de água no pavimento, a evaporação não pode auxiliá-lo a se manter fresco.

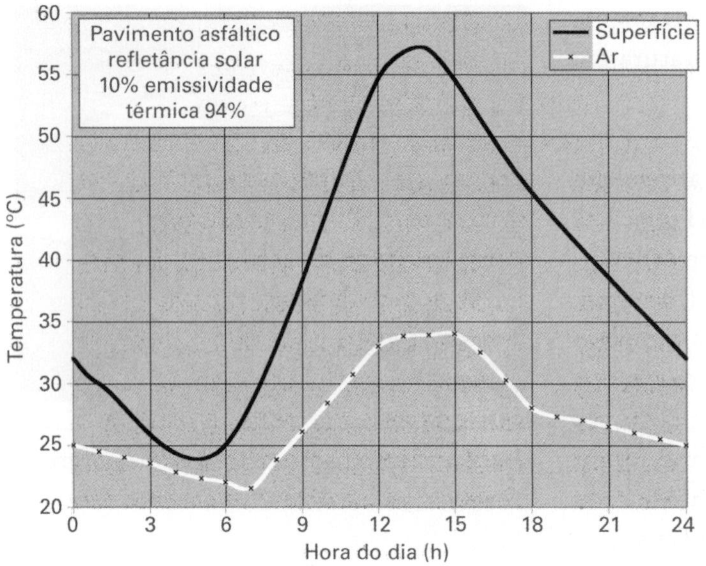

Fig. 6.4 *Temperaturas de pavimento asfáltico ao longo de um dia*
Fonte: Asaeda et al., 1996.

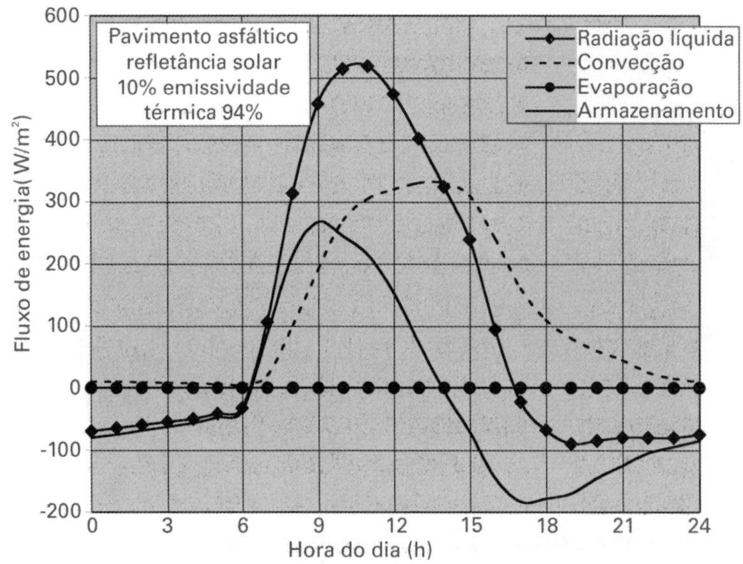

Fig. 6.5 *Fluxo de calor de um pavimento asfáltico ao longo de um dia*
Fonte: Asaeda et al., 1996.

Pavimentos de concreto

O segundo tipo de pavimento mais predominantemente em uso atualmente é o concreto de cimento Portland (PCC), muitas vezes chamado apenas de concreto. Pavimentos de concreto são cinza-claros, com valores de refletância solar entre 35 e 40% quando novos. Com o tempo, pavimentos de concreto tendem a ficar sujos e isso reduz sua refletância solar a 25-35%. A Fig. 6.1 mostra como a refletância solar de pavimentos de asfalto e de concreto tende a variar ao longo do tempo. Os pavimentos de concreto tendem a se manter mais frescos sob o sol do que suas contrapartes asfálticas, mesmo quando estão sujos, por causa de suas cores mais claras.

Um estudo japonês sobre fluxos de calor e temperaturas de pavimentos mostra como pavimentos de concreto se mantêm mais frescos do que pavimentos menos refletivos. A Fig. 6.6 traça as temperaturas diárias de um pavimento de concreto com refletância solar de 45%, e a Fig. 6.7 mostra fluxos de calor para dentro e para fora do pavimento ao longo do mesmo dia. Nesse dia fazia 34°C e o concreto esquentou a até 38°C. Isso acontece principalmente porque a superfície reflete mais energia solar, reduzindo o saldo de radiação a um pico de 350 Wm^2, contra 520 Wm^2 do pavimento asfáltico (Fig. 6.5). O pavimento de concreto mais fresco armazena menos calor pela manhã e libera menos calor para o ar à tarde do que o pavimento asfáltico. Mais uma vez, a transferência de calor por evaporação foi zero para esse pavimento sólido e seco.

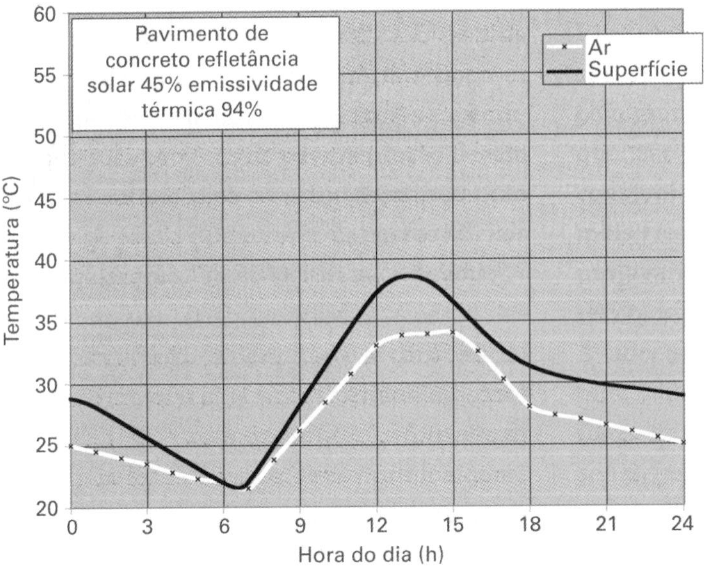

FIG. 6.6 *Temperaturas de pavimento de concreto ao longo de um dia*
Fonte: Asaeda et al., 1996.

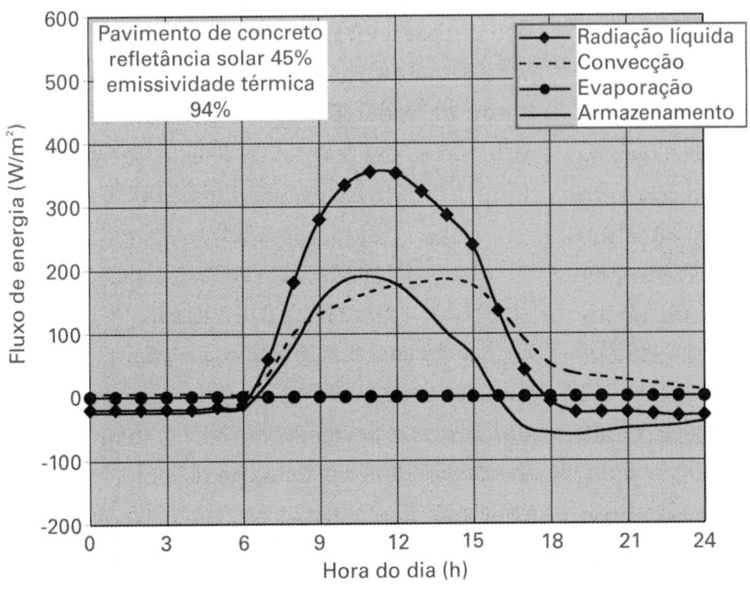

FIG. 6.7 *Fluxo de calor de um pavimento de concreto ao longo de um dia*
Fonte: Asaeda et al., 1996.

Pavimentos asfálticos e de concreto de cores mais claras

Pavimentos asfálticos podem ser feitos mais claros e mais frescos de diversas maneiras. Pigmentos mais claros podem ser adicionados à mistura de asfalto ou agregados de coloração mais clara (pedras na mistura para pavimentos) ou areia podem ser adicionados. Essas medidas podem aumentar a refletância solar do pavimento em até 30%. Pigmentos e agregados mais claros também podem ser adicionados a capas selantes ou aos filmes hidrofugantes para restituição de aderência, utilizados para cobrir pavimentos existentes em operações de manutenção rotineira do asfalto (Cartwright, 1998; Ting et al., 2001). Pavimentos asfálticos também podem ter diversos tipos de acabamentos, como texturas que imitam tijolos ou pedras, por meio da utilização de revestimentos de cores claras que simulam a aparência de outros materiais.

Pavimentos de concreto podem ser resfriados ainda mais com a utilização de agregados e aglutinantes de cimento de cores mais claras. Testes com concretos especialmente clareados em laboratório mediram valores de refletância solar de até 80% (Levinson e Akbari, 2001). Novas camadas de concreto podem ser aplicadas sobre pavimentos existentes por meio de um processo chamado *white-topping* (revestimento de piso asfáltico com concreto de cimento Portland). *White-topping* ultrafino utiliza reforços de fibras para fortalecer o pavimento, o que mantém as camadas adicionais finas e reduz o tempo de cura (Hurd, 1997).

Pavimentos porosos de asfalto e de concreto

Outra maneira de resfriar um pavimento asfáltico ou de concreto é torná-lo poroso ou permeável. Isso permite que a água da chuva escoe por entre o pavimento e seja armazenada nas camadas e no solo abaixo dele. A água pode evaporar e resfriar o pavimento em dias ensolarados.

As Figs. 6.8 e 6.9 mostram as temperaturas e o fluxo de calor de um pavimento poroso com refletância solar de 25%. Esse pavimento chega a uma temperatura máxima de 43°C num dia que fazia 35°C. O saldo de radiação no pavimento poroso chega a 550 Wm^2, ainda mais alta que os 520 Wm^2 do pavimento asfáltico da Fig. 6.5. Mas o pavimento poroso se mantém fresco porque utiliza o calor do sol para evaporar a água armazenada no pavimento e no solo abaixo dele.

Pavimentos asfálticos ou de concreto podem ser porosos quando as partículas menores, ou finas, de areia e pedras são deixadas de fora da mistura para o pavimento. Esses pavimentos "pré-misturados abertos" ficam então com um espaço vazio entre as pedras maiores que permite o escoamento da água por entre o pavimento. Os tamanhos desses espaços devem ser cuidadosamente analisados para evitar que sejam obstruídos por sujeira ou outros materiais. Versões porosas tanto de concreto como de asfalto têm sido utilizadas em estradas e estacionamentos (Smith, 1999; Maes e Youngs, 2002).

Pavimentos frescos não tradicionais

Blocos de concreto permeáveis são outro tipo de pavimento em uso atualmente. Os blocos de concreto permeáveis são blocos intertravados e podem ser feitos de plástico, metal ou concreto. Esses blocos são fixados sobre uma armação aberta e preparada. Os blocos são

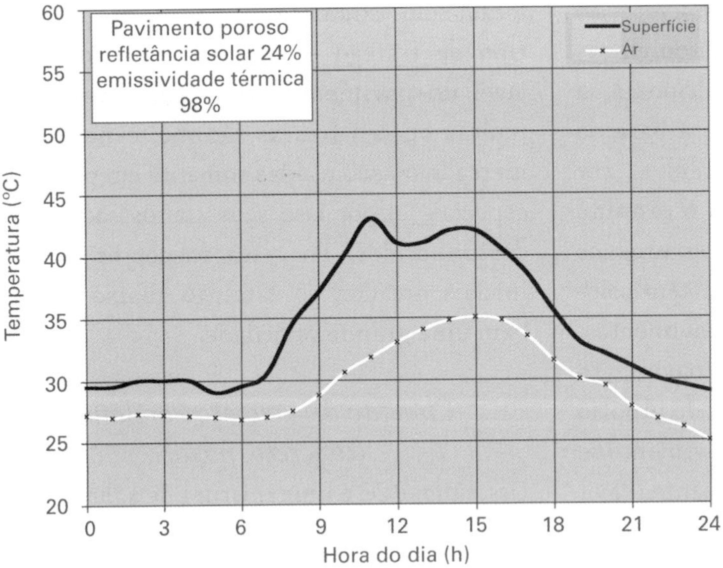

Fig. 6.8 *Temperaturas de pavimento poroso ao longo de um dia*
Fonte: Asaeda e Ca, 2000.

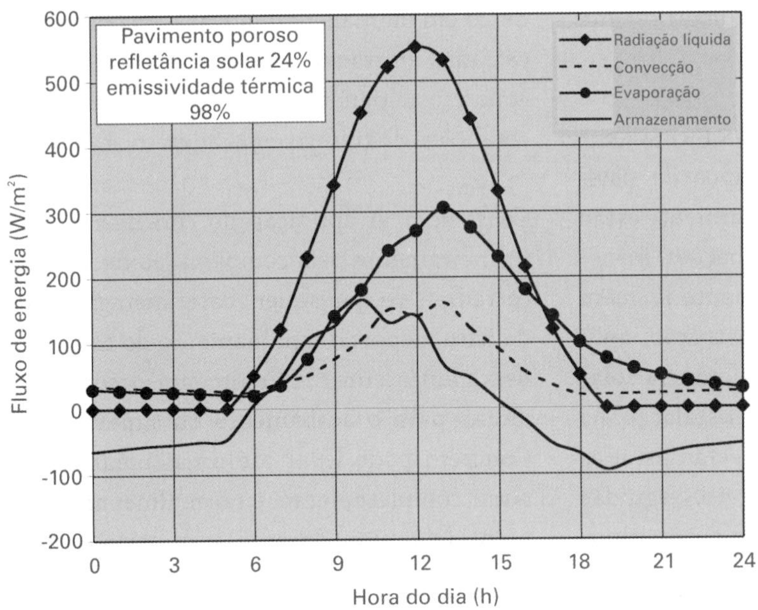

Fig. 6.9 *Fluxo de calor de um pavimento poroso ao longo de um dia*
Fonte: Asaeda e Ca, 2000.

então preenchidos com pedras ou terra; pode-se plantar grama ou flores nessa terra. Os blocos fornecem apoio estrutural, ao passo que ainda permitem que a água seja escoada e consequentemente evaporada. Blocos porosos têm sido utilizados com sucesso em áreas de baixo tráfego, como corredores, vias de acesso, estacionamentos e vias de acesso para bombeiros (Cote et al., 2000; Chicago, 2002). Os blocos de concreto permeáveis são mais frescos por causa de sua natureza porosa e/ou pelo uso de superfícies mais refletivas ou mais vegetação.

Pavimentos à base de resinas utilizam resinas de árvores para fixar os pavimentos ao invés de aglutinantes asfálticos ou de cimento que são utilizados em pavimentos de asfalto ou de concreto. Ao contrário dos aglutinantes pretos ou cinzas utilizados em pavimentos tradicionais, a resina é translúcida. Pavimentos à base de resina estão livres para assumirem a cor das pedras e areia que compõem o restante da mistura. Sem os aglutinantes escuros, os pavimentos de resina geralmente têm coloração mais clara do que outros pavimentos. Os ingredientes para a mistura do pavimento muitas vezes podem ser retirados do próprio local da obra, permitindo que o pavimento se misture bem ao restante do ambiente. Pavimentos à base de resinas têm sido utilizados com sucesso em trilas e passeios para bicicletas em parques e outras áreas ecologicamente sensíveis.

CATÁLOGO DE PAVIMENTOS FRESCOS

Detalhes sobre os diversos tipos de pavimentos frescos disponíveis atualmente estão catalogados abaixo. As informações fornecidas sobre cada tipo de pavimento incluem descrição, informações de construção, aplicações típicas, variações de refletância solar e uma estimativa de custos de instalação. As opções de pavimentos de PCC estão listadas primeiro (indicadas como concreto), seguidas pelas opções de ACC (asfalto) e outros tipos de pavimentos (outros). Algumas opções são melhores para novas construções (novo), ao passo que outras são mais indicadas para manutenção de pavimentos ou renovação de construção (renovação).

Observe que é bem difícil de prever os custos exatos para materiais e instalação de pavimentos frescos. Os custos de construção de qualquer pavimento apresentam grande variação de acordo com a região, empreiteira, época do ano, materiais escolhidos, local, solo existente, tamanho do projeto, tipo de tráfego esperado e duração desejável do pavimento. Além dessa variação, muitas opções frescas são muito novas no mercado ou são usadas somente em projetos especiais, e por isso seus custos são ainda desconhecidos. Por essa razão, os preços iniciais orçados no catálogo abaixo englobam uma grande variedade.

Cimento de concreto Portland (concreto, novo)

Descrição: PCC é uma mistura de aglutinante (cimento feito de calcário e argila), areia e agregados. Ele é aplicado a uma profundidade de 20 cm ou mais para novas construções de estradas e estacionamentos. A espessura do concreto depende do solo subjacente e das condições de tráfego esperadas.

Construção: A aplicação do concreto é feita primeiramente pela compactação do leito da estrada e de quaisquer materiais agregados da base, depois o espalhamento do concreto, deixando-o curar e finalmente o corte das juntas para o acabamento da superfície. O Concreto pode levar até uma semana para curar completamente, e normalmente de ser mantido úmido durante esse período para curar sem rachaduras. Misturas de concreto e métodos construtivos foram desenvolvidos para reduzir o tempo de cura para um dia ou menos. As juntas devem ser espaçadas corretamente para permitir a expansão e contração do concreto de acordo com a temperatura sem que haja rachaduras em razão de sua própria natureza quebradiça. Pavimentos de concreto podem ter vida útil superior a 35 anos, com manutenção tipicamente limitada às juntas e selamento de rachaduras. Lavagens periódicas com alta pressão podem remover sujeira e acúmulo de óleo para manter a refletividade e a aparência. Todos os tipos de concreto tendem a formar uma névoa branca chamada eflorescência em sua superfície durante os primeiros meses após sua instalação. Essa névoa é causada pela reação do cálcio presente no cimento com a água, que sobe para a superfície do pavimento e reage com o dióxido de carbono formando carbonato de cálcio. Essa névoa pode ser benéfica do ponto de vista das ilhas de calor, pois deixa os pavimentos mais brancos e os resfria ainda mais. É bem provável que desapareça com o tempo, ou pode ser retirada com o uso de detergentes.

Aplicações: O PCC é utilizado para todos os tipos de estradas, calçadas e outras áreas pavimentadas.

Refletância solar: Concretos tradicionais possuem valores de refletância solar entre 35 e 40% quando recém-instalados, caindo para 25-35% conforme o concreto envelhece e se torna sujo. Por meio de uma cuidadosa seleção de materiais aglutinantes, areias e agregados de cores mais claras, concretos mais frescos podem ter novas instalações com refletância solar variando de 40 a 80%. A Fig. 6.10 mostra diversas misturas de concreto experimentais com alta refletância.

Custo inicial: U$ 2,00 a 6,00 por pé quadrado para materiais e instalação. Se forem utilizados materiais altamente refletivos os custos pode dobrar.

White-topping (concreto, renovação)

Descrição: O *white-topping* é uma técnica para cobrir pavimentos existentes (normalmente concretos asfálticos) com camadas de PCC. O *white-topping* tradicional aplica uma camada de 10 a 20 cm de espessura sobre um pavimento existente. Novas misturas de concreto com reforços de fibras, chamadas *white-topping* ultrafino, podem ser aplicadas em camadas de 5 a 10 cm de espessura, sendo ainda capazes de suportar cargas residenciais normais ou com pouco volume (Hurd, 1997). Misturas especiais com maior teor de cimento também podem ser usadas em superfícies que precisam ser curadas e estar prontas para tráfego em 24 horas.

Construção: O processo de construção da camada *white-topping* consiste de quatro etapas: (1) carotagem do pavimento existente para determinar sua espessura, tipo e condição; (2) preparação da superfície da estrada com jateamento com água ou abrasivo, ou desbaste e limpeza; (3) espalhamento do concreto; e (4) acabamento e texturização da superfície, e cura e corte das juntas. O espaçamento correto das juntas é fundamental para evitar rachaduras na superfície do concreto.

Aplicações: *White-topping* é geralmente utilizado para cobrir pavimentos asfálticos existentes em todos os tipos de estradas, estacionamentos, calçadas e outras áreas pavimentadas. A Fig. 6.11 mostra a aplicação de *white-topping* ultrafino sobre a superfície de uma estrada de asfalto.

Refletância solar: Concretos tradicionais possuem valores de refletância solar entre 35 e 40% quando recém-instalados, caindo para 25-30% conforme o concreto envelhece e se torna sujo. Por meio de uma cuidadosa seleção de materiais aglutinantes, areias e agregados de cores mais claras, concretos mais frescos podem ter novas instalações com refletância solar variando de 40 a 60%.

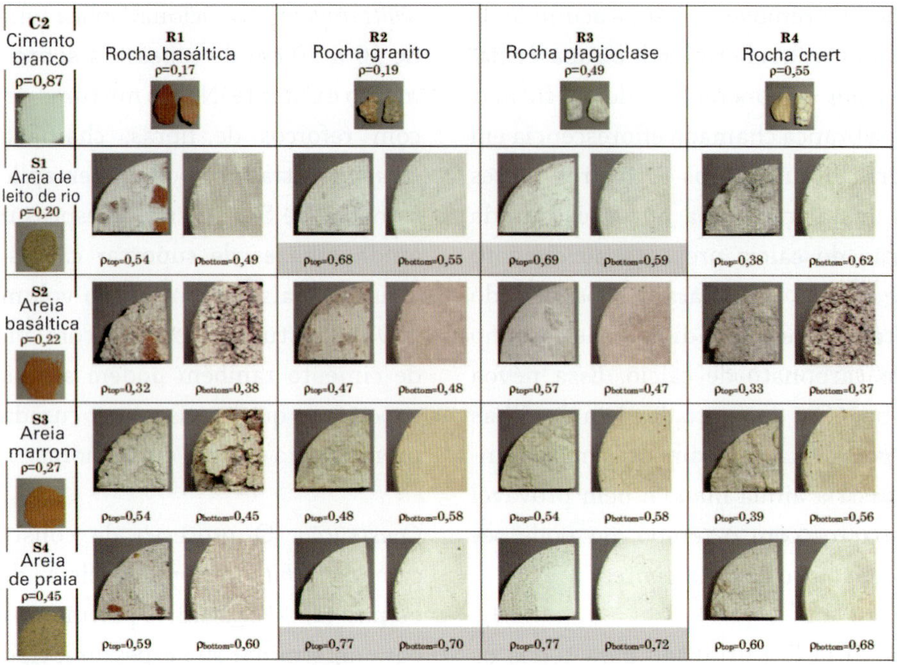

C2
Cimento branco
ρ=0,87
R1
Rocha basáltica
ρ=0,17
R2
Rocha granito
ρ=0,19
R3
Rocha plagioclase
ρ=0,49
R4
Rocha chert
ρ=0,55
S1
Areia de leito de rio
ρ=0,20
ρtop=0,54 ρbottom=0,49
ρtop=0,68 ρbottom=0,55
ρtop=0,69 ρbottom=0,59
ρtop=0,38 ρbottom=0,62
S2
Areia basáltica
ρ=0,22
ρtop=0,32 ρbottom=0,38
ρtop=0,47 ρbottom=0,48
ρtop=0,57 ρbottom=0,47
ρtop=0,33 ρbottom=0,37
S3
Areia marrom
ρ=0,27
ρtop=0,54 ρbottom=0,45
ρtop=0,48 ρbottom=0,58
ρtop=0,54 ρbottom=0,58
ρtop=0,39 ρbottom=0,56
S4
Areia de praia
ρ=0,45
ρtop=0,59 ρbottom=0,60
ρtop=0,77 ρbottom=0,70
ρtop=0,77 ρbottom=0,72
ρtop=0,60 ρbottom=0,68

Nota: ρ, refletância solar de cada material na mistura de concreto; ρ_{top}, refletância solar da superfície da amostra de concreto após 25 semanas de desgaste simulado; ρ_{bottom}, refletância solar da superfície lisa, com base em forma de diamante, da amostra de concreto sem desgaste.

Fig. 6.10 *Concretos de cimento Portland mais frescos*
Fonte: Levinson e Akbari, 2001.

Custo inicial: U$ 1,50 a 3,00 por pé quadrado para materiais e instalação. Se forem utilizados materiais altamente refletivos os custos podem dobrar.

Calçamento de blocos de concreto intertravados (concreto, novo ou renovação)

Descrição: Blocos de concreto intertravados são blocos pré-fabricados que se interligam formando diferentes desenhos. Blocos segmentados são feitos para suportar grandes cargas, uma vez que o formato intertravado ajuda a distribuir os esforços pelos blocos. Eles estão disponíveis em diversas formas, padrões e cores.

Construção: Os blocos são instalados sobre uma base de agregados convencional sobre a qual é colocada uma fina camada de leito de areia. Máquinas podem ser utilizadas para fixar e interligar os blocos mecanicamente em alta velocidade. A instalação não requer

Fig. 6.11 White-topping *ultrafino sendo aplicado sobre estrada de asfalto*

areia ou argamassa para fixar os blocos, pois os encaixes são justos. Como os blocos geralmente não são fixados com argamassa, eles podem ser facilmente removidos para reparos ou substituição. Eles podem também ser reutilizados em outros locais.

Aplicações: Blocos intertravados podem ser utilizados sob condições de grandes cargas como operações industriais ou armazéns, pistas de taxiamento para aviões e "hubs" aeroportuários, bem como em locais com cargas menores, como calçadas e vias de acesso. A Fig. 6.12 mostra os detalhes das recomendações de construção com blocos intertravados para uma superfície de aeroporto.

Refletância solar: Eles são geralmente coloridos com pigmentos, por isso os blocos intertravados podem apresentar grande variação de valores de refletância. Escolha cores mais claras para ter pavimentos mais frescos.

Custo inicial: U$ 1,50 a 3,00 por pé quadrado para materiais e instalação. Se forem utilizados materiais altamente refletivos os custos pode dobrar.

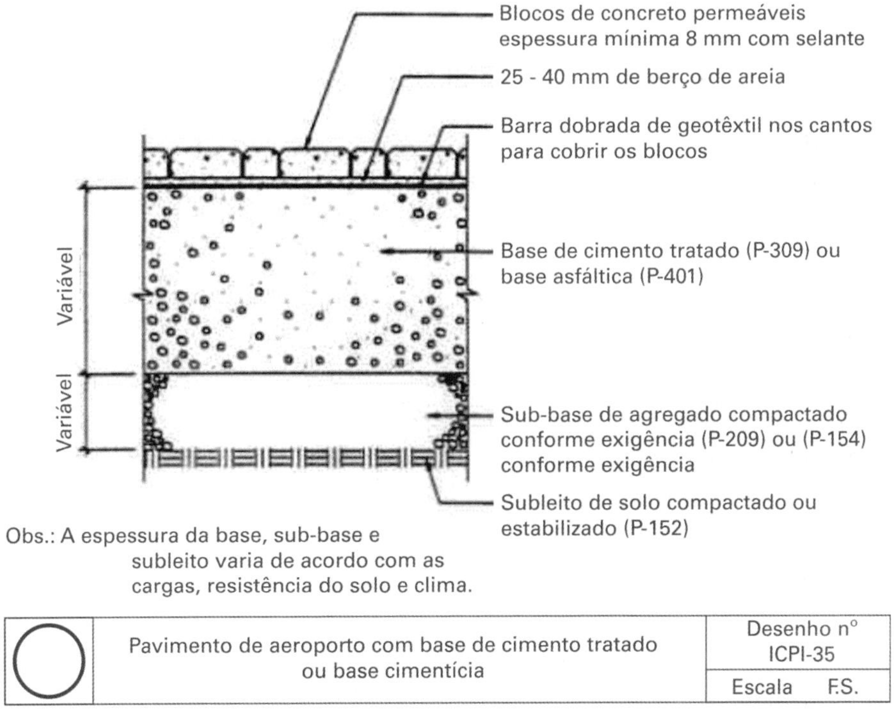

FIG. 6.12 *Detalhes da construção de um pavimento de concreto intertravado em um aeroporto*

PCC poroso (concreto, novo)

Descrição: o PCC poroso ou permeável é exatamente igual ao seu equivalente impermeável, só que os "finos" – pequenas partículas como areia e agregados menores – não são incluídos na mistura. Isso deixa espaços vazios entre os agregados maiores e permite o escoamento da água por entre a superfície do pavimento. Os espaços vazios podem ocupar de 10 a 25% do pavimento. Esses espaços não ficam obstruídos facilmente se seus tamanhos forem calculados corretamente. O Tráfego sobre o pavimento também ajuda a eliminar resíduos da superfície.

Construção: O concreto poroso é instalado e mantido da mesma maneira que o PCC comum.

Aplicações: Rodovias, estacionamentos e outras aplicações. É apropriado para a maior parte das superfícies desde que a base seja composta adequadamente e o concreto tenha a espessura correta. A Fig. 6.13 mostra um pavimento de concreto poroso usado em um estacionamento de Bannister Park, em Fair Oaks, na Califórnia.

Refletância solar: Os concretos permeáveis são apresentados na mesma variedade de cores que os outros tipos de pavimentos de concreto, mas sua superfície é ligeiramente mais áspera e pode diminuir sua refletância solar em até 5%. No entanto, sua habilidade de reter umidade mantém os pavimentos permeáveis mais frescos que as superfícies impermeáveis.

Custo inicial: U$ 2,00 a 6,00 por pé quadrado para materiais e instalação. Se forem utilizados materiais altamente refletivos os custos pode dobrar. Existe

Fig. 6.13 *Estacionamento com concreto poroso de Bannister Park, em Fair Oaks, Califórnia Fonte: Youngs, 2005.*

a possibilidade de eliminar as despesas com instalação e manutenção de sistemas de drenagem.

Pavimentos frescos de ACC (asfalto, novo)

Descrição: Pavimentos asfálticos são tipicamente compostos por agregados ou pedras unidos por aglutinante asfáltico. O aglutinante asfáltico tem cor muito escura, portanto, agregados de cores mais claras são adicionados à mistura para obter um pavimento fresco. Asfaltos frescos são inicialmente pouco mais claros e frescos do que suas contrapartes tradicionais. Mas com o envelhecimento do aglutinante, ele torna-se mais claro, expondo os agregados mais claros e a refletância solar do pavimento aumenta.

Construção: Pavimentos asfálticos frescos são construídos exatamente como suas alternativas tradicionais, apenas com agregados de cores mais claras adicionados à mistura de concreto. Verifique com fornecedores desse material para encorajá-los a encontrar fontes de agregados de coloração mais clara. Pavimentos asfálticos normalmente requerem manutenção a cada três a dez anos, de acordo com sua finalidade. Essa manutenção depende dos costumes locais, e podem incluir revestimentos com capas selantes, lama asfáltica ou filme hidrofugante para restituição de aderência, ou recapeamento completo do asfalto. Pesquisas preliminares indicam que pavimentos asfálticos mais frescos requerem menos manutenção e têm ciclos de vida mais longos.

Aplicações: Pavimentos asfálticos são utilizados com sucesso em todas as aplicações de pavimentos. Asfaltos de cores mais claras também podem ser aplicados em qualquer lugar.

Refletância solar: A refletância solar de pavimentos asfálticos com agregados de cores mais claras ainda não foi medida, mas existem medições de PCC com agregados de cores mais claras que indicam que a refletância aumenta de 10 a 30% quando agregados com 30-40% de refletância adicional são usados (Levinson e Akbari, 2001). A Fig. 6.14 mostra diversos agregados e seus valores de refletância solar.

Custo inicial: U$ 1,00 a 2,00 por pé quadrado para materiais e instalação. O preço da utilização de agregados com coloração mais clara varia de acordo com o preço e disponibilidade do material.

Filme hidrofugante para restituição de aderência (asfalto, renovação)

Descrição: A aplicação do filme hidrofugante sobre pavimentos asfálticos é uma técnica de manutenção que vem sendo utilizada há décadas nos EUA. A utilização de filme hidrofugante custa menos do que o recapeamento completo de pavimentos e pode ser aplicado com rapidez, fazendo com que rodovias estejam prontas para utilização em menos de um dia. Como o aglutinante fica pouco aparente, a superfície do pavimento assume a aparência dos agregados utilizados.

Construção: O filme hidrofugante é aplicado em um processo de quatro etapas. Primeiro uma emulsão asfáltica aglutinante é pulverizada sobre o pavimento. Isso é seguido imediatamente pela aplicação de brita. Em seguida a brita é prensada no asfalto com a

R1 (ρ=0,17)	R2 (ρ=0,19)	R3 (ρ=0,49)	R4 (ρ=0,55)
Rocha vulcânica vermelho-escura (basalto)	Rocha negra e vermelha	Rocha branca	Rocha dourada e branca (*chert*, impurezas de ferro)
d_{50}=18 mm	d_{50}=16 mm	d_{50}=14 mm	d_{50}=16 mm

Nota: d_{50} – diâmetro médio dos grãos.

Fig. 6.14 *Refletância solar de diversos tipos de agregados utilizados em pavimentos*

utilização de um rolo compressor. Finalmente o excesso de agregados é retirado da superfície da rodovia. O selamento por filme hidrofugante geralmente tem uma vida útil de cinco a sete anos.

Aplicações: Esse processo é mais indicado em rodovias do que em estacionamentos, uma vez que a brita não tem boa aderência sob os lentos esforços laterais de pneus, virando para a direita e esquerda em tentativas para estacionar e manobrar.

Refletância solar: A rodovia assume mais a cor das pedras utilizadas na camada de brita, já que é misturada ao aglutinante asfáltico, portanto a utilização de agregados mais claros aqui pode fazer maior diferença no arrefecimento da superfície da rodovia. Valores de refletância solar entre 40 e 50% podem ser atingidos se agregados de cores mais claras forem utilizados.

Custo inicial: U$ 0,50 a 1,00 por pé quadrado para materiais e instalação. O preço da utilização de agregados com coloração mais clara varia de acordo com o preço e disponibilidade do material.

Selantes asfáltico coloridos e capas selantes (asfalto, renovação)

Descrição: Selantes asfálticos pretos e capas selantes são produtos pré-misturados conhecidos, comumente vistos em estacionamentos de *shopping centers* ou em vias de acesso. Eles são constituídos de agregados finos (pedras pequenas) em uma emulsão (suspensão em água) com aglutinante asfáltico preto. Capas selantes podem ser preparadas em diferentes cores por meio da adição de pigmentos especiais.

Construção: Capas selantes são aplicadas sobre pavimentos existentes para selar pequenas rachaduras e preservar a superfície. As capas selantes devem ser aplicadas sobre uma superfície limpa e seca. Existem diferentes tipos de capas selantes, desde impermeabilizações leves (*fog seals*) com poucos agregados, a emulsões de capas selantes mais pesadas, sand seals (aplicação de emulsão ou asfalto líquido à superfície e aplicação de uma cobertura de areia) e lama asfáltica. Quando a aplicação é feita corretamente, é esperado que esses tratamentos durem de três a dez anos, dependendo do peso da capa selante.

Aplicações: Larga aplicação sobre todos os tipos de pavimentos. Capas selantes coloridas também são utilizadas para designar diferentes áreas de tráfego (ciclovias *versus* rodovias) e para propósito de decoração. Pigmentos adicionais também podem ser utilizados para colorir misturas de ACC, como foi feito na Union Station de Los Angeles (Cartwright, 1998).

Refletância solar: Capas selantes padrão devem ser pretas, e são normalmente feitas para manter sua cor ainda mais preta com a adição do pigmento preto de carbono. Esses revestimentos pretos são altamente indesejáveis em termos de mitigação de ilhas de calor. Pigmentos adicionais alternativos podem ser utilizados para fazer com que essas capas selantes tenham cores em diversos tons de cinza, bege, vermelho e verde. A Fig. 6.15 mostra uma rodovia revestida por capa selante vermelho tijolo. Misturas personalizadas de cores mais claras podem ser obtidas por meio da adição de óxido de zinco, dióxido de titânio ou outros pigmentos clareadores.

Custo inicial: U$ 0,50 a 1,00 por pé quadrado para materiais e instalação. A adição de pigmentos para coloração e clareamento pode custar mais, porém a remoção do preto de carbono pode ser mais barata.

FIG. 6.15 *Rodovia em frente à Union Station em Los Angeles, revestida por capa selante colorida*
Fonte: Asphacolor Corporation, <www.asphacolor.com>.

Pavimento pré-misturado aberto (asfalto, novo)

Descrição: Como sua contraparte porosa, o PCC, o pré-misturado aberto não inclui os "finos" ou pequenas partículas e agregados para deixar espaços vazios no pavimento. Isso permite que a água escoe por entre a superfície do pavimento. Esses espaços não ficam obstruídos facilmente se seus tamanhos forem calculados corretamente. O Tráfego sobre o pavimento também ajuda a eliminar resíduos da superfície.

Construção: A instalação e a manutenção do asfalto pré-misturado aberto é a mesma do asfalto impermeável.

Aplicações: Rodovias, estacionamentos e outras aplicações. É apropriado para a maior parte das superfícies desde que a base seja composta adequadamente e o concreto tenha a espessura correta. Esse pavimento foi utilizado em um trecho da rodovia 49 na Califórnia, que passa dentro do parque estadual Sutter's Mill, ajudando a reduzir enchentes e reduzir os níveis de ruído rodoviário (Smith, 1999).

Refletância solar: Pré-misturados abertos podem ser feitos 30% mais refletivos com a utilização de agregados mais claros. No entanto, sua habilidade de reter umidade mantém os pavimentos pré-misturados abertos mais frescos que as superfícies impermeáveis.

Custo inicial: U$ 1,00 a 2,00 por pé quadrado para materiais e instalação. Se forem utilizados materiais altamente refletivos os custos pode dobrar. O preço da utilização de agregados com coloração mais clara varia de acordo com o preço e disponibilidade do material.

Texturização de pavimentos (asfalto, novo ou renovação)

Descrição: A texturização de pavimentos é um processo que utiliza asfalto comum para produzir pavimentos decorativos em uma variedade de cores e formas. Esses pavimentos são menos custosos e demandam menos mão de obra para serem instalados do que o calçamento com pedras ou blocos verdadeiros, com a vantagem adicional de não possuírem emendas/juntas onde água pode se infiltrar ou ervas daninhas podem crescer.

Construção: O processo construtivo consiste em primeiramente assentar o asfalto, compactá-lo em formas padronizadas e então aplicar revestimento de cimento polimerizado para acabamento. O pavimento pronto pode suportar condições meteorológicas extremas e grandes cargas de tráfego pela combinação da resistência do cimento e da flexibilidade do asfalto. Pavimentos texturizados podem ser reparados facilmente.

Aplicações: Pavimentos texturizados são utilizados em pavimentação de ruas, redução de tráfego, áreas de pedestres, canteiros centrais e avenidas, estacionamentos, *playgrounds* e outras aplicações. A Fig. 6.16 mostra pavimento texturizado em um *shopping center.*

Refletância solar: É preciso escolher um revestimento de cor clara para tornar a superfície mais refletiva e mantê-la fresca.

Custo inicial: U$ 2,00 a 6,00 por pé quadrado para materiais e instalação.

FIG. 6.16 *Pavimento asfáltico texturizado do estacionamento de uma loja de móveis em Hialeah, Flórida*
Fonte: Integrated Paving Concepts, <www.integratedpaving.com>.

Pavimentos à base resinas (outros, novo ou renovação)

Descrição: Ao contrário dos pavimentos asfálticos típicos, que utilizam aglutinantes à base de petróleo, os pavimentos à base de resina modificada utilizam aglutinantes à base de resina extraída de árvores. O aglutinante é misturado a agregados para produzir pavimentos compactados com maior resistência ao derramamento de combustíveis do que o asfalto tradicional.

Construção: O processo de construção/instalação dos pavimentos à base de resinas é similar ao processo utilizado para pavimentos asfálticos. O aglutinante de resina é primeiro aplicado separadamente na área preparada, como revestimento básico. O aglutinante é misturado aos agregados no local e então é aplicado e compactado para obter um acabamento liso. Um revestimento final de resina é utilizado para selar o pavimento. Diferente dos pavimentos asfálticos, a emulsão de resina não requer ser aquecida para aplicação.

Aplicações: Esse produto é indicado para áreas ecologicamente sensíveis. A Fig. 6.17 mostra pavimento à base de resina de um trecho do Crissy Field ao longo da Baía de San Francisco.

Refletância solar: O aglutinante de resina é translúcido, e por isso o pavimento toma a cor de quaisquer agregados utilizados. A utilização de agregados mais claros produz um pavimento mais refletivo e mais fresco.

Custo inicial: Aproximadamente U$ 3,00 por pé quadrado para materiais e instalação.

FIG. 6.17 *Pavimento à base de resina utilizado na trilha costeira de Land's End, ao longo da Baía de San Francisco*
Fonte: Soil Stabilization Products Company Inc., <www.sspco.com>.

Pavimentos com sistemas de blocos permeáveis (concreto, ou outros, novo ou renovação)

Descrição: Pavimentos porosos são especificamente criados para permitir que a água escoe por entre o pavimento chegando ao solo subjacente, e suportar tráfego de pedestres ou de pequenas cargas. Esses sistemas de pavimentação pré-fabricados são geralmente compostos por estruturas treliçadas feitas de concreto, plástico ou metal. Os blocos são preenchidos com agregados ou com terra e grama ou cobertura de pisos. A Fig. 6.18 mostra a estrutura treliçada subjacente para dois tipos de blocos porosos disponíveis no mercado.

FIG. 6.18 *Blocos permeáveis sendo preenchidos com agregados para utilização no estacionamento da Universidade da Califórnia,* campus *Merced*
Fonte: Soil Stabilization Products Company Inc., <www.sspco.com>.

Construção: A construção de sistemas de blocos permeáveis consiste do nivelamento e fertilização do leito de terra subjacente, colocação dos blocos, fixando-os com pinos e/ou apoiados em cantos fixos, e então a cobertura dos blocos com terra e sementes ou com agregados. Após o crescimento da grama ou da total cobertura do piso por agregados, os blocos ficam invisíveis. A utilização de grama requer irrigação normal e manutenção regular para corte da grama.

Aplicações: Blocos porosos são úteis para passagens de pedestres, vias de acesso, estacionamentos, estacionamentos suplementares, vias de acesso para bombeiros ou qualquer outra superfície de pouco tráfego. Os blocos treliçados podem também ajudar a controlar a erosão de solo em encostas. A Fig. 6.19 mostra revestimento com grama em um estacionamento suplementar de um *shopping center* de Connecticut.

FIG. 6.19 *Blocos permeáveis preenchidos com terra e grama, utilizados em vias de acesso para bombeiros no* campus *da Microsoft, no Estado de Washington*
Fonte: Soil Stabilization Products Company Inc., <www.sspco.com>.

Refletância solar: Se os blocos forem preenchidos com agregados, estes deverão ter coloração clara para garantir temperaturas mais frescas. Agregados claros podem ter valores de refletância solar entre 30 e 50%. A refletância solar da grama é de 20%, embora ela também se mantenha mais fresca e resfrie o ar acima dela por meio da evapotranspiração.

Custo inicial: U$ 1,50 a 3,00 por pé quadrado para materiais e instalação.

BENEFÍCIOS DOS PAVIMENTOS FRESCOS

Esse livro promove o uso de materiais frescos para pavimentos principalmente pelo arrefecimento do ar em áreas urbanas e suburbanas. Mas também existem outros benefícios significativos que podem ser alcançados por meio da utilização de pavimentos frescos, inclusive melhor controle de enchentes, maior durabilidade dos pavimentos, menos demanda por iluminação noturna, menos ruído rodoviário e o potencial para um *design* urbano mais criativo. Informações mais detalhadas sobre esses benefícios são apresentadas a seguir.

AR URBANO E SUBURBANO MAIS FRESCO

Pavimentos quentes transferem calor para o ar acima deles, e quanto mais quente forem os pavimentos, mais quente será o ar. Um estudo do Japão mediu o fluxo de calor de asfaltos e concretos tradicionais (Asaeda et al.,

1996). O calor dos pavimentos foi absorvido pela camada inferior da atmosfera e elevou as temperaturas do ar próximo ao solo. Um pavimento asfáltico com refletância solar de 10% chegou a 66°C às 13h e convecionou cerca de 350 Wm^2 para o ar (Figs. 6.4 e 6.5). Um pavimento de concreto com refletância de 45% (um pouco mais alta do que os 35-40% típicos para concretos nos EUA) chegou a 49°C às 13h e emitiu apenas cerca de 200 Wm^2 para o ar (Figs. 6.6 e 6.7)

O estudo japonês (Asaeda et al., 1996) observou também solos sem revestimento e descobriu que o fluxo de calor do solo depende em grande parte do seu teor de água. Solos úmidos permaneceram mais frescos e transferiram menos calor ao ar, apesar de terem refletância solar baixa, cerca de 15%. Ao invés de se aquecer sob o sol, a energia solar evapora a umidade do solo. Isso indica que pavimentos porosos ou permeáveis, com canais para o solo retentor de água subjacente, podem também ser eficientes pavimentos frescos.

Outra descoberta importante do estudo japonês (Asaeda et al., 1996) é que o fluxo de calor de um pavimento é um fator importante para o aquecimento urbano. O fluxo de calor de pavimentos em Tóquio é igual a cerca de 50% da taxa de consumo de energia da cidade.

Pesquisadores do Lawrence Berkeley National Laboratory também investigaram os efeitos que materiais quentes para pavimentação exercem sobre as temperaturas do ar (Pomerantz et al., 2000c). Simulações de Los Angeles e outras cidades predizem que é possível reduzir a temperatura do ar em 1,5°C se coberturas de edificações e pavimentos forem resfriados e árvores e vegetação forem acrescentadas ao paisagismo do local. A partir desses resultados, estima-se que a execução de mudanças apenas nos pavimentos poderia reduzir temperaturas do ar em 0,5°C.

Melhor controle de enchentes

A maioria dos pavimentos em uso atualmente é impermeável, e a maior parte da água da chuva que cai sobre eles tem que ser canalizada para bueiros e esgotos. Em contraste, os pavimentos porosos permitem que a água seja escoada por entre o pavimento, chegando ao solo subjacente. O calçamento de concreto segmentado e blocos porosos são permeáveis, e permitem que a água escoe entre os segmentos ou por entre os blocos. Tanto PCC como ACC podem ser construídos como pavimentos permeáveis. Excluir a areia e agregados pequenos da mistura de concreto deixa pequenos espaços pelos quais a água pode permear sem sacrificar a integridade estrutural. O total de espaços abertos deixados nos pavimentos porosos normalmente varia entre 10 a 25%, e esses espaços são capazes de absorver entre 120 a 325 litros por minuto por metro quadrado (Youngs, 2005).

Pavimentos porosos não só se mantém frescos com a umidade neles armazenada, como já foi discutido neste capítulo, mas também ajudam a dispersar águas de chuva ao invés de canalizar tudo para bueiros. Isso se traduz em diversos benefícios ambientais. Pavimentos porosos reduzem os riscos de enchentes durante chuvas pesadas e mantém a água do solo bem distribuída para uma vegetação mais saudável em torno dos pavimentos. A filtragem das águas de chuvas pelo solo ajuda a remover poluentes como óleos e gasolina do sistema de abastecimento de água.

Pavimentos porosos trazem também benefícios financeiros. Se forem projetados corretamente, as ruas e estacionamentos que utilizam pavimentos porosos podem reduzir ou eliminar sistemas de drenagem. Pavimentos porosos são um desenvolvimento relativamente recente, e por isso a economia de custos ainda não está bem clara, mas quantias significativas podem, potencialmente, ser economizadas em sistemas de drenagem e esgoto e sua manutenção.

Maior durabilidade do pavimento

Pavimentos asfálticos possuem vários aspectos para falhas, que são intensificados ou acelerados pela alta temperatura do pavimento, incluindo:

- Formação de Sulcos – os pneus dos carros formam canais no pavimento.
- Empurramento – o asfalto é empurrado na direção do movimento quando há freadas bruscas.
- Envelhecimento – o asfalto se torna quebradiço e endurecido com a idade.
- Fadiga – rachaduras eventuais do pavimento.
- Sangramento – o material aglutinante se acumula na superfície do pavimento.

Pesquisadores do Lawrence Berkeley National Laboratory e do Instituto para estudos de Transporte da Universidade da Califórnia, em Berkeley (Harvey e Popescu, 2000; Pomerantz et al., 2000a; Ongel e Harvey, 2004) investigaram o efeito do resfriamento de pavimentos asfálticos sobre a formação de sulcos, empurramento e envelhecimento. A uma temperatura de 53°C sulcos começaram a se formar, atingindo o nível de falha, após menos de 20.000 repetições de teste, mas a 42°C foram necessárias 270.000 repetições para atingir o nível de falha. A 60°C foram necessários 10 ciclos do ensaio de cisalhamento simples cíclico (RSST – *repeated simple shear test* – a 840 gramas por centímetro quadrado) para que o efeito de empurramento atingisse uma deformação permanente de 0,01; a 40°C foram necessários aproximadamente 1000 ciclos para atingir o mesmo nível de deformação.

Reações físicas e químicas ocorrem no asfalto com o passar do tempo, por causa da oxidação, da exposição aos raios solares ultravioleta e do calor. O fator de quebra do asfalto associado ao envelhecimento pode ser medido a partir da viscosidade (resistência ao escoamento) do pavimento. Pavimentos asfálticos na Califórnia foram estudados para determinar o quão quebradiço eles ficavam com o passar do tempo (Kemp e Predoehl, 1980). Para o estudo, foram escolhidos locais com climas quentes e ensolarados similares, mas com diferentes temperaturas médias do ar. A viscosidade de pavimentos com quatro anos de idade era dez vezes maior a uma temperatura média do ar de 23°C do que a 17°C. Também foi observado que pavimentos em locais com temperaturas do ar mais elevadas se tornaram quebradiços mais rapidamente. Isso sugere que protegendo o asfalto do calor, este pode ficar menos quebradiço e sua durabilidade pode ser significativamente maior.

Pouco se sabe sobre os efeitos das temperaturas sobre a durabilidade do PCC. É evidente que pavimentos de concreto são mais duráveis do que pavimentos asfálticos. Uma revisão de testes executados por agências estaduais e federais mostrou que a vida útil de um pavimento de concreto é de 13 a 35 anos, ao passo que pavimentos asfálticos duram entre 6 e 20 anos (Packard, 1994). Isso indica que o concreto dura de uma e meia a duas vezes mais do que o asfalto em condições similares quando é construído corretamente. É evidente também que pavimentos de concreto se mantêm mais frescos do que pavimentos asfálticos, porque os concretos apresentam maiores valores de refletância solar. Outro estudo sobre pavimentos de concreto mostrou que esse tipo de pavimento rígido não sofre formação de sulcos, empurramento ou envelhecimento da mesma maneira que os pavimentos asfálticos flexíveis, e por isso os pavimentos de concreto são relativamente insensíveis a mudanças em seu valor de refletância solar (Ongel e Harvey, 2004). Mas ainda não está claro se temperaturas mais baixas de um pavimento de concreto conseguem evitar que ele sofra rachaduras decorrentes de fadiga, ou se pavimentos de concreto durariam ainda mais se fossem feitos com materiais de cores mais claras e mais frescos.

Melhor iluminação noturna e utilização reduzida de energia para iluminação

Pavimentos com maior refletância solar também refletem a luz artificial de maneira mais eficiente à noite. Pesquisadores do Lawrence Berkeley National Laboratory descobriram que a luz refletida de um pavimento horizontal ajuda a iluminar um objeto vertical (Pomerantz et al., 2000b). Pavimentos com refletância solar de 10% refletem 10% a mais da iluminação de rua para uma placa ou um pedestre; pavimentos com 30% de refletância solar refletem 30% a mais dessa iluminação. Maior iluminação ajuda a manter ruas e estacionamentos mais seguros, com menos acidentes e menor criminalidade.

Outro estudo revelou que dinheiro e energia podem ser economizados quando pavimentos com maior refletância solar são usados e os projetos de iluminação são modificados de acordo (Stark, 1986). Foi observado que uma grande via comercial com pavimento asfáltico requer 39 luminárias por milha para atingir os níveis de iluminação noturna recomendados. Se a mesma via fosse pavimentada com concreto mais refletivo requereria apenas 27 luminárias – 31% a menos de luminárias. É esperado que os custos iniciais de construção, manutenção e energia sejam reduzidos com economia financeira projetada de U$ 24.000 por milha de construção, U$ 576 por milha por ano de custos de manutenção, e U$ 600 por milha por ano em contas de energia.

Menos ruído rodoviário

Surpreendentemente, muitos pesquisadores descobriram que uma textura ligeiramente mais áspera nas superfícies porosas de rodovias reduz os ruídos de pneus. O Australian Road Research Board (Comitê Australiano de Pesquisas Rodoviárias) descobriu que o tráfego em vias pavimentadas com ACC pré-misturado aberto produz de 2-8 decibéis a menos de ruído do que em vias com pavimentação mais densa (Glazier e Samuels, 1991). Testes em superfícies de asfaltos porosos e cimentos de concreto na França mostraram que ambas as superfícies mantiveram os níveis de ruído rodoviário abaixo de 75 decibéis (Hughes e Heritier, 1995; Pipien, 1995). Ao invés de aumentar o ruído rodoviário, as fendas nessas superfícies pavimentadas absorvem o ruído dos pneus que rodam sobre o pavimento.

MAIOR FLEXIBILIDADE E BELEZA PARA O *DESIGN* URBANO

Como foi declarado por Peter Olin, na abertura dos procedimentos da conferência de estacionamentos *Parked Art* (Minnesota Landscape Arboretum, 1993):

Apesar de ser uma parte integral de nossas vidas diárias, os estacionamentos (e ruas) podem apresentar um impacto problemático. Muitas vezes eles são construídos como enormes superfícies negras, desprovidos de vida e estilo.

Existem opções de pavimentos que vão além dos tradicionais asfaltos negros e concretos cinza. Com a introdução de diversas cores mais claras, vegetação e pavimentos porosos, cores e texturas podem ser usadas para incrementar áreas urbanas e suburbanas.

OUTRAS CONSIDERAÇÕES SOBRE PAVIMENTOS FRESCOS

REFLETÂNCIA SOLAR DE PAVIMENTOS FRESCOS

Muitas das opções de pavimentos frescos catalogadas dependem da possibilidade de usar componentes com alta refletância solar. Isso pede ingredientes de cores mais claras, inclusive agregados, areia e aglutinantes. Em algumas regiões do mundo os componentes de cores mais claras já estão em uso e não incorrem em custos adicionais. Algumas poucas pedreiras fornecem materiais de cores claras, por isso é provável que esses componentes sejam mais caros ou mais difíceis de encontrar. Um estudo estimou que areia branca para ser utilizada em misturas de PCC pode custar o dobro da areia cinza comumente utilizada (Levinson e Akbari, 2001).

As opções de pavimentos frescos listadas neste capítulo deixam a escolha da cor a cargo do consumidor. Até o momento, a indústria de pavimentação, na maior parte, desconhece o conceito de refletância solar. Pouquíssimos materiais tiveram sua refletância solar medida, e não existem padrões estabelecidos para a coleta e validação de quaisquer medidas que possam ser tomadas. Em geral, devem-se escolher as cores mais claras de cada componente ou acabamento para se obter o maior nível de refletância solar e assim, os pavimentos mais frescos.

Como o pavimento fresco é um fenômeno relativamente novo para a indústria da construção, os profissionais dessa indústria não o reconhecem ou entendem muito bem. Nenhuma agência atualmente lista os pavimentos frescos ou porosos. Não existem padrões ou testes de padrões para determinar refletância solar, emissividade, porosidade, drenagem, armazenamento de água ou qualquer outra característica pertinente a pavimentos frescos.

Os métodos de teste para determinar a refletância solar de materiais para coberturas podem certamente ser aplicados aos materiais de pavimentação, e há trabalhos em andamento para avaliar as propriedades drenantes de pavimentos porosos. Até que padrões universais sejam adotados pela indústria de pavimentação ou por uma agência influente, a avaliação dos materiais de cores mais claras ficará a cargo do consumidor.

Medições de temperatura e refletância solar de pavimentos existentes podem ser tomadas facilmente. Um termômetro infravermelho portátil pode medir as temperaturas do pavimento em vários horários do dia e em intervalos diversos após uma chuva para determinar os efeitos de umidade, sol e temperatura do ar. De acordo com ASTM (1997), a refletância solar pode ser medida por meio de um albedômetro portátil. Esse método utiliza um sensor de energia solar que vira para cima e para baixo para medir a luz solar incidente e a luz refletida a partir da superfície. A refletância solar é a razão desses valores medidos:

Refletância solar, porcentagem =
(luz solar refletida da uma superfície /
luz solar incidente) x 100 **(6.1)**

Custos iniciais de pavimentos frescos

Pavimentos de concreto são naturalmente mais frescos do que pavimentos asfálticos, mas o concreto é geralmente 33% mais caro para ser instalado do que o asfalto (Packard, 1994). A instalação do concreto custa mais por duas razões. Primeiro, os materiais de concreto tendem a custar mais do que o asfalto. Segundo, o concreto requer maior cuidado na instalação, pois é mais quebradiço e menos leniente do que o asfalto. A subsuperfície deve ser nivelada e preparada com maior cuidado, e uma camada de concreto tende a ser bem mais espessa do que uma camada de asfalto sob condições similares. Além disso, diferentemente do asfalto, que está pronto para ser utilizado assim que resfrie, o concreto requer até dois dias para curar antes que esteja pronto para suportar cargas de tráfego.

Os custos da utilização de agregados mais claros para tornar o pavimento mais fresco são desconhecidos e dependem em grande parte da disponibilidade desses agregados em qualquer região. A utilização de pigmentos clareadores geralmente aumenta o custo total. Algumas misturas de asfalto e capas selantes já incluem pigmentos, como o preto carbono, para escurecer pavimentos. A retirada desse pigmento ou a adição de pigmentos clareadores pode até reduzir o custo.

Versões porosas de asfalto e concreto também podem custar menos que as versões impermeáveis. Os métodos básicos de construção são os mesmos para pavimentos porosos e impermeáveis, mas a construção de um pavimento poroso requer menos materiais. A instalação de calçamento com blocos porosos geralmente custa mais do que outros tipos de pavimentos, sim; no entanto, como com qualquer pavimento fresco, há o potencial para economizar em construção e manutenção de sistemas de drenagem.

Pavimentos à base de resinas também podem custar mais do que pavimentos tradicionais. Contudo, se materiais do próprio local de construção puderem ser retirados e aproveitados, o custo total do projeto pode ser reduzido.

Custos de ciclos de vida de pavimentos frescos

O custo do ciclo de vida de qualquer pavimento depende do custo inicial de instalação mais as despesas com manutenção durante a vida esperada do pavimento. Os custos de remoção e disposição também devem ser contabilizados nos custos do ciclo de vida.

Diversos estudos confirmaram que pavimentos de concreto duram muito mais do que pavimentos asfálticos. Estima-se que o concreto dure entre 13 e 35 anos, contra uma vida de 6 a 20 anos para o asfalto. Os custos de manutenção do concreto também são mais baixos. A manutenção do asfalto custa 13 vezes mais do que a manutenção do concreto. No entanto, pavimentos de concreto são mais caros para ser instalados, chegando a custar 33% mais do que um pavimento de asfalto. Somando-se tudo, pavimentos de concreto geralmente apresentam custos de ciclo de vida iguais ou inferiores aos pavimentos asfálticos (Packard, 1994). Mesmo assim, os altos custos iniciais dos pavimentos de concretos evitam que estes sejam utilizados em muitas situações.

Como já foi citado nesse capítulo, ao tornar um pavimento asfáltico mais fresco, aparentemente, sua vida pode ser prolongada. A redução de temperatura dos pavimentos reduz significativamente sua tendência à formação de sulcos, empurramento e de se tornar quebradiço. Ainda não está claro em quantos anos a vida de um pavimento poderia ser estendida pelo resfriamento do asfalto. Com a atual expectativa de vida entre 6 e 20 anos, até mesmo um único ano a mais de vida pode reduzir os custos de ciclo de vida consideravelmente e compensar as despesas extras incorridas com o resfriamento do pavimento.

Para que pavimentos frescos sejam amplamente adotados, é preciso que os gastos sejam transferidos para pavimentos com menores custos de ciclo de vida. É esperado que tanto pavimentos asfálticos como os de concreto tenham custos de ciclo de vida iguais ou inferiores aos materiais quentes tradicionais para pavimentação. É provável que especificações que enfatizam a manutenção em longo prazo e os custos de substituição bem como os custos iniciais de instalação incentivem o desenvolvimento e a utilização de pavimentos frescos.

Considerações ambientais do concreto

A produção de pavimentos de concreto apresenta dois problemas associados a ele: alto consumo de energia e a produção de grande quantidade de dióxido de carbono. O cimento utilizado no concreto é o responsável por seu alto preço ambiental.

Uma mistura de PCC típica é composta por cimento (12%), areia (34%), brita (48%) e água (6%) (Wilson, 1993). O cimento é o aglutinante que aglutina todos os outros ingredientes. Em 2004, 2.159 milhões de toneladas de cimento foram produzidas em todo o mundo. Só a China produziu cerca de 44% desse cimento, seguida pela Índia com 6%, pelos EUA com 5% e pelo Japão com 3%, e diversos outros países que produziram, cada um, 2% ou menos desse total. Cada tonelada de cimento utiliza em média 5 GJ de energia e gera 0,87 tonelada de dióxido de carbono (Price e Worrell, 2006). Contextualizando a produção de cimento consome 7,6% de toda energia industrial utilizada e gera 22% de todas as emissões industriais de dióxido de carbono (Price e Worrell, 2006).

Por que a produção de cimento consome tanta energia e produz tanto dióxido de carbono? A resposta está no processo químico da formação do cimento. Para produzir cimento, o calcário é aquecido a altas temperaturas em uma fornalha, juntamente com argila ou areia. Uma reação química, chamada calcinação, ocorre durante o aquecimento e separa o calcário em cal e dióxido de carbono. A cal então se une à argila ou areia em um processo chamado sinterização e então é resfriada e se solidifica em "escória" granulada. Esses grânulos são então moídos formando um pó de cimento para ser utilizado nas misturas de concreto.

O processo de sinterização em si consome muita energia, mas a quantidade de energia utilizada depende do tipo de fornalha utilizada. Uma fornalha úmida tradicional chega a consumir até 6,2-7,3 GJ/tonelada de cimento produzida, ao passo que uma fornalha seca de última geração que utiliza pré-aquecedor e pré-calcinador pode reduzir o consumo de energia para apenas 3,2-3,5 GJ/tonelada (Price e Worrell, 2006).

A queima de combustíveis fósseis para gerar essa energia produz uma quantidade significativa de poluição. Óxidos de nitrogênio, óxidos de enxofre, material particulado e monóxido de carbono são liberados durante esse processo de combustão. Combustíveis "sujos" como carvão, são responsáveis por maiores emissões de nitrogênio e óxidos de enxofre. A Tab. 6.1 lista os poluentes liberados por tonelada de cimento produzida nos EUA. As emissões também são calculadas para cada tonelada de cimento produzida, levando em conta que concreto é composto por 12% de cimento Portland por peso. Emissões da produção de pavimentos asfálticos são apresentadas para efeito de comparação. A construção de pavimentos de PCC produz muito mais óxidos de nitrogênio e dióxidos de enxofre do que pavimentos de ACC, principalmente por causa da utilização de combustíveis altamente poluentes para o processo de produção do cimento, o qual requer grande quantidade de energia.

Tab. 6.1 Emissões de poluentes do ar das indústrias produtoras de cimento e concreto nos EUA

Poluente	Produção de cimento Portland Kg/t	Produção de cimento de concreto Portland[a] Kg/t	Produção de cimento de concreto asfáltico Kg/t
Material particulado ≤10 μm	0,230	0,028	0,032
Óxido de nitrogênio	1,220	0,147	0,010
Dióxido de enxofre	1,170	0,140	0,003
Monóxido de carbono	0,390	0,047	0,065
Compostos orgânicos voláteis	0,070	0,009	0,008

Nota: [a] *Considera-se que o cimento compõe 12% do peso da mistura de concreto.*
Fonte: EPA, 2000b; Jacott et al., 2003.

O carbono do combustível também é transformado em dióxido de carbono durante a combustão. O dióxido de carbono é um gás de efeito estufa que contribui para o aquecimento global. A quantidade de dióxido de carbono gerado depende do tipo de combustível utilizado. Combustíveis com alto teor de carbono, como o carvão, liberam mais dióxido de carbono durante a combustão, ao passo que combustíveis com baixo teor de carbono, como metano, liberam menores quantidades de dióxido de carbono e fornecem mais energia. Nos EUA, onde o carvão fornece energia para mais de 60% da produção de cimento (Wilson, 1993) e fornalhas úmidas ainda são utilizadas por 27% da produção, a energia utilizada para a produção de cimento é responsável por aproximadamente 0,5 tonelada de dióxido de carbono para cada tonelada de cimento produzida (Malin, 1999).

As reações químicas no processo de calcinação também produzem muito dióxido de carbono. Mais 0,5 tonelada de dióxido de carbono é liberada durante a calcinação para cada tonelada de cimento produzida (Malin 1999). Quando o cimento é misturado ao concreto, um pouco do dióxido de carbono é reabsorvido durante o processo de cura. Em condições típicas, apenas 10% das emissões ocorridas durante o processo de calcinação são reabsorvidos (Malin, 1999), mas um laboratório de pesquisas conseguiu aumentar essa absorção para 80% com o aumento dos níveis de umidade e dióxido de carbono em torno do concreto durante o processo de cura (EBN, 1995).

Existem muitas maneiras de reduzir os riscos ambientais causados pela produção de concreto. Em primeiro lugar e acima de tudo, devemos aumentar a eficiência energética da produção de cimento. Como já foi mencionada antes, a utilização de fornalhas secas com pré-aquecedores e pré-calcinador pode reduzir o consumo de energia e emissões de dióxido de carbono dos combustíveis em torno de 50%.

A segunda maneira de aperfeiçoar a produção de cimento é por meio da utilização de combustíveis melhores, como o gás natural ou metano, que produzem mais energia com menos emissões de dióxido de carbono. A utilização de resíduos sólidos como combustíveis também é uma boa alternativa para a produção de cimento, uma vez que as altas temperaturas exigidas pelo processo resultam em combustão limpa com menores emissões (Wilson, 1993). Resíduos de pneus, óleos de motores, tinta e outros resíduos também possuem teor de combustível mais alto do que o carvão, e geram menos dióxido de carbono. Resíduos agrícolas, como cascas de amendoim ou palha de arroz, podem também ser utilizados como combustíveis. A natureza renovável dos resíduos agrícolas significa que o dióxido de carbono liberado durante a queima pode ser compensado durante o processo de crescimento e armazenamento de carbono na safra seguinte.

Outra maneira de tornar o concreto mais ecológico é utilizar menos cimento. Diversos subprodutos industriais com propriedades cimentícias, chamadas pozolanas, podem ser usados no lugar do cimento (Malin, 1999). Assim como o cimento, esses materiais reagem com a água, enrijecendo e ligando os agregados do concreto. Diferentemente do cimento, a produção desses materiais não produz grandes quantidades de dióxido de carbono. Os tipos de pozolanas mais comumente utilizadas em substituição ao cimento são cinzas volantes, um subproduto de caldeiras a carvão e usinas de aço, e escória de alto forno, um subproduto de usinas de ferro e aço. Como bonificação, as cinzas e a escória tendem a produzir um concreto mais durável e resistente do que o cimento. Se todas as pozolanas disponíveis fossem utilizadas dessa maneira, até 50% do cimento presente em concretos poderiam ser substituídos, e mais 250 mil toneladas de emissões de dióxido de carbono por tonelada de cimento produzido poderiam ser evitadas (Malin, 1999).

O processo de cura do concreto também pode ser controlado para aumentar a quantidade de dióxido de carbono reabsorvido pelo concreto. Borrifos de ar úmido em torno do concreto ajudam-no a absorver mais dióxido de carbono e também auxilia o fortalecimento mais rápido do concreto (EBN, 1995).

As indústrias de cimento e concreto vêm promovendo rápidas melhorias quanto à eficiência energética e sustentabilidade ambiental de seus processos. As razões por trás disso são principalmente econômicas, pois os preços de energia continuam a subir e é cada vez mais difícil obter cimento Portland (Malin, 1999). A conscientização dos consumidores e a demanda por concretos mais sustentáveis também pressionam a indústria a buscarem melhorias. Quando contratar a instalação de pavimentos de concreto, certifique-se de que a empreiteira responsável também segue práticas de produção mais sustentáveis.

Promovendo pesquisas, o desenvolvimento e a implantação de pavimentos frescos

A utilização de materiais frescos para pavimentação parece ser muito vantajosa. No entanto, pouquíssimos pavimentos frescos estão sendo instalados atualmente. A pesquisa e o desenvolvimento de pavimentos frescos estão defasados em relação ao progresso já obtido com materiais para coberturas frescas. Existem medidas que podemos adotar para encorajar a implantação de pavimentos frescos.

Acima de tudo, pesquisas e testes de pavimentos frescos devem continuar principalmente no âmbito de pavimentos de ACC. O potencial para uma vida mais longa dos pavimentos asfálticos frescos é extremamente promissor e deve ser confirmado por meio de simulações, ensaios em laboratórios e testes de campo. Pavimentos asfálticos são os pavimentos predominantes nos EUA, e são também os pavimentos mais quentes, por isso é necessário maior empenho para torná-los mais frescos. Misturas de asfalto mais frescas devem ser desenvolvidas e seus benefícios devem ser promovidos junto às empreiteiras, departamentos de transporte e municípios.

O PCC comum e outros produtos de concreto já são bastante frescos e estão prontos para uso. Mas pavimentos de concreto têm participação de mercado muito menor do que os pavimentos asfálticos. Diversos estudos confirmaram que pavimentos de concreto têm durabilidade muito maior (13-35 anos, *versus* 6-20 anos para o asfalto), têm custos de manutenção menores (13:1 para manutenção do asfalto: manutenção do concreto) e têm custos de ciclo de vida iguais ou inferiores do que pavimentos asfálticos (Packard, 1994). Porém, o alto custo inicial de pavimentos de concreto – até 33% mais caro do que pavimentos asfálticos – evita que eles sejam instalados em muitas aplicações.

Para que pavimentos frescos sejam amplamente adotados, é preciso que os gastos sejam transferidos para pavimentos com menores custos de ciclo de vida. É esperado que tanto pavimentos asfálticos como os de concreto tenham custos de ciclo de vida iguais ou inferiores aos materiais quentes tradicionais para pavimentação. As especificações para projetos de pavimentação devem chamar a atenção para custos de manutenção em longo prazo e bem como os custos iniciais de instalação.

A indústria de pavimentação e os consumidores também devem ser conscientizados sobre os efeitos das ilhas de calor e os benefícios dos pavimentos frescos. A cor preta ainda é considerada bela no que se refere a pavimentos. Aliás, a especificação padrão para uma emulsão asfáltica de capa selante determina que esta seja de cor preta. A ligação entre cores escuras dos pavimentos e pavimentos desnecessariamente quentes ainda não foi percebida como um problema com uma solução simples. Um bom começo para o processo de conscientização seria propor a indústria de pavimentação adotasse voluntariamente os testes para refletância solar, como foi feito na indústria de coberturas.

Existem também novas opções muito interessantes – pavimentos porosos, revestimento com grama e pavimentos à base de resinas – que são desconhecidas pela maioria dos consumidores de pavimentos. Além de serem mais frescos, esses pavimentos representam um avanço significativo sobre as principais tecnologias para pavimentos existentes. A adoção desses pavimentos pode contribuir muito para tornar nossas comunidades mais sustentáveis e mais ecologicamente sensíveis.

Árvores e vegetação são componentes funcionais vitais para uma cidade ou subúrbio saudável. Árvores e vegetação saudáveis trazem inúmeros benefícios, inclusive comunidades mais confortáveis, menos consumo de energia, redução da poluição do ar, menos enchentes e melhorias para o ecossistema, e ainda aumentam os valores de propriedades. Apesar de serem vistas como despesas adicionais, árvores podem realmente gerar benefícios financeiros durante suas vidas.

Sete

Arrefecimento com Árvores e Vegetação

Árvores e vegetação reduzem as ilhas de calor de duas maneiras. Primeiro, elas produzem sombras para edifícios, pavimentos e pessoas, protegendo-os do sol. Isso mantém superfícies mais frescas, reduz o calor que é transferido para o ar acima e reduz o consumo de energia dos edifícios abaixo delas. O sombreamento das árvores também mantém as pessoas mais refrescadas e confortáveis, reduzem os riscos de insolação e protegem-nas dos raios ultravioleta.

Segundo, durante o processo de fotossíntese, as árvores e vegetações utilizam um processo chamado evapotranspiração para mantê-las frescas. As plantas utilizam a energia solar para evaporar água, evitando que essa energia seja usada para aquecer a cidade. As temperaturas do ar ao redor e a sotavento de áreas bem vegetadas são mais frescas por causa da evapotranspiração.

Árvores e vegetação também podem ser posicionadas para proteger edificações e espaços do vento. Esse efeito é mais útil durante o inverno. Ventos com velocidade reduzida próximos aos edifícios reduzem a perda de calor através das paredes e coberturas, e reduzem a quantidade de ar frio que se infiltra através de frestas nas janelas, portas e juntas. Ventos mais lentos também tornam lugares públicos mais confortáveis em dias frios.

Um paisagismo eficiente para reduzir ilhas de calor inclui a utilização de árvores para sombreamento e plantas menores como arbustos, trepadeiras, gramas e coberturas vegetais. Este capítulo apresenta diversas formas de utilizar plantas para reduzir ilhas de calor, lista os benefícios de árvores e vegetações, e analisa os custos e outras considerações sobre o paisagismo em áreas urbanas.

Neste capítulo também apresentamos uma resenha sobre coberturas verdes. As coberturas verdes são eficientes tanto para refrescar uma cobertura como para introduzir vegetação em áreas urbanas. Apresentamos informações sobre tecnologias de coberturas verdes, seus benefícios, considerações e políticas.

Benefícios e custos de árvores e vegetação

Árvores e vegetação trazem muitos benefícios às comunidades, inclusive a melhoria do conforto, redução de consumo de energia, retirada de dióxido de carbono (CO_2) do ar, redução da poluição do ar e redução de enchentes. Abaixo estão informações compiladas sobre esses benefícios:

Redução das ilhas de calor e comunidades mais confortáveis

Árvores e vegetações moderam as ilhas de calor e melhoram o conforto em comunidade de três maneiras: por meio do sombreamento, pela evapotranspiração e pela proteção contra ventos (quebra-ventos) (Huang et al., 1990).

Folhas e galhos em árvores e outras plantas sombreiam as áreas abaixo deles por reduzirem a quantidade de radiação solar transmitida por entre suas copas. A quantidade de radiação transmitida varia de acordo com o tipo de árvore, mas geralmente varia entre 6 e 30% no verão e 10 e 80% no inverno (Huang et al., 1990).

O sombreamento das árvores reduz as temperaturas de superfícies que estão abaixo delas. A Tab. 7.1 lista diversos ensaios em que árvores e vegetações foram plantadas em torno de edificações. Paredes sombreadas apresentaram picos de temperaturas entre 5-20°C mais frescos do que paredes não sombreadas (Meier, 1990). Quanto mais fresca estiver a superfície, menos calor ela irá transmitir para o ar a sua volta, reduzindo assim o efeito da ilha de calor.

Outro estudo descobriu que temperaturas no interior de veículos estacionados foram reduzidas em aproximadamente 25°C quando o carro estava sombreado por árvores (Scott et al., 1999).

Árvores e vegetações absorvem água pelas suas raízes e emitem vapor através de suas folhas. Esse processo, chamado evapotranspiração, retira o calor do ar para evaporar a água. Uma árvore grande, bem irrigada é

TAB. 7.1 MEDIÇÕES DOS EFEITOS DA VEGETAÇÃO PLANTADA A POUCO MENOS DE 1 METRO DE DISTÂNCIA DA PAREDE OESTE DE UM EDIFÍCIO, EM PERÍODOS DE PICO

Pesquisador	**Local**	**Tipo de planta**	**Redução de temperatura da parede oeste**	**Economia durante picos de energia para arrefecimento (W/m^2) ou redução de ganho de calor (W)**
Halvorson	Pullman, WA	Trepadeira	20°C	Não foi medida
Hoyano	Tóquio	Trepadeira	18°C	175 W/m^2 75%
Hoyano	Tóquio	Árvores sempre-verdes	5-20°C	60 W/m^2 50%
Makzoumi	Bagdá	Trepadeira	17°C	Não foi medida
McPherson	Tucson	Arbustos	17°C	104 W 27%
McPherson	Tucson	Gramado (*turf*)	6°C	100 W 25%
Parker	Miami	Arbustos e árvores	16°C	5.000 W 58%

Fonte: Meier, 1990.

capaz de processar até 400 litros de água e retirar 960 MJ (910 kBTU) de calor por dia no verão. A evapotranspiração por si só pode reduzir picos de temperaturas do ar durante o verão. Diversos estudos (Huang et al., 1990; Kurn et al., 1994) descobriram que:

- Temperaturas de pico em áreas arborizadas eram 5°C mais frescas do que em áreas abertas (sem arborização).
- O ar acima de campos agrícolas irrigados era 3°C mais fresco do que o ar acima de terrenos sem vegetação.
- Áreas suburbanas com árvores maduras eram 2-3°C mais frescas do que novos subúrbios sem árvores.
- Temperaturas do ar sobre campos esportivos gramados eram 1-2°C mais frescas do que o ar sobre estacionamentos.

Conforme o processo de evapotranspiração refresca o ar, ele libera umidade, e aumenta a umidade relativa do ar. Em climas secos e desérticos a umidade pode ser bem vinda, porém, em climas mais úmidos, essa umidade adicional pode não trazer benefícios. Existem muito poucos trabalhos realizados, até o momento, para a avaliação dos prós e contras da redução de temperatura em troca de aumento de umidade em razão da evapotranspiração. Quando árvores e vegetações são usadas com prudência, entende-se que os benefícios decorrentes de temperaturas mais baixas superam qualquer efeito negativo causado pelo aumento de umidade.

Por meio de medições, foi descoberto que árvores reduzem a velocidade dos ventos em 20-80%, de acordo com a densidade da copa (Huang et al., 1990).

A proteção contra o vento é mais útil quando bloqueia os frios ventos norte durante o inverno, mas é menos vantajosa se as brisas frescas do verão forem obstruídas. Ventos mais lentos implicam menos calor perdido por convecção pelos edifícios e menos ar infiltrando por janelas, portas e paredes.

ECONOMIA DE ENERGIA EM EDIFÍCIOS

Muitos estudos investigaram os efeitos de árvores e vegetação sobre o consumo de energia em edifícios. Além dos estudos listados na Tab. 7.1 (Meier, 1990), estudos mais recentes têm medido ou modelado esses efeitos.

Um estudo em conjunto do Lawrence Berkeley National Laboratory (LBNL) e o Sacramento Municipal Utility District (SMUD) colocou números variados de árvores em recipientes em torno das casas para sombrear janelas, e então mediu o consumo de energia das casas (Akbari et al.; 1992, 1993). Os resultados são resumidos na Tab. 7.2. A economia de energia para arrefecimento variou entre 7 e 40% e foi maior quando as árvores foram plantadas ao oeste e sudoeste de edifícios.

Outro estudo investigou as economias de energia resultantes do programa de plantio de árvores residenciais do SMUD. Pesquisadores avaliaram uma amostra de 254 participantes do programa na área de Sacramento, em seguida, modelaram o efeito do sombreamento das árvores plantadas em torno das casas (Simpson e Mcpherson, 1998). Foram plantadas em média 3,1 novas árvores a 3 m de distância de cada casa. A economia anual de energia para arrefecimento foi de 153 kWh (0.52 MBtu ou 7,1%) por árvore, a redução de picos da demanda foi de 0.08 kW 273 Btu por hora ou 2,3%) por árvore e uso

TAB. 7.2 ECONOMIA DE ENERGIA EM RAZÃO DE ÁRVORES EM TORNO DE SEIS EDIFÍCIOS NA REGIÃO DE SACRAMENTO

Localização da árvore em torno do edifício	Economia de energia com arrefecimento	Redução de pico de demanda
Duas árvores de 2,5 m, ao leste	7%	Não foi medida
Duas árvores de 2,5 m, a oeste; uma árvore de 2,5 m ao sul	40%	Não foi medida
Duas árvores de 2,5 m, a sudoeste	32%	Não foi medida
Uma árvore de 6 m, a sudoeste; cinco árvores de 2,5 m ao sul	12%	Não foi medida
Oito árvores de 6 m e oito árvores de 2,5 m, a sudoeste	29%	22%
Oito árvores de 6 m e oito árvores de 2,5 m, a sudeste, sul e sudoeste	29%	23%

Fonte: Akbari et al., 1993.

anual de energia para aquecimento diminuiu em 230 kWh (0,79 MBtu) ou 1,9% por árvore. Observe que o efeito líquido de inverno das árvores é a diminuição da utilização da energia para aquecimento, pois o efeito positivo da proteção contra o vento supera o efeito negativo da sombra adicional.

No entanto, outro estudo na área de Sacramento avaliou a quantidade de energia que estava sendo economizada por árvores existentes na cidade de Sacramento (Simpson, 1998). Esse estudo modelou os efeitos de sombreamento e redução da velocidade do vento em edifícios residenciais e comerciais. Em média sete árvores foram plantadas a uma distância de 3 m de cada edifício. Essas árvores economizaram um total de 175 GWh anualmente (11% do total de energia usada para ar-condicionado), diminuição do pico de demanda de eletricidade em 124 MW (6% da demanda para ar-condicionado) e reduziram o consumo de energia para aquecimento em 40 GWh (137 GBtu) por ano (0,7% de energia de aquecimento).

Um estudo do Lawrence Berkeley National Laboratory modelou os efeitos das árvores sobre casas em várias cidades por todo os EUA. Supondo que uma árvore é plantada para o oeste e outra ao sul da casa, os resultados foram economia com arrefecimento anual de 8-18% e de economia anual com aquecimento de 2-8%, como mostrado na Fig. 7.1

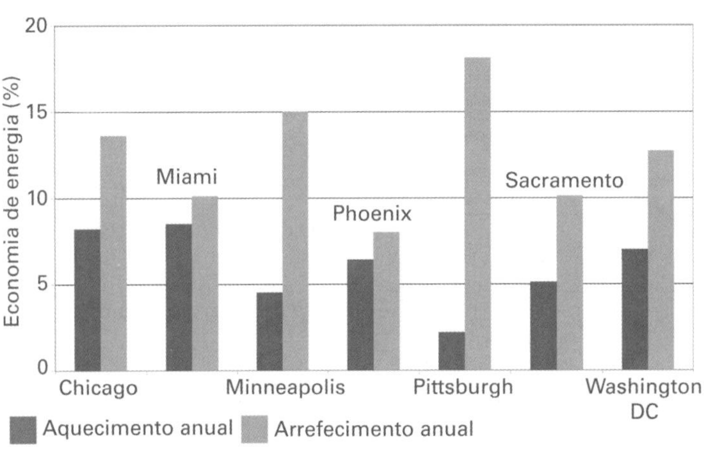

Fig. 7.1 *Previsão de economia de energia em residências típicas de sete cidades dos EUA em razão dos efeitos de sombreamento e proteção contra o vento, presumindo-se que uma árvore seja plantada ao sul e outra a oeste da residência*
Fonte: Huang et al., 1990.

Redução de dióxido de carbono (CO_2)

Plantas absorvem CO_2 da atmosfera durante o processo de fotossíntese, armazenando carbono para o crescimento e emitindo oxigênio de volta para a atmosfera. Devido à produção de oxigênio por si só, árvores e vegetações são parte vital do nosso ecossistema. Segundo a American Forestry Association uma árvore de médio porte libera oxigênio suficiente para uma família de quatro pessoas, e um acre de árvores pode produzir oxigênio suficiente para dezoito pessoas.

A remoção do CO_2 atmosférico é também uma importante função de árvores e vegetação. Acredita-se que o CO_2 é um gás de 'efeito estufa' que contribui para a mudança climática global. Anualmente árvores e vegetação removem ou sequestram quantidades significativas de CO_2 do ar, armazenando seu carbono e liberando o seu oxigênio. Taxas de sequestro de carbono variam de 16 kg de CO_2 por ano para espécies menores, com crescimento mais lento até 360 kg por ano para árvores maiores que crescem à sua taxa máxima (McPherson e Simpson, 1999a).

A quantidade total de carbono armazenado em árvores maduras pode ser mil vezes maior do que o carbono armazenado nas árvores pequenas e jovens. A Fig. 7.2 traça o armazenamento e o sequestro de carbono por milha quadrada *versus* o percentual de cobertura arbórea em cinco regiões metropolitanas. A linha contínua e razoavelmente reta da Fig. 7.2 mostra que as florestas maiores com mais árvores por milha quadrada tendem a armazenar mais carbono. A mistura de árvores e taxa de crescimento em cada área metropolitana varia de modo que a linha tracejada da Fig. 7.2 não mostra uma relação clara entre a cobertura arbórea e sequestro de carbono.

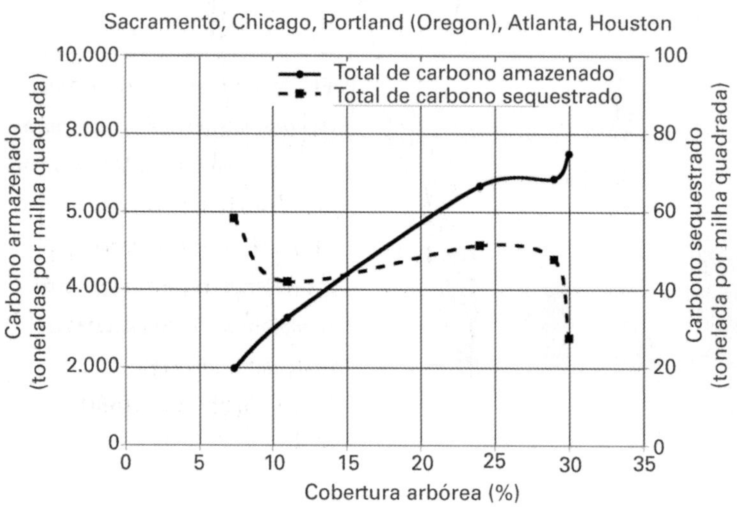

Fig. 7.2 *Total de armazenamento e sequestro de carbono em toneladas por milha quadrada como resultado da função do percentual de cobertura arbórea em cinco regiões metropolitanas dos EUA Fonte: McPherson et al., 1994; McPherson, 1998a; American Forests, 2000, 2001a, 2001b, 2002b.*

Além do sequestro de carbono, as árvores têm outras influências sobre o CO_2. A Tab. 7.3 apresenta uma lista completa do orçamento de CO_2 para árvores em Sacramento, na Califórnia. O sombreamento e os efeitos de proteção contra os ventos das árvores reduzem o consumo energético dos edifícios, e este, por sua vez, reduz as emissões de CO_2 das usinas.

TAB. 7.3 DISTRIBUIÇÃO DOS EFEITOS DAS ÁRVORES SOBRE OS NÍVEIS ANUAIS DE CO_2 ATMOSFÉRICO NA REGIÃO DE SÃO FRANCISCO, CA

Número de árvores	6.000.000
Cobertura arbórea	7%
Sequestro anual de CO_2	238.000 toneladas[a]
Emissões de CO_2 evitadas em razão de redução no consumo de energia[b]	75.600 toneladas
Emissões anuais de CO_2 em razão de mortalidade de árvores	-9.400 toneladas
Retirada líquida de CO_2	304.200 toneladas
Emissões regionais anuais de CO_2 resultantes de transporte, utilização de energia, etc.	17.000.000 de toneladas
Compensação de emissões de CO_2	1,8%

Nota: [a] em toneladas métricas
[b] Emissões evitadas em Sacramento tendem a ser menores do que em outras regiões porque o SMUD local gera boa parte de sua energia a partir de fontes hidroelétricas.
Fonte: Mcpherson, 1998a.

Árvores também emitem CO_2 quando morrem e seu carbono armazenado é liberado para a atmosfera durante a decomposição ou queima.

A Fig. 7.3 mostra quão eficazes são as árvores em torno dos edifícios para reduzir a produção de CO_2.

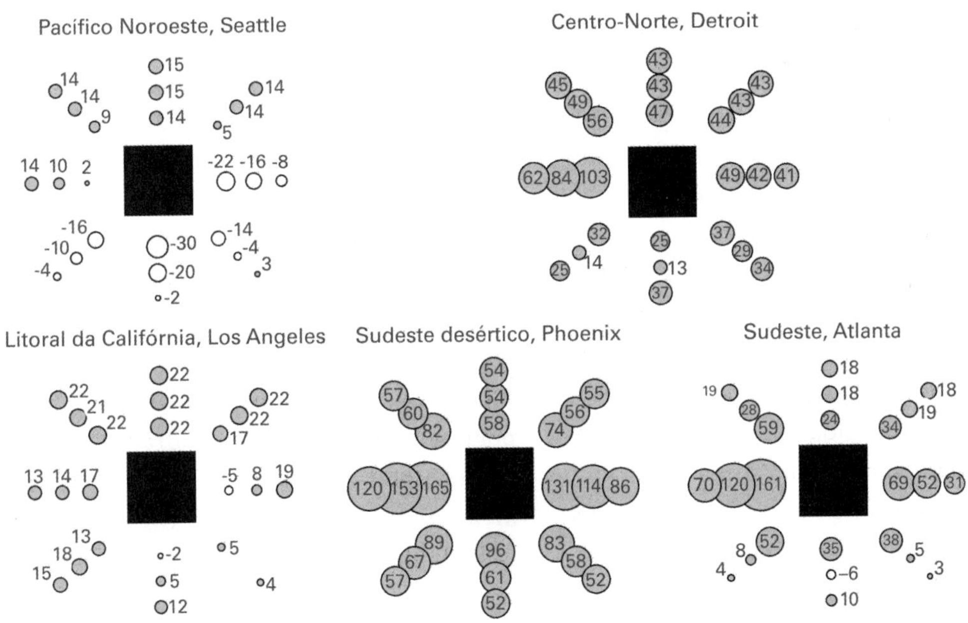

FIG. 7.3 *Redução líquida da produção de CO_2 (kg por árvore) em cinco regiões climáticas, quando uma árvore decídua de médio porte, de 12 m de altura é plantada em diversas posições em torno de uma residência construída após 1980*
Fonte: Simpson e McPherson, 2001.

O plantio de árvores em volta dos edifícios produz três efeitos, que são somados para calcular seu consumo líquido anual de energia e a redução de CO_2:

1. Árvores sombreiam janelas, o que tende a reduzir o consumo de energia para arrefecimento no verão, mas aumenta o consumo de energia para aquecimento no inverno.
2. Árvores formam uma barreira contra o vento, o que tende a reduzir o uso de energia para aquecimento no inverno e potencialmente aumentam a demanda por arrefecimento no verão.
3. Árvores reduzem as temperaturas do ar em torno dos edifícios, o que é mais benéfico durante o verão.

A Fig. 7.3 mostra como as reduções líquidas podem variar, de acordo com o clima e a localização da árvore em relação ao edifício.

Cinco regiões climáticas dos EUA foram estudadas, teoricamente, com árvores plantadas em todos os 24 diferentes locais em torno de uma casa. O efeito das árvores é mais pronunciado no sudoeste desértico e menos pronunciado no noroeste Pacífico. As reduções líquidas são maiores para árvores plantadas para o oeste e leste de um edifício, onde bloqueiam o sol em seu ângulo mais baixo pela manhã e ao cair da noite. Árvores para o sul são mais eficazes quando plantadas próximas de um edifício, onde irão bloquear o sol de verão, mas permitem a passagem do sol de inverno abaixo da sua copa. Árvores plantadas para o norte têm efeitos negligenciáveis durante o verão, mas tendem a bloquear ventos frios do inverno.

Redução da poluição do ar

Árvores retiram os poluentes do ar absorvendo gases ou coletando partículas através de suas folhas.

Esse tipo de retirada de poluentes é chamado deposição seca, uma vez que se realiza sem o auxílio de precipitação. A deposição seca pode remover os seguintes poluentes do ar:

* Óxido de nitrogênio (NOx e NO_2) – emitidos como subprodutos da combustão dos veículos e usinas, por exemplo.
* Óxidos de enxofre (SOx ou SO_2) – produzido quando há queima de combustíveis contendo enxofre, como carvão ou óleo na maior parte das usinas de energia ou outros grandes consumidores de combustível.
* Material particulado (PM10, ou partículas inferior a 10 μm de diâmetro)-a partir de processos de liberação de poeira no ar, como a agricultura, demolição ou combustão.
* Ozônio (O_3) – é formado no ar por meio de processos fotoquímicos e reações de oxigênio sensíveis ao calor combinados aos compostos orgânicos voláteis e óxidos de nitrogênio.

A Fig. 7.4 traça os valores de remoção de poluentes por milhas quadrada *versus* a porcentagem de cobertura arbórea em cinco áreas metropolitanas dos EUA. Áreas com árvores maiores possuem taxas de remoção de poluentes maiores. Como é de se esperar, a remoção da poluição tende a aumentar com porcentagens maiores de cobertura arbórea, e áreas com um maior número de árvores normalmente apresentam taxas ainda mais altas de remoção de poluentes.

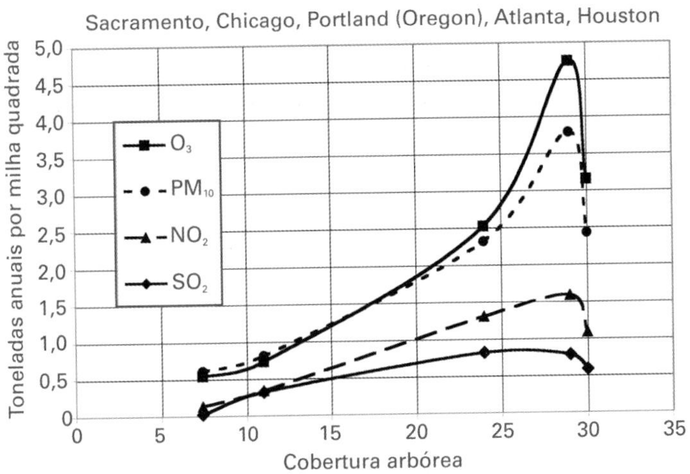

FIG. 7.4 *Redução anual de poluentes em toneladas por milha quadrada, em razão da deposição de árvores em cinco áreas metropolitanas nos EUA como uma função da cobertura arbórea*
Fonte: McPherson et al., 1994; Scott et al., 1998; American Forests, 2000, 2001a, 2001b, 2002b.

Outro efeito de árvores já documentado é a redução de emissões de carros estacionados. Ao resfriar ruas e áreas de estacionamento, menores quantidades de hidrocarbonetos evaporam dos tanques de combustível dos carros enquanto estão estacionados, bem como quando o motor do carro é ligado. Emissões evaporativas por toda a região de Sacramento poderiam ser reduzidas em 0,75 toneladas métricas por dia, e emissões em partida em 0,09 toneladas métricas por dia, se as copas de árvores em estacionamentos fossem aumentadas de 10 para 50% (Scott et al., 1999).

Árvores e plantas geralmente emitem uma grande porção de diversos compostos orgânicos voláteis (COV) em qualquer região. A Fig. 7.5 mostra que emissões biogênicas de árvores e vegetações representam 42% do total de COVs emitidos na região de Dallas-Fort Worth e 65% do total na área de Houston-Galveston (Neece, 1998).

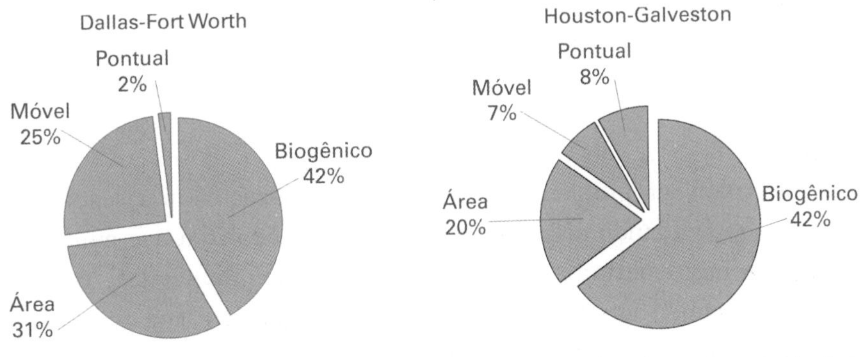

Nota: Fontes pontuais de poluição incluem objetos fixos como chaminés de fábricas; fontes móveis incluem carros e outros meios de transportes; fontes de área incluem emissões vegetativas e poeira de construções ou agricultura.

FIG. 7.5 *Fontes de emissão de COVs nas regiões de Dallas-Fort Worth e Houston-Galveston*
Fonte: Neece, 1998.

Emissões de COVs das árvores contribuem para a formação de ozônio não só por causa da quantidade de suas emissões, mas também por causa do tipo de emissões e do momento de sua libertação. Os COVs de plantas mais reativos são isopreno e monoterpeno (Carman et al., 1999). Isopreno inodoro é emitido por carvalhos e outras espécies durante o dia, com pico de emissões à tarde. Monoterpeno, que dá o cheiro característico a plantas da família do pinheiro, é emitido continuamente, em níveis baixos, dia e noite.

Um índice chamado potencial de formação de ozônio (PFO) é utilizado para avaliar o efeito que uma espécie de árvore pode ter na formação de ozônio, dependendo dos níveis ambientais de luz solar, temperatura e umidade. As taxas de emissão e o PFO de diferentes espécies de árvores variam bastante. Até as árvores da mesma família e gênero mostram grandes variações nas emissões de COV (Benjamin et al., 1996; Benjamin e Winer, 1998). A Tab. 7.4 apresenta uma seleção de carvalhos, pinheiros e cítricos, de uma lista de árvores e arbustos muito mais completa (Benjamin e Winer, 1998), para mostrar como as suas emissões e PFO variam em Los Angeles.

Ao plantar árvores, é importante escolher uma espécie da categoria de baixo PFO ou escolher uma espécie dentro de um gênero com PFO inferior, se possível. Ao escolher com sabedoria as árvores, os seus benefícios podem compensar os seus malefícios.

Redução de enchentes

Durante uma chuva o solo é capaz de absorver apenas uma determinada quantidade de água. Se a chuva cai rápido demais ou se o solo fica saturado, a chuva excedente se transforma em enchente. Problemas de enchentes são exacerbados pela grande quantidade de superfícies impermeáveis em nossas comunidades. O restante do solo exposto deve também ser capaz de absorver a chuva que cai sobre os estacionamentos pavimentados adjacentes, ruas e vias de acesso.

Enchentes se tornam um problema quando os escoadouros não conseguem lidar com o fluxo, ou quando ocorrem enxurradas, fazendo com que muitas ruas, estacionamentos e outras áreas pavimentadas fiquem inundadas. Algumas cidades possuem sistemas de gerenciamento de águas antigos, onde os escoadouros são ligados aos esgotos. Quando estes sistemas transbordam, o esgoto pode ser levado para as ruas.

Enchentes também levam óleo e outros poluentes dos pavimentos e transporta-os pelos escoadouros até os cursos d'água locais.

TAB. 7.4 EXEMPLOS DE EMISSÕES DE ÁRVORES E SEU POTENCIAL DE FORMAÇÃO DE OZÔNIO SOB O CLIMA DE LOS ANGELES

Nome comum	Gênero e espécie	Emissões (µg/g peso de folhas secas por dia)		Biomassa (kg de folhas por árvore)	Potencial de formação de ozônio		
		Isopreno	Monoterpeno		Baixo	Médio	Alto
Carvalhos							
Carvalho-americano (branco)	*Quercus alba*	59,7	13,5	7,7		X	
Carvalho-azul	*Quercus douglasii*	66,6	0	7,7		X	
Carvalho-da-califórnia	*Quercus dumosa*	228,1	0	2,4			X
Carvalho-branco-do-oregon	*Quercus garryana*	453,0	5,4	7,7			X
Carvalho-bluejack	*Quercus incana*	349,0	1,8	7,7			X
Carvalho-scrub	*Quercus laevis*	186,0	7,2	2,4			X
Carvalho-valley	*Quercus lobata*	26,0	0	7,7		X	
Carvalho-myrtle	*Quercus Myrtifolia*	116,3	1,8	7,7		X	
Carvalho-da-europa (water oak)	*Quercus nigra*	188,3	0	7,7			X
Carvalho-de-folhas-de-salgueiro (willow oak)	*Quercus phellos*	246,4	0	7,7			X
Carvalho-chestnut	*Quercus prinus*	49,7	13,5	7,7		X	
Carvalho-negro	*Quercus velutina*	144,6	9,0	7,7			X
Carvalho-da-virgínia	*Quercus virginiana*	154,6	2,7	7,7			X
Pinheiros							
Pinheiro-clausa	*Pinus clausa*	0	103,8	29,6			X
Pinheiro-vermelho	*Pinus densiflora*	0	1,8	29,6	X		
Pinheiro-comum	*Pinus ellotii*	0	47,9	29,6		X	
Pinheiro-do-alepo	*Pinus halepensis*	0	2,7	29,6	X		
Pinheiro-amarelo	*Pinus palustris*	0	53,3	29,6		X	
Pinheiro-litorâneo	*Pinus pinea*	0	1,8	29,6	X		

Tab. 7.4 Exemplos de emissões de árvores e seu potencial de formação de ozônio sob o clima de Los Angeles (continuação)

Nome comum	Gênero e espécie	Emissões (μg/g peso de folhas secas por dia)		Biomassa (kg de folhas por árvore)	Potencial de formação de ozônio		
		Isopreno	Monoterpeno		Baixo	Médio	Alto
Pinheiro-de-monterrey	*Pinus radiata*	0	7,2	14,4	X		
Pinheiro	*Pinus sabiniana*	0	5,4	29,6	X		
Pinheiro-do-norte	*Pinus sylvestris*	0	57,8	29,6		X	
Pinheiro-americano	*Pinus taeda*	0	46,0	29,6		X	
Cítricas							
Limão-siciliano	*Citrus limon*	0	28,9	16,7		X	
Limão-meyer	*Citrus limon 'Meyer'*	0	13,5	16,7	X		
Laranja	*Citrus sinensis*	0	16,3	16,7		X	
Laranja-valência	*Citrus sinensis 'Valencia'*	0	16,3	16,7	X		

Fonte: Benjamin e Winer, 1998.

As árvores e vegetações ajudam a reduzir o problema de enchentes ao apanhar chuva em suas folhas, galhos e troncos. Isto reduz a quantidade e a velocidade da água que chega ao chão e, basicamente, reduz o volume de água que se transforma em enchente. Esta interceptação tem melhores resultados durante chuvas moderadas, que compõem a maior parte das precipitações. Durante o verão em Sacramento, sempre-vivas e coníferas totalmente enfolhadas interceptaram até 36% da chuva que as atingiu (Xiao et al., 1998).

A Fig. 7.6 mostra a estimativa de retenção de águas de chuva, em razão de florestas urbanas em quatro áreas metropolitanas dos EUA. Estas estimativas foram feitas utilizando o modelo de eventos chuvosos do software CITYgreen (American Forests, 2002a). Resultados dependem de padrões de chuvas, bem como da quantidade e tipo de árvores que cobrem as áreas.

Outros benefícios

Árvores e vegetação trazem inúmeros outros benefícios para a comunidade, incluindo estes listados abaixo:

* *Redução de ruído.* Vários estudos constataram que as árvores reduzem o ruído urbano em até 15 decibéis, quase tão bem quanto uma típica

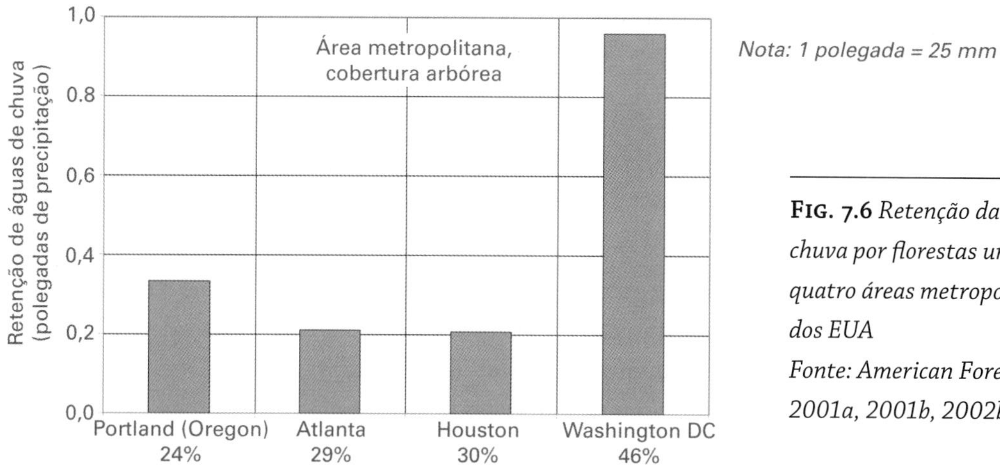

FIG. 7.6 *Retenção das águas de chuva por florestas urbanas em quatro áreas metropolitanas dos EUA*
Fonte: American Forests, 2000, 2001a, 2001b, 2002b.

barreira de som de alvenaria (Nowak e Dwyer, 2000). Redução de ruído é um benefício especialmente útil para áreas urbanas.

- *Melhoria do ecossistema.* Adição de árvores e vegetação em áreas urbanas oferece moradia para pássaros, animais e insetos. A qualidade dessa moradia pode ser ainda melhor se uma seleção de espécies de plantas nativas for reintroduzida na paisagem urbana.
- *Proteção contra a luz ultravioleta.* O câncer de pele se tornou uma epidemia em nossa população, devido, em parte, aos efeitos cumulativos da exposição diária, involuntária aos raios ultravioleta do sol. Com o afinamento da camada de ozônio da Terra, a exposição aos raios ultravioleta se torna ainda mais problemática (Weatherhead, 2000). Árvores e outros tipos de vegetação que oferecem sombra em *playgrounds*, pátios de escolas, campos esportivos, áreas para piquenique e outros lugares onde pessoas, e especialmente crianças se reúnem, podem reduzir pela metade, aproximadamente, a exposição à luz ultravioleta (Grant et al., 2002).
- *Manutenção de pavimentos reduzida.* Pavimentos asfálticos protegidos por amplas copas de árvores duram mais tempo. Em Modesto, na Califórnia, constatou-se que ruas de asfalto bem-sombreadas eram seladas novamente a cada 20-25 anos, ao passo que ruas sem arborização exigiam novo selamento a cada 10 anos (Mcpherson et al., 1999b).
- *Melhorias estéticas.* Diversos estudos mostram que valores imobiliários são mais elevados em ruas arborizadas (Wolf, 1998d; Thompson et al., 1999). *Shopping centers* com paisagismo são mais prósperos do que aqueles sem, pois os compradores permanecem ali por mais tempo e dispõe-se a gastar mais (Wolf, 1998a, 1998b, 1998c). Jardins comunitários e parques de bairro são características populares na maioria das áreas metropolitanas e ajudam a reduzir o estresse fisiológico, melho-

rar o bem-estar, reduzir os conflitos domésticos e diminuir a agressão na escola (Wolf, 1998e).

Análise de custo-benefício das árvores

O plantio e a manutenção de árvores e vegetação custam dinheiro e cada vez mais é exigido das comunidades que justifiquem esses gastos. Procedimentos e ferramentas foram desenvolvidos para ajudar a quantificar e avaliar os custos e benefícios das árvores nas comunidades. Valores monetários podem ser encontrados nos seguintes casos:

* Custos de árvores – plantio, poda, remoção de tocos de árvore, controle de pragas e doenças, irrigação e outros custos, incluindo reparação de danos causados por raízes, ações judiciais e responsabilidade civil e administração do programa de árvores.
* Benefícios das árvores – economia de energia em edifícios, redução de CO_2, melhoria da qualidade do ar, controle de enchentes, aumenta o valor de imóveis e o valor da palha de canteiro ou madeiras recuperadas durante a poda e remoção de árvore.

A maioria dos custos de uma árvore surge durante o plantio, poda e manutenção nos primeiros anos de sua vida. As árvores crescem lentamente, por isso pode demorar até 5 anos para que os benefícios de uma árvore tenham efeito. Depois de 15 anos, uma árvore comum já amadureceu e pode fazer uma diferença significativa para o seu ambiente (McPherson, 2002). Árvores maduras são verdadeiros burros de carga, e valem mais em termos de economia de energia, redução da poluição e retenção de enchentes do que árvores recém-plantadas.

Custos e benefícios de árvores também variam de espécie para espécie. A distribuição de dez espécies diferentes de árvores de rua em Modesto, Califórnia é apresentada na Fig. 7.7 e uma comparação dos custos e benefícios destas árvores é mostrado na Tab. 7.5 (McPherson, 2003).

O maior custo para todas as árvores de Modesto foi associado à poda e árvores maiores tendem a ter despesas de poda mais elevadas. O sicômoro foi uma exceção, talvez porque a maioria dessas grandes árvores retorcidas havia atingido a maturidade e cresciam muito lentamente. O maior benefício das árvores foi a capacidade de reduzir os gastos de energia em edifícios próximos. Isso dependia do tamanho da árvore, bem como de sua localização. Por exemplo, várias magnólias sombreavam edifícios comerciais que utilizavam muito ar-condicionado, e por isso tiveram impactos maiores de energia. Todas as nove espécies arbóreas estudadas

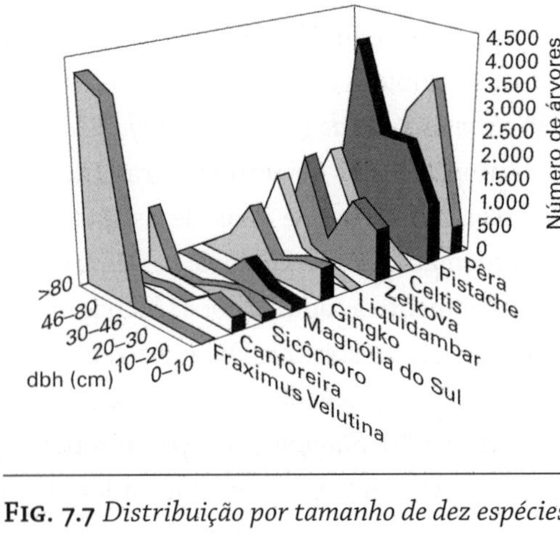

Fig. 7.7 *Distribuição por tamanho de dez espécies diferentes de árvores de rua em Modesto, na Califórnia, em termos de diâmetro à altura do peito (DAP)*
Fonte: McPherson, 2003.

Tab. 7.5 Custos e benefícios de nove espécies de árvores de rua em Modesto, Califórnia, em U$ anuais por árvore

Custos U$	Poda	Remoção	Plantio	Raízes	Tempestade/ Responsabilidade civil	IPM/ Outros	Total
Pera	18,55	1,27	0,20	0,53	0,26	0,12	20,94
Pistache	25,06	1,54	0,39	0,44	0,19	0,16	27,78
Canforeira	8,34	1,78	1,05	0,14	–	0,09	11,40
Magnólia do sul	17,38	1,13	0,03	0,95	0,70	0,19	20,38
Liquidâmbar	49,70	0,90	0,03	2,14	0,62	0,92	54,31
Ginko	6,56	3,42	2,18	0,75	0,24	0,14	13,28
Zelkova	16,01	2,60	0,78	1,09	0,42	0,24	21,14
Fraxinus velutina (Modesto Ash)	45,22	0,83	0,01	1,43	0,37	0,93	48,80
Sicômoro	6,14	0,59	0,51	0,27	0,02	0,13	7,66

Benefícios	Energia	Qualidade do ar	CO_2	Enchentes	Estética	Total	Benefício líquido
Pera	34,00	2,98	1,95	1,47	14,19	54,59	33,65
Pistache	65,31	10,27	2,82	3,34	11,03	92,76	64,98
Canforeira	54,29	7,62	2,85	6,71	11,29	82,75	71,36
Magnólia do sul	79,44	2,42	2,81	2,79	6,15	93,61	73,23
Liquidâmbar	79,88	10,16	6,29	5,24	31,38	132,95	78,64
Ginko	51,51	2,79	5,43	3,27	35,18	98,18	84,90
Zelkova	89,25	8,26	4,69	3,37	18,47	124,05	102,91
Fraxinus velutina (Modesto Ash)	97,83	52,61	7,67	11,19	5,67	174,96	126,16
Sicômoro	136,76	25,76	4,80	7,59	11,33	186,24	178,57

Nota: IPM, Integrated Pest Management (Controle de Pragas Integrado)
Fonte: McPherson, 2003.

em Modesto renderam mais benefícios do que custos. As árvores maiores e mais maduras, geralmente produziram os maiores benefícios líquidos.

Em outras regiões da Califórnia, os benefícios financeiros líquidos da maioria das árvores também compensaram os seus custos. A Tab. 7.6 lista os custos e benefícios das árvores urbanas no Vale de San Joaquin, Inland Empire e regiões do sul da Califórnia. Algumas árvores menores e mais jovens não apresentaram benefícios líquidos ainda, mas espera-se que estas árvores, à medida que cresçam, sejam capazes de se pagarem e muito mais.

Tab. 7.6 Custos e benefícios anuais médios de árvores urbanas ao longo de 40 anos em três regiões da Califórnia

	Benefícios anuais (por árvore) (U$)	Custos anuais (por árvore) (U$)	Valor líquido anual[a] (por árvore) (U$)
Vale de San Joaquin			
Árvore pequena	$9 - $12	$4 - $9	$1 - $8
Árvore média	$37 - $44	$7 - $15	$26 - $37
Árvore grande	$63 - $73	$11 - $21	$48 - $63
Inland Empire (leste de LA)			
Árvore pequena	$15 - $22	$8 - $17	-$2 - $14
Árvore média	$60 - $75	$18 - $27	$63 - $73
Árvore grande	$97 - $109	$24 - $31	$66 - $85
Sul da Califórnia			
Árvore pequena	$17 - $22	$13 - $21	$1 - $7
Árvore média	$42 - $48	$16 - $23	$25 - $28
Árvore grande	$78 - $93	$17 - $28	$60 - $68

Nota: [a] A abrangência dos valores líquidos não podem necessariamente ser calculados a partir dos benefícios e custos, uma vez que os valores representam quatro conjuntos de árvores, ao leste, ao sul e a oeste do edifício mais as árvores públicas.
Fonte: McPherson et al., 1999b, 2000, 2001.

Os custos de vida e benefícios das árvores foram avaliados em muitas outras comunidades, e uma lista de referência dos estudos é dada no Quadro 7.1 a seguir. Veja também a descrição das ferramentas para avaliar os custos e benefícios das florestas urbanas abaixo.

Quadro 7.1 Estudos de custo-benefício de árvores urbanas em diversas comunidades

Estudo	Comunidades
Akbari, 1997	Atlanta, Chicago, Dallas, Houston, Los Angeles, Miami, Nova York, Filadélfia, Phoenix e Washington, DC
McPherson, 1998b	Sacramento, CA
McPherson et al., 1999b	Vale de San Joaquin, CA
McPherson et al., 1999a	Modesto, CA
McPherson et al., 2000	Litoral Sul da Califórnia
McPherson et al., 2001	Inland Empire, CA
McPherson et al., 2002	Oeste do Oregon e Washington
Maco e McPherson, 2003	Davis, CA

Existem várias ferramentas disponíveis para o cálculo dos custos e benefícios das árvores nas comunidades. Em primeiro lugar, o relatório "Uma abordagem prática para avaliar a estrutura, função e valor das populações de árvores de rua em comunidades pequenas" (*A practical approach to assessing structure, function and value of street tree populations in small communities* – Maco e Mcpherson, 2003) é uma leitura útil para a compreensão dos passos necessários para calcular os custos e benefícios das árvores em sua própria comunidade.

Uma coleção de ferramentas para engenharia florestal do USDA Forest Service pode ser encontrada em <www.itreetools.org>, inclusive o programa STRATUM (USDA Forest Service, 2002) para análise de custo-benefício de árvores.

Outra ferramenta, o Programa de Inventário e Gerenciamento de Comunidades e Florestas Urbanas (Community and Urban Forest Inventory and Management Program - Pillsbury e Gill, 2003), produzido pela Urban Forest Ecosystems Institute of California Polytechnic State University, ajuda a inventariar florestas urbanas e a estimar um valor econômico para a recuperação da madeira. A documentação para o programa está disponível em <www.ufei.org/files/ufeipubs/CUFIM_Report.pdf> e os arquivos do programa estão disponíveis em <www.ufei.org/files/ufeipubs/CUFIM.zip>.

CITYgreen, da American Forests, é um programa baseado no sistema de informação geográfica (SIG) para calcular os benefícios das árvores urbanas, incluindo economia de energia, qualidade do ar, melhor controle de enchentes, armazenamento de carbono e crescimento de florestas (American Forests, 2002a). Para obter mais informações, acesse <www.americanforests.org/productsandpubs/citygreen/>.

PAISAGISMO EFICAZ PARA O ARREFECIMENTO

A seguir apresentamos os locais mais eficazes para adicionar paisagismo: em torno dos edifícios, ao longo das ruas, em estacionamento e nas áreas onde as pessoas se reunem. Em seguida aconselhamos sobre seleção, plantio e manutenção de árvores e outros tipos de vegetação.

PAISAGISMO EM TORNO DOS EDIFÍCIOS

Os benefícios relativos do plantio de árvores decíduas em torno dos edifícios foram apresentados na Fig. 7.3 para cinco regiões climáticas dos EUA. A redução das emissões de CO_2 é resultante dos efeitos líquidos das árvores sobre o consumo anual de energia para aquecimento e arrefecimento de um edifício.

As maiores reduções de emissões de CO_2, ou seja, os maiores benefícios de energia tendem a ocorrer quando as árvores são plantadas para o oeste e leste dos edifícios. As árvores nestes locais bloqueiam o sol da manhã e da tarde quando o sol está em seu ângulo mais baixo. Árvores para o norte tendem a economizar energia, bloqueando os ventos frios do inverno. As árvores ao sul tendem a ser menos úteis. A sombra produzida pelas árvores ao sul tende a ser muito rasa, pois o sol está diretamente em cima delas ao meio do dia. Árvores para o sul também tendem a bloquear energia solar útil durante o inverno.

Orientações para o plantio de árvores ao redor de casas e edifícios comerciais são apresentadas nas Figs. 7.8 e 7.9.

O ideal é que as árvores plantadas para proporcionar sombras no verão protejam

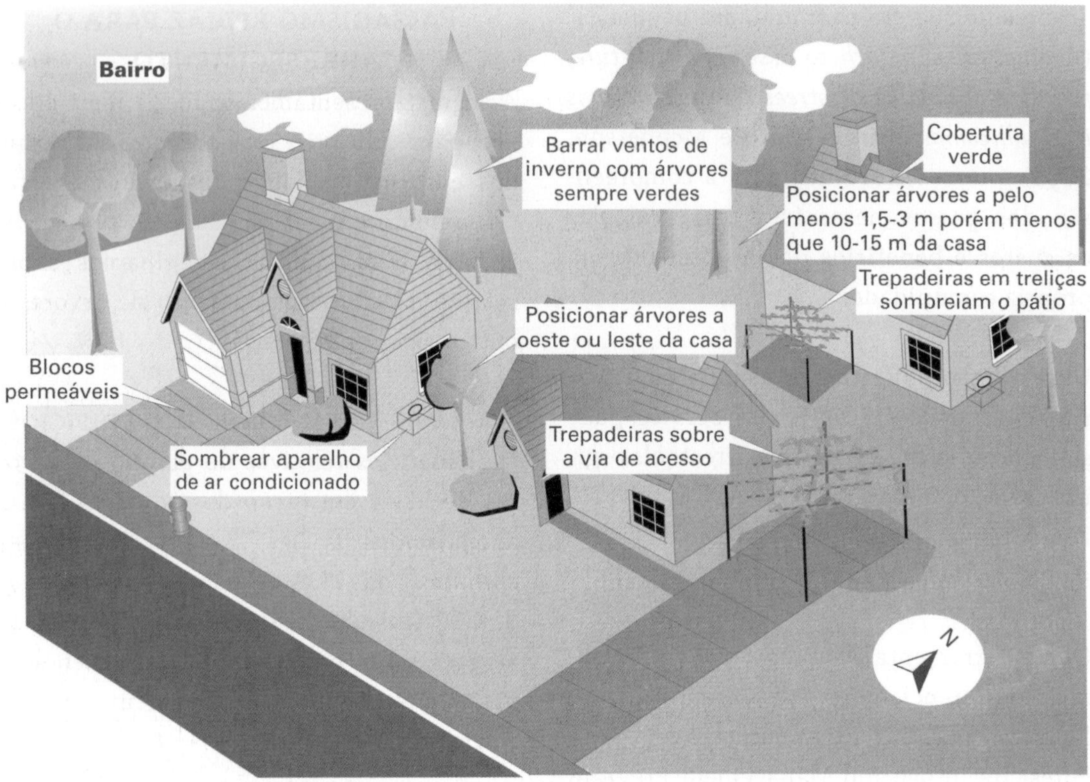

Fig. 7.8 *Paisagismo eficaz para reduzir as ilhas de calor em bairros residenciais*

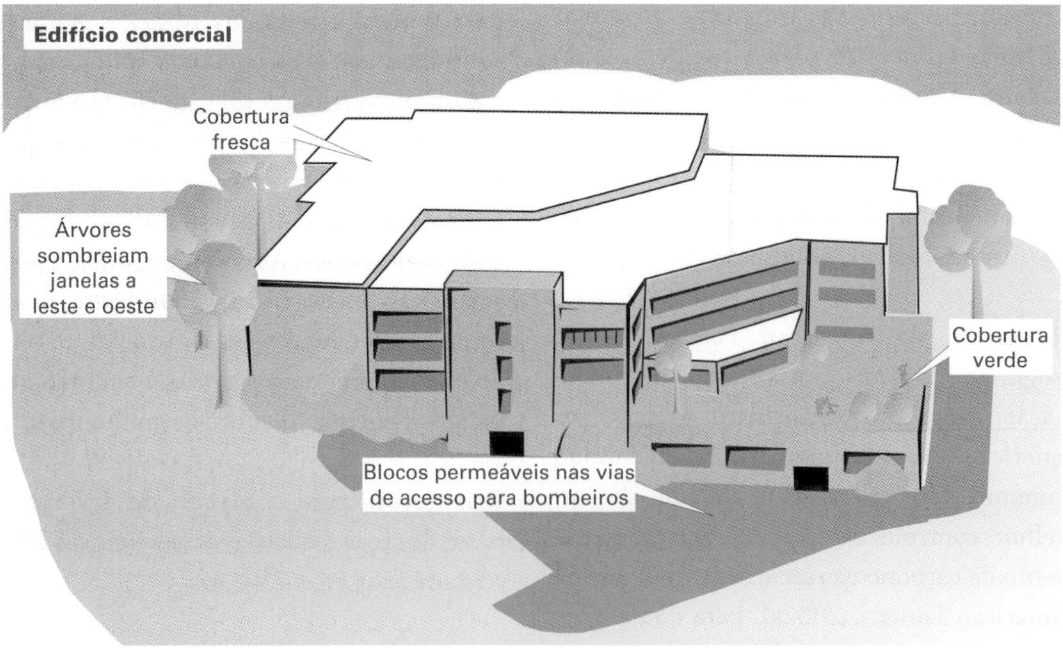

Fig. 7.9 *Paisagismo eficaz para reduzir a ilha de calor em torno de edifícios comerciais*

as janelas e paredes ao oeste e ao leste, mas devem ter altura suficiente para não bloquear a vista ou as brisas. As árvores devem estar a pelo menos 1,5-3,0 m de distância do edifício certificando-se de que há espaço suficiente para que os galhos cresçam para cima e sobre o telhado, mas a menos de 10-15 m de distância. Antes do plantio, certifique-se de que o seguro do edifício permita que haja vegetação próxima a ele. Algumas apólices de seguro não cobrem danos causados pelo crescimento excessivo da raiz ou por fogo, se o incêndio foi agravado por vegetação próxima. Para a melhor sombra, plante árvores mais baixas perto de edifícios, e árvores mais altas a uma distância maior.

É de grande ajuda também se aparelhos de ar condicionado e outros equipamentos de refrigeração em edifícios forem sombreados. Estes equipamentos funcionam de forma menos eficiente quando estão quentes. Forneça sombra para eles utilizando árvores, trepadeiras ou arbustos, certificando-se de deixar um espaço livre ao redor da unidade para o fluxo de ar.

Para bloquear o vento de inverno, uma fileira de sempre-vivas deve ser plantada perpendicularmente à direção predominante do vento, geralmente para o norte ou noroeste de uma casa. Idealmente, a fileira deve estar a cerca de 15 m de distância do edifício, ser maior que a largura dele e crescer o dobro de sua altura.

No mundo real, construções vizinhas, vias de acesso, muros e outras características urbanas tendem a interferir com um projeto paisagístico mais eficaz. Existem maneiras de tirar melhor proveito dessas limitações. Em primeiro lugar, a sombra de árvores plantadas em locais menos favoráveis pode ser otimizada pela poda dos galhos a uma altura que bloqueia o sol de verão, mas deixa que o sol de inverno passe.

Segundo, a vegetação mais compacta, como arbustos, ou trepadeiras pode sombrear janelas e paredes em locais onde as árvores não cabem.

Pátios, vias de acesso e vias de pedestres também se beneficiam com o sombreamento. Pavimentos armazenam calor quando expostos ao sol e aquecem o ar acima deles. Árvores, treliças e grandes arbustos ou toldos ou guarda-chuvas são recomendados para sombrear pavimentos, carros e pessoas.

Calçamento com blocos permeáveis também pode substituir pavimentos tradicionais em áreas de estacionamento, pátios, acessos para bombeiros e outras áreas pavimentadas. Blocos permeáveis são projetados especificamente para permitir que a água escoe até o solo abaixo, podendo suportar tráfego leve ou de pedestres. Os blocos são geralmente pré-reticulados feitos de concreto, plástico ou metal. Eles são inicialmente preenchidos com terra e, em seguida grama ou plantas são plantadas como cobertura de solo.

Finalmente, considere a instalação de uma cobertura verde, ou teto-jardim. Todos os tipos de coberturas verdes funcionam bem em coberturas com pequena inclinação, que são essencialmente planas. Coberturas verdes mais simples e leves denominados "extensivos", como coberturas de grama ou turfa, podem ser usadas em coberturas com inclinações de até 30°. Mais informações sobre coberturas verdes serão apresentadas mais adiante neste capítulo.

Paisagismo em ruas e estacionamentos

A Fig. 7.10 mostra os melhores locais para a plantação de árvores ao longo de ruas. Árvores podem ser plantadas em intervalos regulares de 6-12 m em ambos os lados de uma rua, bem como ao longo de canteiros centrais. Colocar árvores próximas ao meio fio permite que sombreiem a rua e a calçada, beneficiando os automóveis estacionados.

Fig. 7.10 *Redução da ilha de calor por meio do plantio de árvores a intervalos regulares ao longo das ruas*

As árvores podem proporcionar sombra útil em torno do perímetro e no interior de estacionamentos, como mostrado na Fig. 7.11. Muitas cidades têm portarias que exigem que árvores sombreiem 50% da área de um estacionamento dentro de um prazo de 15 anos a partir da construção do estacionamento (Davis, 1998; Sacramento, 2003). Dependendo do tamanho da copa da árvore escolhida, isso significa plantar 0,5-2 árvores para cada 100 m^2 do estacionamento.

É sensato usar uma variedade de espécies de árvores ao longo de uma rua ou em um estacionamento. Isso é visualmente mais interessante e ajuda a evitar a perda de tudo em razão de pragas ou doenças.

Há muitas alternativas úteis às árvores. Se o espaço é apertado, o solo é escasso, plante trepadeiras que possam crescer sobre treliças. Utilizar coletores solares como combinação de dispositivos para sombras e estações de carregamento.

Revestimento permeável com grama também pode ser usado sobre áreas de baixo tráfego em estacionamentos, como vias de pedestres ou estacionamento suplementar usado de uma a duas vezes por semana.

Ao planejar o paisagismo de ruas e estacionamentos, seja consciente com a iluminação, sinalização, fios e outros aspectos importantes para a segurança e visibilidade. O paisagismo não deve interferir com esses recursos à medida que as plantas crescem. A colocação cuidadosa de plantas de tamanhos corretos reduzirá a manutenção por muitos anos.

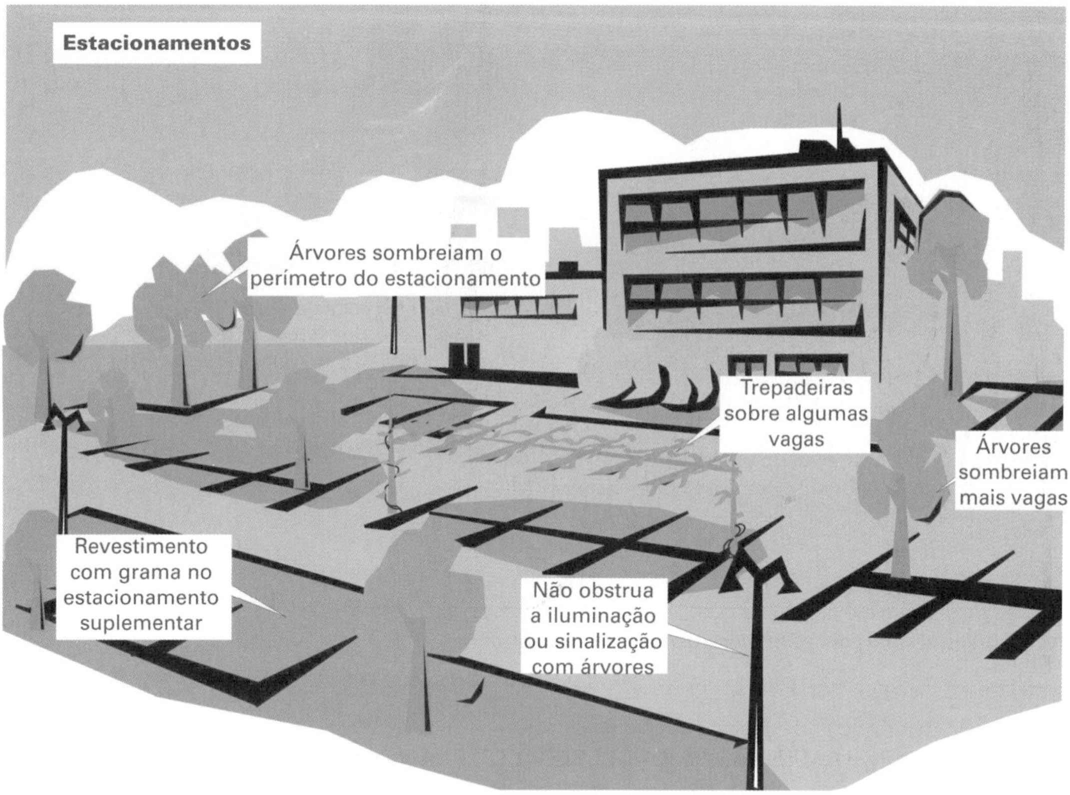

FIG. 7.11 *Paisagismo eficaz em estacionamentos pode reduzir ilhas de calor*

PLAYGROUNDS / PÁTIOS DE ESCOLAS / CAMPOS ESPORTIVOS

Playgrounds, pátios de escolas e campos de esportes, muitas vezes carecem de vegetação adequada. Alguns parques são completamente pavimentados e sem nenhuma vegetação. Embora um jardim sem vegetação seja fácil de manter, não é especialmente atraente nem saudável.

Árvores e outros tipos de recursos de arrefecimento são necessários para proteger pessoas, especialmente as crianças mais vulneráveis, do calor do sol e dos raios ultravioleta.

A Fig. 7.12 mostra como usar a vegetação em torno de parques e outras áreas. As árvores de sombra são úteis em áreas onde pessoas se reunem, como bancos de reservas (*team seating*), arquibancadas, trepa-trepas, tanques de areia, balanços e mesas de piquenique. Árvores demoram a crescer, então plante trepadeiras sobre treliças para obter sombras úteis mais rapidamente.

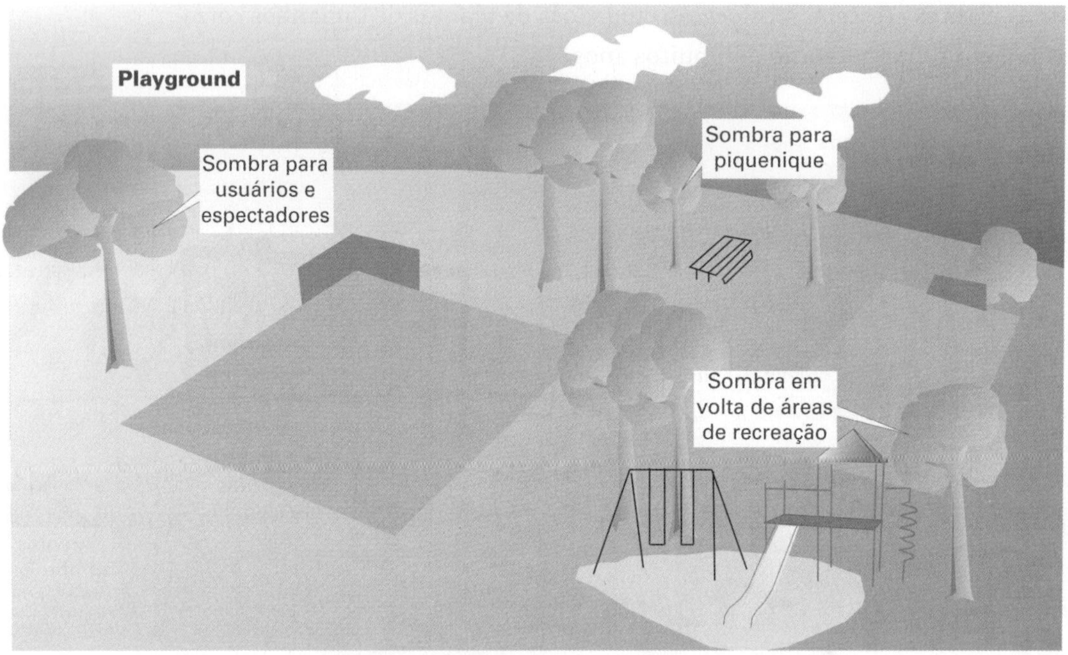

FIG. 7.12 *Paisagismo para sombrear e arrefecer um playground*

FERRAMENTAS PARA SELEÇÃO DE PLANTAS

Vários guias para seleção de plantas disponíveis na internet estão listados no Quadro 7.2.

Também pode ser útil avaliar o potencial de formação de ozônio (PFO) das árvores de interesse. Uma lista de diversas árvores e seus PFOs pode ser encontrada em "Estimativas do potencial de formação de ozônio das árvores e arbustos urbanos" (*Estimating the ozone-forming potential of urban trees and shrubs* - Benjamin e Winer, 1998).

Para obter mais informações locais sobre a seleção de árvores, entre em contato com organizações locais de plantação de árvores, arvoristas da comunidade, organizações de horticultura ou empresas paisagistas.

QUADRO 7.2 GUIAS PARA SELEÇÃO DE ÁRVORES DISPONÍVEIS PELA INTERNET

Organização	website	Descrição
International Society of Arboriculture Tree Selection	www.isa-arbor/consumer/select.htm	Dicas para combinar árvores com as características e exigências do seu local de obras
Plants Database	http://plants.usda.gov	Listas, ferramentas e informações sobre plantas dos EUA e seus territórios
Tree Link	www.treelink.org	Informações, pesquisas e uma rede de engenharia florestal urbana e comunitária
SelecTree for California	http://selectree.cagr.calpoly.edu	Banco de dados para pesquisa de árvores que prosperam em diversos tipos de clima na Califórnia
Allergy-Free Gardening	www.allergyfree-gardening.com	Como selecionar plantas com baixa contagem de pólen para não agravar alergias
Urban Trees: avaliação de locais de construção, seleção por resistência ao desgaste, plantação	www.hort.cornell.edu/department/faculty/bassuk/uhi/urbantrees1.htm	Informações sobre avaliação de locais de obras, mais uma lista de árvores para USDA zona 6 e abaixo
CABI Forestry Compendium	www.cabicompendium.org/fc (tarifado)	Informações técnicas completas sobre mais de 1.200 espécies de árvores

DICAS PARA O PLANTIO E MANUTENÇÃO DE ÁRVORES

Plantar e manter paisagens urbanas requer conhecimento, habilidade, experiência e trabalho duro. Muitos problemas comuns podem ser evitados, aderindo às boas práticas de projetos paisagísticos e manutenção. O planejamento antecipado pode minimizar possíveis danos aos edifícios, fios elétricos e calçadas; preservar pontos de visão de tráfego e sinalização; e excluir a necessidade do uso excessivo de água.

Abaixo estão alguns passos importantes a serem seguidos ao plantar uma árvore em uma área urbana (McPherson e Simpson, 1999b; Tree City, 2001). A obediência a estas práticas pode ajudar uma árvore a crescer mais rápido e viver uma vida mais longa, mais saudável e mais produtiva.

ESCOLHA A PLANTA CERTA.

- Selecione uma planta que não fique muito larga ou muito alta, que tenha uma estrutura de raiz não-invasiva e com demandas de rega que possam ser satisfeitas pelas chuvas normais ou por irrigação existentes.
- Também considerar outros fatores na seleção de árvores que podem afetar a manutenção em longo prazo, tais como a produção de pólen,

flores ou frutos; a taxa de crescimento; resistência a doenças, e a resistência esperada da árvore em condições específicas. Consulte as ferramentas para seleção de árvores abaixo para obter mais orientação.

* Certifique-se de que a planta não passou muito tempo em seu recipiente. As raízes não devem crescer em torno da borda do recipiente, através de orifícios de drenagem ou em torno do torrão.
* Por outro lado, certifique-se de que a planta possui raízes saudáveis suficiente, balançando a árvore em seu recipiente. A árvore deve manter-se firmemente enraizada sem soltar a terra do recipiente.

ESCOLHA UM BOM LUGAR.

* Mantenha a planta a pelo menos 1,5-3 m de fios, edifícios ou outras estruturas para evitar possíveis danos e permitir que as raízes e ramos cresçam.
* Tente manter a árvore a pelo menos 1 m de distância da calçada ou pavimento para evitar que as raízes causem danos ao pavimento. Se isso não for possível, tente maximizar o volume de solo, tanto quanto possível e utilize uma barreira de raiz para conter as raízes.
* Mantenha as árvores a cerca de 10 m de distância de cruzamentos de trânsito para garantir que haja visibilidade adequada.
* Tente manter árvores longe de fios de alta tensão, luminárias de rua, sinais de trânsito ou edifícios. Se isso não for possível, escolha espécies que não cresçam o suficiente para interferir com os seus arredores. De modo geral, escolha árvores que atinjam mais do que 7 m de altura apenas para áreas onde haja espaço de sobra.
* Verifique com serviços públicos locais para localizar tubulações de água, esgoto, gás e linhas de telecomunicações antes de cavar. Isso evita danificar quaisquer sistemas públicos durante a escavação e garante que a árvore terá espaço suficiente para que suas raízes cresçam saudáveis.

CAVE E PLANTE.

* Forneça o máximo volume de terra para a árvore quanto possível. Abra uma cova de pelo menos 1 m de profundidade e certifique-se que a terra da cova ou a pelo menos de 2 m da árvore esteja livre de pedras e detritos.
* Instale barreiras de raiz se necessário. Estas podem reduzir a incidência de raízes crescendo em áreas indesejadas e danos a calçadas e pavimentos. A instalação de barreiras de raiz como prática regular pode evitar gastos excessivos com manutenção de pavimentos no futuro e pode até reduzir os riscos de incidentes com tropeções que geram responsabilidade legal.
* Coloque a árvore na cova de modo que o torrão esteja ligeiramente acima do nível do solo, em seguida, preencha a cova em torno do torrão com terra nativa. Não compacte o solo. Erga uma berma de 15 cm de altura, ou plataforma de terra estreita ao redor da árvore a cerca de meio metro do tronco. Esta berma ajuda a reter a

água ao redor da árvore e permite que ela escoe em direção às raízes.

* Irrigue a árvore até que o solo esteja encharcado, em seguida, agite levemente o tronco para assentar a terra e as raízes. Novamente, não compacte o solo.
* Cubra a área dentro da berma com uma camada de 10 cm de composto orgânico grosso, mas não deixe o composto em contato com o tronco da árvore.
* Opcionalmente, aplique uma quantidade moderada de fertilizante de liberação lenta.
* Não pode uma árvore recém-plantada, exceto para retirar ramos mortos ou danificados.

IRRIGUE E FAÇA MANUTENÇÃO.

* Irrigue a nova árvore duas vezes por semana, durante o primeiro mês, depois uma vez por semana durante os próximos dois ou três períodos de crescimento vegetativo. Árvores recém-plantadas precisam de cerca de 400-800 litros de água adicionais por ano durante os primeiros dois anos, além das chuvas normais. Depois de estabelecidas, as árvores escolhidas corretamente não devem exigir muita irrigação adicional. As árvores maduras utilizam pelo menos 3.000 litros de água por ano, mas isso vem principalmente da chuva natural (McPherson, 2002).
* Adicionar mais composto ao redor da árvore, conforme necessário.
* Se a árvore inicialmente precisava de uma estaca para ficar na posição vertical, retire a estaca assim que a árvore puder se sustentar por si só.
* conforme a árvore vai crescendo, pode-a para manter os ramos equidistantes, eliminando todos os ramos que se cruzam ou se encostam. Considere a possibilidade ter a árvore podada por um profissional certificado.

PLANTAÇÃO DE OUTROS TIPOS DE VEGETAÇÃO

Árvores não cabem em todos os espaços, mas na maioria dos casos, existem outros tipos de vegetação que podem oferecer benefícios semelhantes. Gramíneas ou coberturas vegetais podem ser usadas no lugar do pavimento para proporcionar benefícios de arrefecimento. Arbustos podem sombrear janelas ou paredes, e não ficam muito grandes ou altos. Trepadeiras crescem muito rapidamente em treliças verticais ou pergoladas e podem ser utilizadas em locais com pouco espaço ou terra disponível.

Os procedimentos para a plantação de árvores, listados acima, também se aplicam a outros tipos de plantas, mas existem algumas outras orientações a considerar:

ESCOLHA PLANTAS QUE REQUEREM POUCA MANUTENÇÃO.

* Para evitar a poda excessiva no futuro, escolha plantas que cresçam naturalmente até atingir o tamanho e a forma adequados para cobrir determinado espaço.
* Selecione gramíneas e coberturas vegetais que não necessitem ser cortadas regularmente. Escolha entre as muitas variedades de coberturas vegetais baixas, ou escolha gramíneas ornamentais e deixe que cresçam à sua altura máxima.

- Escolha plantas que necessitam de pouca ou nenhuma irrigação adicional. As plantas nativas são geralmente bem adaptadas às chuvas típicas de seu clima local.
- Selecione plantas que possam crescer bem nas condições existentes no espaço onde elas ficarão. Avalie cuidadosamente a quantidade de luz solar, o tipo de solo e as possíveis interações com outras plantas das proximidades.
- Consulte as ferramentas para seleção de plantas abaixo para obter mais orientação.

MANTENHA ESPAÇAMENTO ADEQUADO ENTRE AS PLANTAS.

- Saiba qual tamanho a planta atingirá em sua maturidade e faça o espaçamento de acordo. Isso evita que as plantas fiquem amontoadas, e elimina a necessidade de poda excessiva ou remoção de plantas amontoadas mais tarde. Isso também economiza dinheiro na compra das plantas.

FORNEÇA O SUPORTE ADEQUADO PARA TREPADEIRAS.

- Trepadeiras se fixam de várias formas: pelo entrelaçamento de gavinhas ou raízes em volta de suportes, por meio de mecanismos tipo "ventosas" ou usando espinhos para prender-se aos suportes. Algumas trepadeiras precisam ser fixadas manualmente aos suportes com fios ou arames. Combine o tipo de trepadeira com o suporte existente ou planejado. Evite o uso de trepadeiras que produzem ventosas ou gavinhas perto de paredes ou outros materiais de construção que possam ser danificados.
- Trepadeiras podem se fixar em treliças, em cercas, sobre pedras ou mesmo em um simples fio ou arame.
- Planeje com antecedência para treinar as trepadeiras de acordo com a necessidade. Trepadeiras muitas vezes precisam ser direcionadas aos seus suportes e estimuladas a cresceram na direção correta. Algumas trepadeiras podem ser invasivas, então esteja preparado para podá-las constantemente para contê-las.

FAÇA A MANUTENÇÃO DAS PLANTAS REGULARMENTE.

- Retire as ervas daninhas, pois elas podem subjugar plantas novas. É muito mais fácil retirar uma erva daninha mais jovem e menor, do que uma mais velha e mais forte. Com atenção frequente, o crescimento das ervas daninhas é suprimido com o tempo à medida que a maioria de suas raízes é removida e a planta em crescimento começa a bloquear a luz do sol.
- Pode plantas novas após elas darem flores ou frutos. Arbustos e principalmente trepadeiras tendem a exigir mais podas do que árvores. Mantenha o crescimento da planta na forma e direção desejadas com a retirada de ramos indesejados.

COBERTURAS VERDES OU TETOS-JARDIM

Coberturas verdes, ou tetos-jardim, vão muito além das categorias de paisagismo e coberturas frescas, e trazem benefícios de ambas as tecnologias para comunidades. Coberturas verdes representam uma oportunidade única para trazer mais vegetação de volta para a paisagem urbana. Informações sobre a construção de coberturas verdes, benefícios e outras considerações são apresentadas a seguir.

Descrição de cobertura verde

Uma cobertura verde é essencialmente um jardim cultivado sobre um telhado. Pode ser simples como uma cobertura de turfa, geralmente denominada sistema "extensivo" de teto-jardim, ou pode ser complexo como um parque completo com árvores, chamado de sistema "intensivo".

Independentemente do tipo sistema escolhido, os componentes de uma cobertura verde são basicamente os mesmos (Peck e Kuhn, 2001). De baixo para cima, como é mostrado na Fig. 7.13, as coberturas verdes incluem as seguintes camadas:

- Plantas, geralmente escolhidas especificamente para determinada finalidade.
- Um meio de plantio projetado, leve, que pode ou não incluir terra.
- Uma barreira de raiz ou tecido filtrante para conter as raízes e o meio de crescimento.
- Uma camada especial para drenagem, por vezes com reservatório de água embutido.
- Uma membrana de cobertura resistente a água, com repelente de raízes integrado.
- A estrutura da cobertura, com isolamento tradicional acima ou abaixo.
- A edificação, com estrutura adequada para suportar o jardim, mesmo quando estiver saturado.

O sistema extensivo mais simples e leve do lado esquerdo da Fig. 7.13 geralmente utiliza vegetação, como gramíneas, musgos e flores silvestres. A ideia é projetar uma cobertura robusta, que necessite de pouca manutenção ou intervenção humana. Plantas nativas do local são boas opções e podem permitir que o sistema abra mão da instalação de um sistema de irrigação e drenagem.

Jardins extensivos utilizam menos terra, até cerca de 10 cm e pesam geralmente entre 25 e 150 kg/m^2, excluindo o peso da água. Os sistemas mais leves podem não exigir qualquer tipo de apoio estrutural adicional e, portanto, podem ser usados para reformas de telhados existentes. Coberturas não precisam ser planas para abrigar jardins extensivos, estes podem ser cultivados em telhados com inclinações de até 30°.

Fig. 7.13 *Camadas de um sistema extensivo (esq.) e intensivo (dir.) de coberturas-jardim*
Fonte: American Hydrotech, 2000.

Um dos exemplos mais famosos de uma cobertura extensiva nos EUA está no edifício-sede da Empresa GAP em San Bruno, Califórnia, perto de San Francisco, como mostrado na Fig. 7.14. Este edifício foi projetado por William McDonough e Parceiros e inclui muitas outras características sustentáveis.

Uma cobertura verde intensiva é muito parecida com um jardim tradicional, com quase nenhum limite quanto ao tipo de plantas que podem ser utilizados.

Fig. 7.14 *Sede corporativa da Gap Inc. em San Bruno, Califórnia, com teto-jardim extensivo completo plantado com grama*
Fonte: Business Week, 1998.

Jardins intensivos são frequentemente concebidos para serem utilizados pelo público ou pelos ocupantes de um edifício. Estes sistemas são mais caros do que os sistemas extensivos por uma série de razões. Eles usam mais terra, podendo chegar a 25 cm ou mais, e, portanto, pesam mais, de 100-200 kg/m^2 quando secos. Subsequentemente, eles precisam de maior apoio estrutural no prédio abaixo. Sistemas intensivos geralmente exigem sistemas de irrigação e drenagem. Jardins mais diversificados também requerem um investimento inicial mais elevado e mais manutenção em longo prazo do que um sistema de cobertura extensiva. A Fig. 7.15 mostra um teto-jardim intensivo sobre a Câmara Municipal de Chicago, Illinois.

Fig. 7.15 *A cobertura verde intensiva na Câmara Municipal na Cidade de Chicago*
Fonte: Thompson, 2002.

Componentes de coberturas verdes

Os componentes de um telhado verde são geralmente mais robustos que os de um telhado tradicional. A plataforma do telhado deve ser mais resistente, já que deve suportar o peso das plantas, do solo úmido, e talvez até pessoas (veja na próxima seção, acerca do peso do telhado verde). A membrana de impermeabilização em um telhado tradicional geralmente tem apenas 0,08 cm de espessura, ao passo que em uma cobertura verde, esta membrana pode ser superior a 0,25 cm de espessura.

Isolamento é um componente opcional em uma cobertura verde, mas é altamente recomendado. O solo de uma cobertura verde perde a maior parte de seu valor de isolamento quando está molhado, então uma camada extra de isolamento sobre o telhado ajuda a conservar a energia durante as chuvas ou após a irrigação.

Sistemas de coberturas verdes também incorporaram um sistema de drenagem mais robusto do que as coberturas tradicionais. A camada de drenagem evita que as raízes das plantas sufoquem e filtra as partículas do solo da água de drenagem. Alguns sistemas de drenagem têm a forma de caixas de ovos, o que permite que um pouco de água seja armazenada. As raízes de algumas plantas podem penetrar nos drenos da cobertura e em outros materiais, por isso, uma barreira de raiz especial deve ser instalada abaixo do solo e acima da camada de drenagem.

Solos utilizados em sistemas de coberturas verdes geralmente são projetados para oferecer o melhor suporte para as plantas com o menor peso. As misturas típicas de solo são compostas de 75-80% de materiais inorgânicos leve como a vermiculita, e 20-25% de materiais orgânicos, tais como terra vegetal (Wilson e Pelletier, 2001).

As opções de plantas para uma cobertura verde são infinitas. Coberturas verdes extensivas tendem a ser cobertas por gramíneas ou coberturas vegetais. Ervas-pinheiras, que são suculentas robustas, vêm em uma variedade de tamanhos, formas e cores, e são uma opção popular para coberturas verdes, uma vez que seu elevado teor de água torna-os resistentes ao fogo. Cobertura verdes intensivas também podem incorporar arbustos e árvores na sua concepção. É de grande utilidade escolher plantas nativas ou outras plantas bem adaptadas ao clima local, já que estas plantas são mais propensas a exigirem menos cuidados e irrigação.

Benefícios de coberturas verdes

Coberturas verdes combinam os benefícios da cobertura fresca e do paisagismo urbano, tais como o arrefecimento urbano, a redução de enchentes e remoção da poluição do ar. Eles também podem embelezar uma comunidade e proporcionar um ambiente mais acolhedor para os insetos, animais e pessoas.

Redução da ilha de calor

A ampla utilização de coberturas verdes em uma cidade pode ajudar a arrefecer o ar. Coberturas tradicionais atingem temperaturas de até 90°C, mas as temperaturas de uma cobertura verde se mantêm abaixo de 50°C.

A Fig. 7.16 mostra as temperaturas das camadas de uma cobertura verde e uma cobertura tradicional em um dia de verão em Ottawa, Canadá (Liu, 2002). A cobertura tradicional atinge temperaturas de 65°C, ao passo que a cobertura verde atinge apenas cerca de 30°C. Plantas mantêm a cobertura mais fresca porque elas criam sombra e usam a energia solar para evapotranspirar a umidade através de suas folhas.

Se as temperaturas das coberturas são mais baixas, então menos calor é transferido para o ar acima delas, mantendo as temperaturas urbanas mais baixas também. Um modelo climatológico de Toronto, no Canadá, prevê que se coberturas verdes fossem instaladas em 10% dos telhados da cidade, a temperatura do ar na camada limite urbana poderia ser reduzida em até 2,8°C (Bass, 2002).

Economia de energia

Outro benefício de uma cobertura verde é a economia de energia no prédio abaixo dela. Um telhado verde não só reduz a temperatura da superfície do telhado, mas seu solo e as camadas do seu sistema acresentam isolamento a desaceleram o fluxo de calor através do telhado. Isto significa que menos calor é transferido do telhado para o prédio

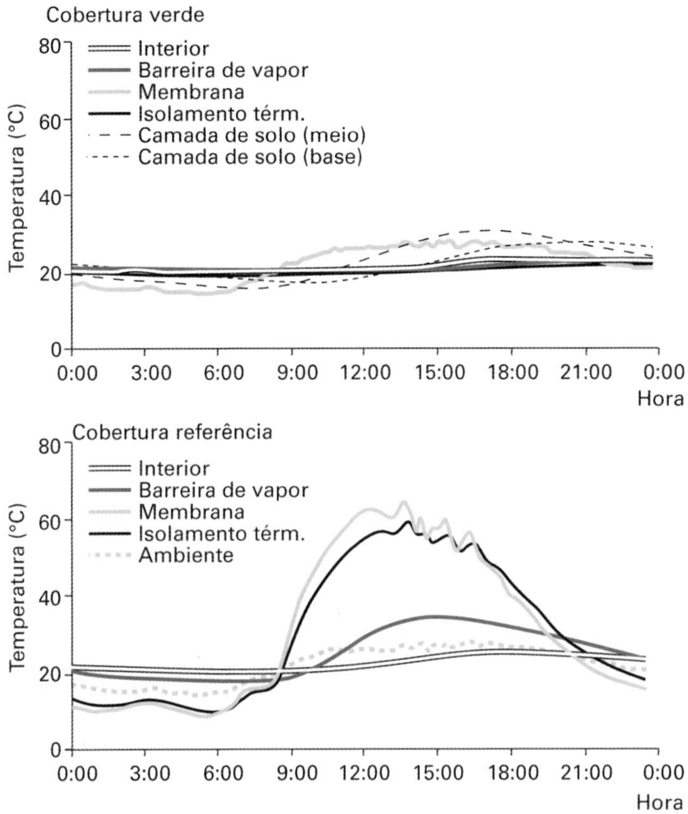

FIG. 7.16 *Temperaturas na camada de uma cobertura verde extensiva com 15 cm de solo e uma cobertura de referência de betume modificado, em um dia claro de verão, com temperaturas do ar atingindo 35°C em Ottawa, Canadá*
Fonte: Liu, 2002.

e, portanto, menos energia de arrefecimento pode ser usada para remover esse calor.

As Figs. 7.17 e 7.18 mostram o fluxo de calor através de uma cobertura tradicional e uma cobertura verde sobre um edifício em Toronto, no Canadá, no verão e no inverno (Liu e Baskaran, 2005). A Fig. 7.17 mostra que o telhado tradicional coleta calor durante o dia e libera calor durante a noite em um típico dia de verão.

A cobertura verde também armazena e libera calor ao longo do dia, mas em níveis 70 a 90% inferiores aos do telhado tradicional. O padrão diário de fluxo de calor é retardado sobre a cobertura verde, uma vez que leva tempo para a sua terra aquecer e arrefecer. A Fig. 7.18 mostra a mesma cobertura em um dia típico de inverno, quando a cobertura está coberta por cerca de 25 mm de neve. Tanto a cobertura tradicional como a cobertura verde perdem calor durante todo o dia durante o inverno, mas o solo do telhado verde reduz essa perda de calor em 10 a 30%.

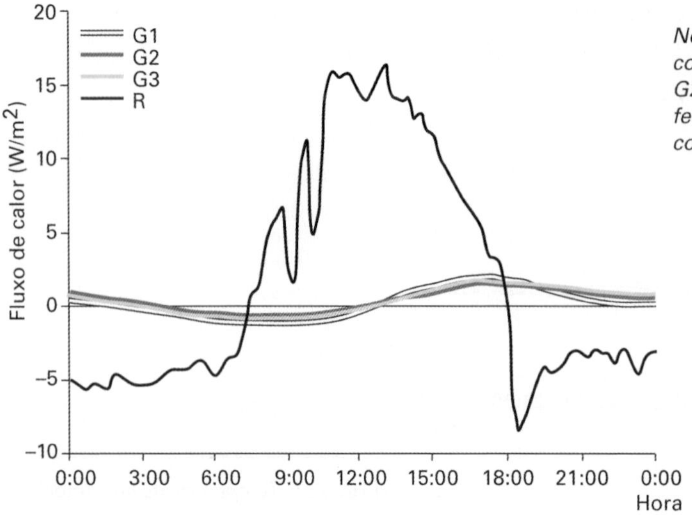

Nota: R, referência à seção cobertura "tradicional"; G1, G2, G3, três medições feitas sobre uma seção de cobertura verde extensiva.

Fig. 7.17 *Fluxo de calor típico do verão através da cobertura do Eastview Neighbourhood Community Centre, em Toronto, Canadá, em 26 de junho de 2003*
Fonte: Liu e Baskaran, 2005.

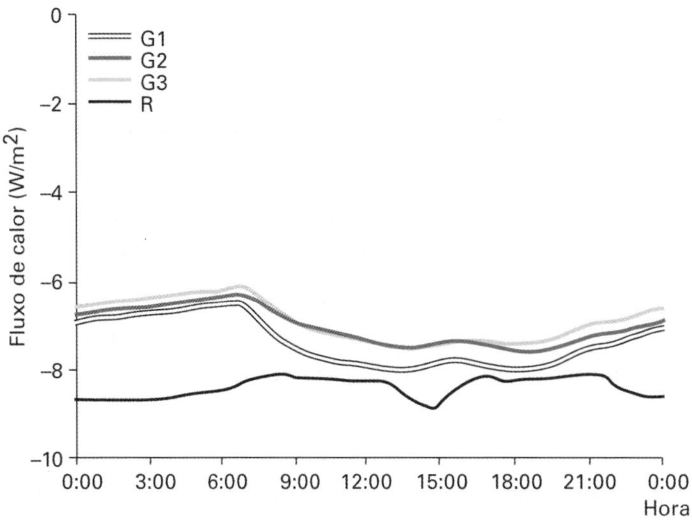

Nota: R, referência à seção cobertura "tradicional"; G1, G2, G3, três medições feitas sobre uma seção de cobertura verde extensiva.

Fig. 7.18 *Fluxo de calor típico do verão através da cobertura do Eastview Neighbourhood Community Centre, em Toronto, Canadá, em 26 de junho de 2003, com cerca de 25 mm de neve*
Fonte: Liu e Baskaran, 2005.

Retenção de águas da chuva e melhor qualidade da água

Chuvas em florestas ou savanas seguem um caminho muito diferente do que a chuva em uma área urbana (Scholz-Barth, 2001). Nos sistemas naturais, 30% da água da chuva é armazenada em aquíferos superficiais e utilizados ao longo do tempo para alimentar as plantas. Outros 30% se infiltram nos aquíferos mais profundos, eventualmente fornecendo água a nascentes e rios. Os 40% restantes são devolvidos quase imediatamente à atmosfera pela evapotranspiração das plantas. Em áreas urbanas, onde superfícies impermeáveis chegam a cobrir 75-100% do terreno, apenas 5% da água da chuva atinge os aquíferos superficiais, 5% são armazenados em aquíferos profundos e 15% são utilizados imediatamente pela vegetação. Os 75% de precipitação restantes tornam-se escoamentos superficiais. Este escoamento superficial geralmente deve ser recebido pelos sistemas de esgoto e drenado até córregos e lagoas locais. À medida que esse escoamento passa sobre coberturas e ruas, ele recolhe material particulado, óleos e outros poluentes que podem degradar a qualidade das massas d'água locais.

Coberturas verdes ajudam a reduzir a quantidade de águas da chuva que se tornam escoamento superficial. As plantas e o solo de uma cobertura verde absorvem a água que normalmente se tornaria escoamento. Uma cobertura verde intensiva é capaz de armazenar 15 cm da águas de chuva sobre sua superfície (Bass e Peck, 2000), captando toda a água que cai sobre ela. Coberturas extensivas com camadas de solo mais finas podem capturar entre 10 e 75% da água da chuva, dependendo da quantidade de solo utilizada e da intensidade da chuva (Scholz-Barth, 2001; Hutchinson et al., 2003). Por causa de seus benefícios para o controle das águas de chuva, a cidade de Portland, Oregon, designou coberturas verdes (ou "ecotelhados") para novas construções e reformas, como uma técnica aprovada para atender às exigências do sistema de gerenciamento de águas (Portland, 2002).

As plantas e o solo de um telhado verde não só retêm água da chuva, mas também filtram muitos dos poluentes que o escoamento normalmente recolhe. Existem diversos projetos de pesquisas em curso para monitorar a qualidade da água de escoamento de coberturas verdes, como no Centro de Pesquisas de Coberturas Verdes da Universidade da Pensilvânia (Pennsylvania State University's Green Roof Research Center – <http://hortweb.cas.psu.edu/research/greenroofcenter>) e o Programa de Ecotelhados em Portland, Oregon. Os resultados preliminares de Portland mostraram reduções nos níveis de fósforo e cobre no escoamento de coberturas verdes (Liptan e Strecker, 2003), mas um estudo complementar foi menos conclusivo (Hutchinson et al., 2003). Um estudo realizado na North Carolina State University descobriu que os solos em duas coberturas verdes estavam, na verdade, acrescentando nitrogênio e fósforo à água escoada a partir das coberturas (Moran et al., 2005). Isto ilustra a importância do uso de misturas de solo ecologicamente adequadas.

Melhoria da qualidade do ar

Plantas em coberturas verdes melhoram a qualidade do ar, assim como todas as árvores e vegetação. É esperado que a vegetação das coberturas verdes remova material particulado, óxidos de nitrogênio, óxidos de enxofre e ozônio do ar. Para mais detalhes, consulte a seção sobre poluição do ar reduzida em consequência de árvores e vegetação, apresentada anteriormente neste capítulo. Segundo o site Green Roofs for Healthy Cities (Coberturas Verdes para Cidades Saudáveis – www.peck.com/grhcc), cobertura verde de 100 m^2 pode remover cerca de 20 kg de material particulado do ar em um ano. As plantas de uma cobertura verde também produzem oxigênio e removem o CO_2 da atmosfera, conforme descrito na seção anterior deste capítulo sobre a redução de dióxido de carbono.

Ecossistemas e estética

As coberturas verdes também trazem alguns benefícios menos tangíveis para espaços urbanos. Mesmo coberturas verdes pequenas podem fornecer habitats para insetos, pássaros e outros animais silvestres locais. O uso de vegetação nativa é recomendado, pois ela não é apenas adaptada ao clima, mas geralmente é atraente para a fauna local.

Coberturas verdes são atraentes para as pessoas também. Pessoas situadas em edifícios vizinhos mais altos, normalmente preferem olhar para um jardim na cobertura de outro edifício, em vez de olhar para um telhado tradicional. Ao permitir que o público tenha acesso a esses jardins em coberturas também oferece mais um espaço verde para os residentes urbanos desfrutarem.

CONSIDERAÇÕES SOBRE COBERTURAS VERDES

Custos de coberturas verdes

Coberturas verdes são mais caras que coberturas tradicionais. Os custos iniciais esperados são de U$10 a U$30 por pé quadrado (0,09 m^2) para uma cobertura extensiva mais simples, e de U$25 a U$200 por pé quadrado para uma cobertura intensiva (Peck e Kuhn, 2001). Os custos dependem da quantidade de solo, do tipo de membrana de cobertura, a extensão do sistema de drenagem, o uso de vedações ou gradeamentos, e do tipo e quantidade de plantas escolhidas.

Peso das coberturas verdes

Os componentes de uma cobertura verde pesam mais do que materiais de cobertura tradicionais. Não são apenas as membranas de impermeabilização e outros materiais que são mais pesados, mas o peso de plantas e solos saturados com água também deve ser considerado. Essas cargas adicionais podem ter um peso baixo como 63 kg/m^2 para uma cobertura verde saturada, com 5 cm de solo, aproximadamente o mesmo peso que uma cobertura com lastro de cascalho. Uma cobertura saturada com 17 cm de solo pode pesar 220 kg/m^2 (Wilson e Pelletier, 2001). Coberturas com camadas mais espessas de solo podem pesar muito mais.

A laje da cobertura deve ser projetada para suportar a carga extra de materiais de cobertura, solo e plantas, e suportar também cargas de tráfego de pessoas, se o acesso do público for permitido. O suporte estrutural do edifício também deve ser reforçado. Reforçar o suporte de coberturas em edifícios existentes aumenta o custo do projeto, mas esse custo pode geralmente ser incluido nos planos de renovação ou de reformas do edifício. Pode ser mais fácil instalar coberturas verdes em edifícios novos, uma vez que os requisitos para a carga adicional de cobertura pode ser incluida nos parâmetros do projeto inicial.

Manutenção e reparos em coberturas verdes

Uma cobertura verde requer a mesma atenção que qualquer jardim. A maior parte dessa atenção deve ocorrer nos primeiros dois anos após a instalação da cobertura, enquanto as plantas se estabelecem e começam a amadurecer. Para uma cobertura intensiva, os custos de manutenção esperados para os primeiros 2-3 anos são de U$0, 75 a U$1,50 e estes devem tornar-se menores com o passar do tempo (Peck e Kuhn, 2001). Os custos para manter uma cobertura extensiva são geralmente mais baixos, com algumas plantas que exigem apenas irrigação regular até que estejam estabelecidas.

Reparos em uma cobertura verde podem ser difíceis. Caso ocorra um vazamento, o processo de encontrá-lo, remover as plan-

QUADRO 7.3 GUIAS DE COBERTURAS VERDES NA INTERNET

Nome	Website	Descrição
Greenroofs.com	www.greenroofs.com	Recursos para indústria de coberturas verdes, incluindo dicas práticas, listas de plantas, referências e um banco de dados de projetos internacionais
Green Roofs for Healthy Cities	www.greenroofs.org	Site canadense que inclui diversos recursos e informações sobre a instalação de coberturas verdes, seus benefícios e projetos. Publica o Green Roof infrastructure monitor
Center for Green Roof Research	http://hortweb.cas.psu.edu/research/greenroofcenter	Pesquisa em andamento na Pennsylvania State University sobre crescimento e durabilidade de plantas, controle de enchentes, qualidade da água e consumo de energia em testes feitos com coberturas verdes
Greenroof Research	www.bae.ncsu.edu/greenroofs/	Centro de pesquisas do departamento de engenharia agrícola e biológica da North Carolina State University tem duas coberturas verdes demonstrativas sendo estudadas para avaliar retenção de escoamentos, qualidade da água e sobrevivência das plantas
Earth Pledge Green Roof Initiative	www.earthpledge.org/GreenRoof.html	Informações sobre coberturas verdes para a região de Nova York, com informações, recursos e links, e pesquisas patrocinadas sobre os custos e benefícios de coberturas verdes
Emory Knoll Farms	www.greenroofplants.com	Um fornecedor de plantas exclusivamente para coberturas verdes extensivas

tas, o solo e as camadas de cobertura e fazer o reparo é bastante trabalhoso. Por essa razão, a maioria dos sistemas de coberturas verdes é instalado com muito cuidado. Membranas de impermeabilização são mais grossas e mais duráveis sobre coberturas verdes do que em coberturas tradicionais. A membrana é realmente muito bem protegida contra a degradação solar e outros tipos de danos por camadas de materiais e de solo, e se forem corretamente instaladas, têm uma expectativa de vida de 30-50 anos (Peck e Kuhn, 2001). Existem alguns sistemas modulares de coberturas verdes no mercado que permitem a remoção mais fácil de seções da cobertura, caso reparos sejam necessários.

Segurança contra incêndio em coberturas verdes

Se uma cobertura verde estiver saturada com água, ela pode retardar a propagação do fogo (Peck e Kuhn, 2001), mas plantas secas em uma cobertura verde podem ser um risco de incêndio. Existem três maneiras de aumentar a segurança contra incêndios:

- Utilize plantas resistentes ao fogo, como a erva-pinheira (ou erva-dos-calos).
- Construa corta-fogos na cobertura, como extensões com 60 cm de largura, de concreto ou cascalho a intervalos de 40 m.
- Instalar sistemas de *sprinklers* (chuveiros automáticos) e conectá-los a um alarme de incêndio.

Mais informações sobre coberturas verdes

Vários sites contendo informações úteis sobre pesquisas, tecnologia, produtos e projetos de coberturas verdes estão listados no Quadro 7.3.

Observações

Observe que o processo de armazenamento e sequestro de carbono pode ser calculado pela referência tanto à quantidade de carbono armazenado ou à quantidade de CO_2 removido do ar, mas esses valores podem diferir em razão do peso atômico das moléculas.

O carbono tem um peso atômico de 12 e o dióxido de carbono tem um peso atômico de 44 (um carbono, mais duas moléculas de oxigênio = 12 + 2 x 16 = 44).

Uma tonelada de carbono sequestrado representa 44/12 = 3,67 toneladas de CO_2 sequestrado, ou uma tonelada de CO_2 representa 12/44 = 0,272 toneladas de carbono.

Nota do Editor

As observações neste capítulo sobre o posicionamento das árvores e seu efeito no bloqueio dos ventos frios e do sol de verão e de inverno referem-se ao Hemisfério Norte. Para o caso do Brasil e demais países do Hemisfério Sul, as considerações sobre o posicionamento das árvores ao norte e ao sul se invertem.

Comunidades podem tornar-se as mais habitáveis com o emprego de estratégias para mitigar ilhas de calor. A aplicação disseminada de coberturas e pavimentos frescos e o plantio de árvores e vegetação em um bairro podem torná-lo mais saudável, mais bonito e menos dispendioso para operar e manter.

Este capítulo descreve os sete principais benefícios que a redução da ilha de calor pode trazer a uma comunidade.

Oito

Benefícios da mitigação das ilhas de calor para as comunidades

- redução de temperaturas;
- economia de energia;
- melhoria da qualidade do ar;
- conforto humano e melhorias para a saúde;
- redução de enchentes;
- manutenção e redução de resíduos;
- benefícios estéticos.

Redução de temperaturas

Os materiais de construção, tradicionalmente utilizados na maioria das cidades atualmente ficam muito quentes sob o sol do verão. Medidas de mitigação de ilhas de calor reduzem as temperaturas de superfícies de coberturas e pavimentos. A Fig. 8.1 mostra o quão quente estas superfícies podem ficar, em comparação com suas contrapartes frescas. Sem sombra, materiais de construção podem se aquecer a até 90°C e pavimentos podem chegar a 70°C. Coberturas e materiais de pavimentação mais frescos se aquecem a até 50°C ou menos, e as árvores e vegetações bem irrigadas, bem como as áreas sombreadas abaixo deles, ficam abaixo de 38°C.

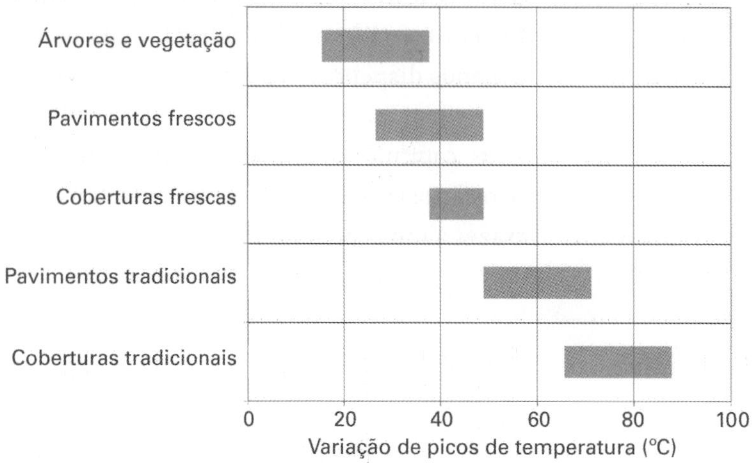

Fig. 8.1 *Faixas de picos de temperatura das superfícies de diferentes materiais*
Fonte: Lo et al., 1997; Quattrochi et al., 1997; Gorsevski et al., 1998; Luvall e Quattrochi, 1998; Estes et al., 1999.

Se superfícies frescas e vegetação forem amplamente utilizadas em uma comunidade a temperatura média da superfície pode ser reduzida em mais de 14°C. A Tab. 8.1 mostra como a temperatura total da superfície em Sacramento, na Califórnia, poderia ser arrefecida em até 16°C, se estratégias para ilhas de calor fossem aplicadas agressivamente. O cenário "tal como está" é baseado em um estudo sobre o tipo de coberturas de terrenos realizado pelo Lawrence Berkeley National Laboratory (Akbari e Rose, 1999). O cenário "fresco" pressupõe o uso de coberturas e pavimentos frescos e duplica a cobertura arbórea e vegetação, acrescentando paisagismo a estacionamento, ruas e outras áreas pavimentadas, bem como para diversas áreas sem cobertura nenhuma.

Tab. 8.1 Arrefecimento dos picos de temperaturas de superfícies em Sacramento, Califórnia, com a duplicação da quantidade de árvores e vegetação e utilização de coberturas e pavimentos frescos

	Condições atuais		**Condições Frescas**	
	Área	**Temperatura**	**Área**	**Temperatura**
A e V	21%	27°C	42%	27°C
Área de coberturas	20%	71°C	20%	43°C
Área pavimentada	44%	54°C	28%	38°C
Outras áreas	15%	52°C	10%	52°C
Temperatura média		52°C		36°C

Nota: A e V, árvores e vegetação.
Fonte: Akbari e Rose, 1999.

Superfícies mais frescas, por sua vez, transferem menos calor para seus arredores. Se superfícies suficientes forem arrefecidas por toda uma comunidade, as temperaturas do ar se tornam sensivelmente mais frescas. Os cientistas do Lawrence Berkeley National Laboratory realizaram modelos meteorológicos para observar como as superfícies mais frescas e com mais vegetação afetam os picos de temperatura do ar diários. Conforme mostrado na Tab. 8.2, os estudos de três cidades dos EUA demonstraram que as temperaturas do ar máximas foram reduzidas em até 2°C. Um estudo semelhante de Los Angeles descobriu que arrefecendo as superfícies, o ar pode ser refrescado ainda mais (Taha, 1997a). Se a refletância solar da superfície de LA fosse elevada em 0,15, picos de temperatura do ar seriam reduzidos em 2°C. Para um ganho ainda maior de refletância solar de 0,3 as temperaturas de pico seriam 4°C mais baixas em Los Angeles.

Tab. 8.2 Reduções de temperatura do ar pela mitigação das ilhas de calor

	Redução de temperatura do ar às 6h	**Redução de temperatura do ar às 16h**
Baton Rouge	0,0°C	0,8°C
Sacramento	1,0°C	1,2°C
Salt Lake City	1,0°C	2,0°C

Nota: Medidas de mitigação em cada cidade: coberturas residenciais – refletância solar aumentou 0,3; coberturas comerciais e industriais – refletância solar aumentou 0,3; rodovias e estacionamentos – refletância solar aumentou 0,25; calçadas – refletância solar aumentou 0,2; áreas comerciais e residenciais –quatro árvores foram adicionadas em torno de cada edifício; áreas industriais – seis árvores foram adicionadas em torno cada edifício.
Fonte: Taha et al., 2000.

Economia de energia

Ao reduzir a quantidade de energia solar que é absorvida por um edifício, coberturas frescas e árvores de sombra reduzem diretamente o consumo de energia de arrefecimento de edifícios individuais. Coberturas frescas, pavimentos frescos e vegetação também refrescam o ar em torno dos edifícios. Isso reduz, indiretamente, necessidade de arrefecimento no interior do edifício. Quando essas reduções de arrefecimento diretas e indiretas são multiplicadas por toda uma comunidade, a soma dessas reduções representa uma queda significativa do consumo de energia elétrica e de picos de demanda de eletricidade em uma região. Por outro lado, tais medidas aumentam a demanda de energia para o aquecimento de edifícios. No entanto, na maioria dos climas, essa demanda de aquecimento, felizmente, é pequena quando comparada às reduções no consumo de energia de arrefecimento.

Diversos estudos realizados pelo Lawrence Berkeley National Laboratory avaliaram o potencial de economia de energia que as coberturas frescas e árvores de sombra em torno de edifícios representam para toda uma cidade. Economias de energia, reduções de demanda de eletricidade e as penalidades de aquecimento foram estimadas a partir dos efeitos "diretos" das coberturas frescas e maior sombreamento e dos efeitos "indiretos" das temperaturas do ar mais frescas.

A Tab. 8.3 enumera as características climáticas de seis cidades da América do Norte. As Figs. 8.2, 8.3 e 8.4 mostram como o uso de coberturas frescas e árvores de sombra poderiam economizar energia elétrica e reduzir a demanda de eletricidade, mas poderiam aumentar o consumo de energia para aquecimento. Esse estudo pressupõe que a refletância solar de coberturas aumentou de 0,2 para 0,5 em residências e de 0,2 para 0,6 em edifícios comerciais e industriais. Foram "plantadas" oito árvores de sombra em torno de casas e escritórios, e quatro árvores de sombra em torno de lojas (Konopacki e Akbari, 2000, 2001a, 2002).

TAB. 8.3 CARACTERÍSTICAS CLIMÁTICAS DE SEIS CIDADES DA AMÉRICA DO NORTE QUE FORAM OBSERVADAS PARA AVALIAR SEUS POTENCIAIS DE ECONOMIA DE ENERGIA COMO RESULTADO DA MITIGAÇÃO DAS ILHAS DE CALOR

	Toronto	Chicago	Salt Lake City	Sacramento	Baton Rouge	Houston
Dias de aquecimento acima de 18,3°C	3644	3607	3115	1481	967	847
Dias de resfriamento abaixo de 18,3°C	346	464	605	693	1458	1607
Temperaturas de pico	26,5°C	28,6°C	32,6°C	33,6°C	33,3°C	34,2°C
Porcentagem de luz solar possível*	55	54	66	78	60	59
Umidade relativa à tarde	85	80	67	83	91	90

*Nota * Porcentagem de luz solar possível: O máximo possível de luz solar varia de acordo com a latitude e época do ano. A porcentagem de luz solar possível mede a quantidade de luz solar que atinge o solo, e é uma medida para nebulosidade e/ou poluição. Quanto maior o valor, mais limpa é a atmosfera.*

MELHORIA DA QUALIDADE DO AR

A mitigação da ilha de calor melhora a qualidade do ar em uma comunidade de três maneiras diferentes. Em primeiro lugar, as comunidades mais frescas usam menos energia e produzem menos poluição a partir de usinas de energia; em segundo, mais árvores e vegetação removem mais poluentes do ar; e em terceiro, as temperaturas do ar mais frias retardam a formação de *smog*.

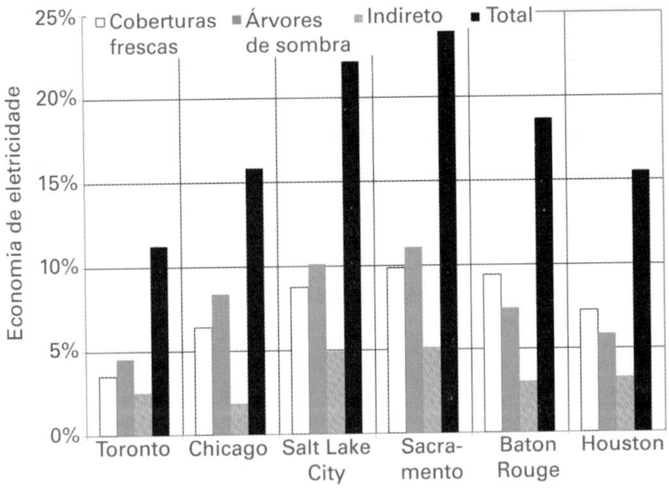

FIG. 8.2 *O potencial de economia de eletricidade anual em seis cidades da América do Norte como uma porcentagem do consumo total de eletricidade*
Fonte: Konopacki e Akbari, 2000, 2001, 2002.

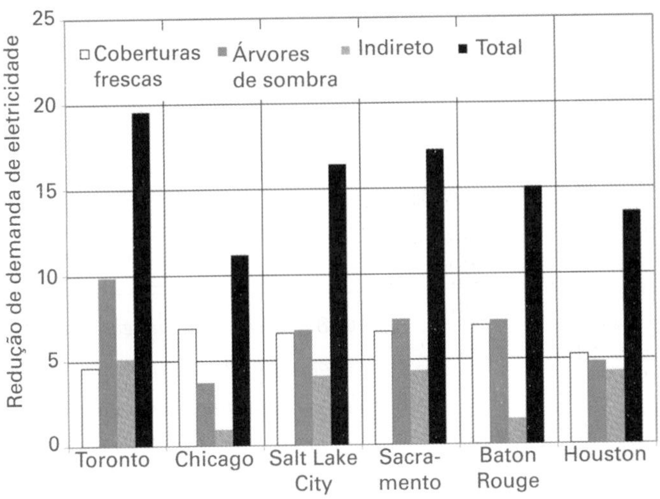

FIG. 8.3 *O potencial de economia nos picos de demanda de eletricidade anuais em seis cidades da América do Norte como uma porcentagem da demanda total de eletricidade*
Fonte: Konopacki e Akbari, 2000, 2001, 2002.

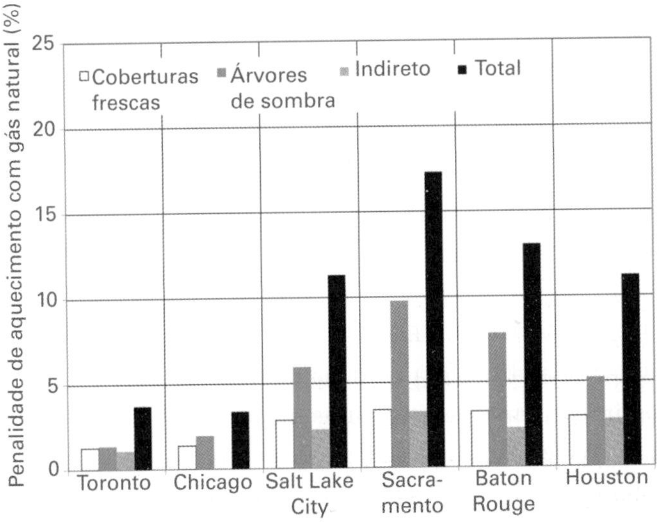

FIG. 8.4 *O potencial de penalidade no consumo anual de gás natural para aquecimento em seis cidades da América do Norte como uma porcentagem do consumo total de gás natural*
Fonte: Konopacki e Akbari, 2000, 2001, 2002.

Reduções de emissões diretas

Quando combustíveis fósseis são queimados para gerar eletricidade ou produzir calor, vários subprodutos nocivos são emitidos. Se as medidas de ilhas de calor forem aplicadas, menos energia será utilizada durante o verão e as emissões podem ser reduzidas. No inverno, as medidas de mitigação das ilhas de calor tendem a aumentar a quantidade de calor necessária e aumentam as emissões de combustíveis fósseis. No entanto, na maioria das cidades, apesar de emissões de inverno serem ligeiramente maiores, as emissões anuais totais são reduzidas.

Um subproduto da queima de combustíveis fósseis é o dióxido de carbono, um "gás estufa" que prende mais calor na atmosfera terrestre. A Fig. 8.5 mostra como as emissões de carbono poderiam ser reduzidas pela mitigação das ilhas de calor em cinco cidades dos EUA. Essas reduções líquidas incluem tanto as reduções durante o verão como os aumentos durante o inverno das emissões de combustíveis fósseis.

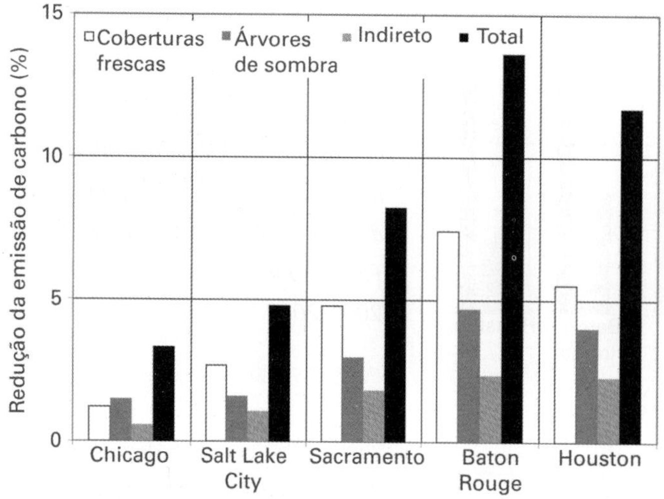

Fig. 8.5 *O potencial de redução das emissões de carbono em cinco cidades norte-americanas como uma porcentagem do total de emissões de carbono*
Fonte: Konopacki e Akbari, 2000, 2001, 2002.

Não foram feitas estimativas para outras emissões da queima de combustíveis fósseis, como o dióxido de enxofre e óxidos de nitrogênio. Essas emissões dependem muito da quantidade de enxofre e azoto no combustível sendo queimado e da eficiência das usinas, caldeiras e aquecedores.

Remoção de poluentes por árvores e vegetação

Árvores e vegetação melhoram a qualidade da atmosfera de duas maneiras. Primeiro, durante o processo de fotossíntese, em que as plantas absorvem dióxido de carbono do ar, armazenam carbono para o seu crescimento e emitem oxigênio de volta para a atmosfera.

Segundo, folhas removem vários poluentes do ar por um processo chamado deposição seca.

Poluentes removidos incluem óxidos de nitrogênio, óxidos de enxofre, partículas e ozônio troposférico.

A magnitude desses dois efeitos varia de cidade para cidade, e depende dos tipos de plantas presentes, seus níveis de maturidade e taxas de crescimento, e do clima local. As Figs. 8.6 e 8.7 mostram o quanto de carbono e outros poluentes são removidos do ar pelas árvores em cinco cidades dos EUA. Mais detalhes sobre essas análises são apresentados no Cap. 7.

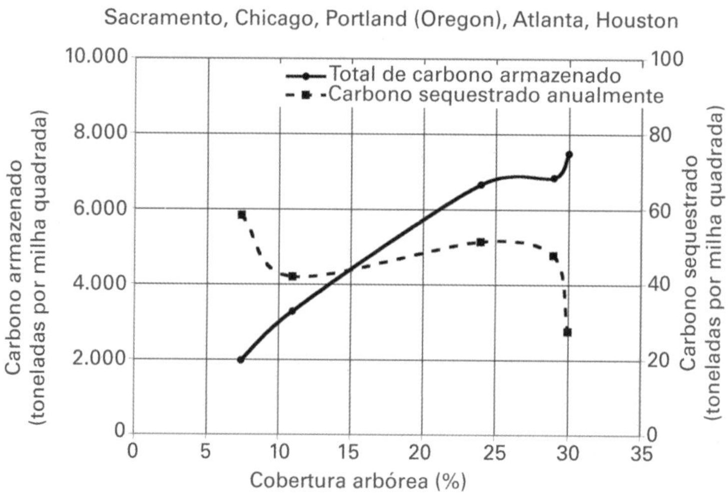

FIG. 8.6 *Armazenamento total e sequestro anual de carbono por milha quadrada como função da cobertura arbórea em cinco regiões metropolitanas dos EUA Fonte: McPherson et al., 1994; McPherson, 1998; American Forests, 2000, 2001a, 2001b.*

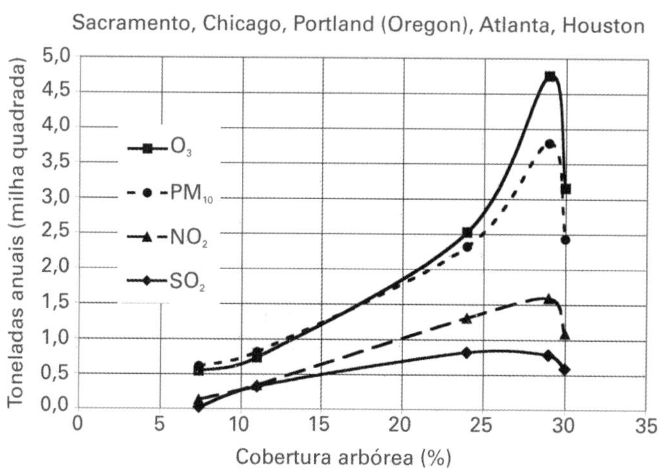

FIG. 8.7 *Redução anual de poluentes em razão da deposição de árvores em cinco áreas metropolitanas nos EUA como uma função da cobertura arbórea Fonte: McPherson et al., 1994; McPherson, 1998; American Forests, 2000, 2001a, 2001b.*

DIMINUIÇÃO DA FORMAÇÃO DE OZÔNIO

Os efeitos da mitigação das ilhas de calor sobre o ozônio são extremamente complexos, porque a formação de ozônio é um processo complicado. O ozônio, que é o principal componente do *smog*, não sai diretamente das chaminés de fábricas ou dos escapamentos de carros, mas é formado por uma reação química entre os óxidos de nitrogênio (NOx) e compostos orgânicos voláteis (COV) no ar. A reação depende da quantidade desses poluentes presentes no ar, de como eles estão misturados e da temperatura do ar. Quanto mais quente estiver o dia, mais rapidamente a reação ocorre e mais quantidade de *smog* é formada. Medidas de mitigação das ilhas de calor têm dois efeitos sobre a formação de ozônio.

Por um lado, temperaturas do ar mais frias reduzem a formação de *smog*, por outro lado, alguns tipos de árvores e vegetação emitem COVs para a atmosfera e aumentam a formação de *smog*.

Emissões de COV a partir de árvores e vegetação representam uma parcela considerável das emissões totais de COV em qualquer área. Por exemplo, árvores e vegetação emitem 42% de VOCs presentes na área de Dallas-Fort Worth e 65% do total na área de Houston-Galveston (Neece, 1998). Como discutido anteriormente no Cap. 7, as emissões de COV das plantas variam de espécie para espécie. Se espécies de árvores e vegetação erradas forem usadas na tentativa de reduzir as ilhas de calor, isso pode resultar no aumento da formação de ozônio, por isso é importante selecionar cuidadosamente as árvores e a vegetação.

Estudos de várias cidades nos EUA mostram que a atenuação da ilha de calor pode reduzir a taxa de formação de *smog*. Uma simulação das condições meteorológicas e da qualidade do ar em Los Angeles demonstrou que ao resfriar a cidade em 6°F por meio da utilização de superfícies frescas e árvores, o *smog* foi reduzido em 10% em algumas áreas da cidade (Akbari e Douglas, 1995; Akbari et al., 1996). Um estudo semelhante de Sacramento descobriu que a adição de árvores, coberturas e pavimentos frescos reduziu picos de temperatura do ar em cerca de 3°F e a concentração de ozônio foi reduzida em 10 partes por bilhão, ou 6,5% (Taha et al., 2000). Os efeitos da mitigação das ilhas de calor sobre a qualidade do ar também foram estimadas para Baton Rouge, Salt Lake City e no corredor Nordeste (Douglas et al., 2000; Taha et al., 2000). Os impactos estimados para Baton Rouge e Salt Lake City são menores do que em Los Angeles, e são muito diversificados no corredor Nordeste.

Um achado importante de muitos destes estudos é que as reduções de poluição atmosférica em determinada área de uma cidade, geralmente o núcleo urbano, quase sempre são acompanhadas por aumento de poluição atmosférica em áreas suburbanas ou rurais a sotavento. A metodologia de simulação da qualidade do ar ainda é objeto de avaliações minuciosas e mais refinadas, como no trabalho que está sendo feito em Los Angeles (Emery et al., 2000). O trabalho é contínuo e visa melhorar as técnicas de simulação para avaliar regiões com níveis elevados de ozônio, especialmente Houston e Los Angeles, onde os níveis de ozônio tendem a ser os mais altos dos EUA.

Conforto humano e melhorias para a saúde

Medidas de mitigação das ilhas de calor podem ajudar a melhorar o conforto e a saúde de três maneiras. Primeiro, elas reduzem problemas relacionados ao calor, tais como estresse térmico e a mortalidade decorrente desses problemas. Segundo, elas ajudam a reduzir problemas de saúde relacionados à qualidade do ar, como a asma. Terceiro, elas podem reduzir os problemas decorrentes da exposição à luz solar, como câncer de pele.

Problemas de saúde causados pelo calor

Como criaturas de sangue quente, os humanos produzem calor constantemente. Quanto mais ativa é uma pessoa, mais o calor que ela gera, desde cerca de 100 W (340 Btu/h) por uma pessoa sedentária a até 1.000 W (3.400 Btu/h) por uma pessoa praticando exercícios vigorosos (ASHRAE, 1993). Para manter o corpo dentro de uma faixa de temperatura constante e saudável, esse calor deve ser constantemente dissipado para o ambiente.

O calor é transferido do organismo através da pele, do suor e da respiração. Em temperaturas confortáveis e baixos níveis de atividade, a maior parte do calor é transferida a partir da pele, algum calor é perdido por meio da respiração e muito pouca transpiração se faz necessária. Quando as temperaturas ao redor estão mais elevadas e/ou os níveis de atividade aumentam, o corpo é menos capaz de transferir calor através da pele e da respiração. O corpo deve, então, começar a suar, a fim de se manter em equilíbrio. Quando o ar se torna mais quente do que a pele, a cerca de 34°C, pouco mais fresco do que a temperatura corporal de 37°C, o ar começa a aquecer o corpo em vez de arrefecê-lo, e a transpiração se torna o único meio para o corpo se refrescar. Beber líquidos é muito importante para evitar o estresse térmico.

Estresse térmico, ou um aumento da temperatura corporal, pode ocorrer facilmente em climas quentes, especialmente sem uma boa hidratação ou durante a prática de exercícios. Os resultados do estresse térmico prolongado vão de leves a graves, e incluem cãibras, desmaios, exaustão pelo calor, insolação e morte.

Óbitos relacionados ao calor aumentam notavelmente durante as ondas de calor. Uma das ondas de calor mais famosas, um evento de 5 dias de calor em Chicago, em julho de 1995, foi responsável por pelo menos 700 mortes (Global Change, 1996; Kunkel et al., 1996; Livezey e Tinker, 1996; Klinenberg, 2002). Embora seja raro um número tão grande de mortes associadas a uma onda de calor, mortes provocadas por ondas de calor não são nada incomuns, como podem atestar cidades como Filadélfia, Nova York, St. Louis e Toronto (Smoyer, 1998; Smoyer et al., 1999; EPA, 2000c; Curriero et al., 2002; Sheridan, 2002; Wood, 2002).

Muitos índices simples para estresse térmico e mortalidade foram desenvolvidos ao longo dos anos para ajudar a prever quando os seres humanos são mais susceptíveis a esses riscos (Quayle e Doehring, 1981). Um índice mais recente, foi desenvolvido por pesquisadores da Universidade de Delaware e do National Oceanic and Atmospheric Administration (Gillis e Leslie, 2002). Esse índice melhora os índices mais antigos de várias maneiras (Kalkstein e Valimont, 1986; Kalkstein e Greene, 1997; Sheridan, 2002). Primeiro, os índices individuais são desenvolvidos para cada cidade, uma vez que cada cidade tem seus próprios padrões climáticos e os cidadãos parecem ser um pouco adaptados a eles.

Segundo, variáveis como a duração da onda de calor e as temperaturas noturnas mínimas são consideradas para melhor avaliar o efeito cumulativo do estresse térmico. Além disso, a época do ano é incluída, uma vez que as ondas de calor na primavera ou início do verão parecem causar mais problemas do que as altas temperaturas no final do verão.

O novo índice está atualmente em vigor em muitas cidades, como Filadélfia, Nova York e Toronto, como ponto principal para programas de vigilância do calor e da saúde (Kalkstein et al., 1996; Kalkstein, 2001; Kalkstein e Frank, 2001; Basrur, 2002 ; Hill, 2002). Um sistema de alerta informa ao público sobre as condições de calor perigosas e ensina como lidar com elas; e agências de serviço social abrem abrigos com ar-condicionado para acomodar os moradores em risco. Muitos desses programas também aplicam medidas para a mitigação das ilhas de calor, a fim de minimizar as temperaturas urbanas e os riscos de estresse térmico. Por exemplo, o programa Cool Aid na Filadélfia, instala revestimentos frescos para coberturas sobre casas gemidas para ajudar a manter os ocupantes mais frescos sem aumentar o uso de ar-condicionado (Wood, 2002).

A mitigação das ilhas de calor pode ser de grande ajuda na redução do estresse térmico. A utilização de coberturas frescas e árvores de sombra pode manter a temperatura do ar interno muito mais fresca durante eventos de ondas de calor prolongados. Como se viu na onda de calor de 1995 de Chicago, muitas das pessoas que morreram viviam em apartamentos no último andar sob coberturas quentes, com janelas para o sul e oeste (Global Change, 1996; Huang, 1996).

A adição de coberturas e pavimentos frescos, árvores e vegetação pode resfriar a temperatura do ar exterior também, potencialmente reduzindo as temperaturas em até 5,5°C. Mesmo pequenas diferenças de temperatura de um grau ou dois podem fazer a diferença para salvar vidas, evitando o estresse térmico.

Problemas de saúde relacionados à qualidade do ar

Muitos estudos analisaram os efeitos potenciais do aquecimento global sobre a qualidade do ar e da saúde humana. O aquecimento global e as ilhas de calor são dois fenômenos distintos, mas algumas das conclusões sobre os efeitos das altas temperaturas em razão do aquecimento global se aplicam às ilhas de calor também. Os efeitos sobre a função pulmonar e alergias são especialmente preocupantes.

Conforme já exposto neste capítulo, a atenuação da ilha de calor pode ajudar a reduzir o consumo de energia e as emissões associadas às usinas, e pode reduzir a formação de ozônio. O ozônio troposférico agrava as doenças respiratórias porque danifica o tecido pulmonar, reduz a função pulmonar e torna os pulmões mais sensíveis a outros irritantes (Patz et al., 2000). Estudos sobre crianças na Califórnia descobriram que níveis elevados de ozônio não só aumentam a probabilidade de ataques de asma, mas reduzem o crescimento e a função do pulmão (CAARB, 2002a, 2002b). Outros poluentes atmosféricos, como material particulado, monóxido de carbono, dióxido de enxofre e óxidos de nitrogênio também podem danificar o tecido pulmonar, irritar os pulmões e agravar doenças respiratórias e doenças cardiovasculares (Patz et al., 2000).

Além de afetar a poluição do ar, ilhas de calor também podem aumentar os alérgenos vegetais. Temperaturas urbanas mais elevadas aumentam a produção de pólen, o que aumenta as alergias sazonais, como a polenose e aumentam a ocorrência e a gravidade dos ataques de asma (Patz et al., 2000).

Problemas de saúde causados pela luz solar

Os raios ultravioleta da luz solar podem ter efeitos adversos sobre a pele e os olhos. A exposição prolongada a níveis elevados de raios ultravioleta estão ligadas à maior incidência dos três principais tipos de câncer de pele: carcinoma basocelular, carcinoma espinocelular e, o mais grave tipo de câncer de pele, o melanoma maligno. Como mostrado na Tab. 8.4, a incidência de câncer de pele vem aumentando dramaticamente nos EUA. O National Cancer Institute prevê que uma em cada sete pessoas nos EUA irá desenvolver alguma forma de câncer de pele ao longo da vida (MCW, 2002).

Tab. 8.4 Incidência de câncer de pele nos EUA

	1995	2001	Aumento
Não melanomas	~800.000	>1.000.000	25%
Melanomas malignos	34.100	51.400	50%

Fonte: MCW, 2002.

O ozônio estratosférico bloqueia a maior parte dos raios ultravioleta da luz solar, embora a recente diminuição da camada de ozônio pode estar aumentando a quantidade de energia ultravioleta que atinge diferentes partes da Terra. Sobre a Antártida, além do buraco redondo na camada de ozônio durante o ano todo, a concentração de ozônio integrado (também chamado de coluna total de ozônio) mostrou diminuição de até 70% durante a primavera. Sobre o Ártico, foram medidas diminuições de até 30% do ozônio integrado. Nas latitudes médias do Hemisfério Sul, foram observadas diminuições de cerca de 6% do ozônio durante o ano todo. No Hemisfério Norte, a maior diminuição do ozônio de até 4% acontece durante o inverno e primavera, com diminuições de até 2% durante o verão e outono. Essas reduções de ozônio são traduzidas, até o momento, em aumentos de 6-14% de radiação ultravioleta e diversas localidades a médias e altas latitudes em ambos os hemisférios (UNEP / WMO, 2002).

A escalada dos casos de câncer de pele pode estar sendo agravada pelo aumento na quantidade de radiação ultravioleta que atinge a Terra. Aumentos dessa proporção podem aumentar a incidência dos cânceres de pele não melanoma em até 36% em todo o mundo, e o câncer de pele melanoma pode aumentar em até 0,6% para cada 1% de redução de ozônio (Urbach, 1991).

Sombreamento por árvores e outras vegetações podem proteger contra a exposição solar excessiva. As pessoas atualmente são orientadas a usarem protetor solar, chapéus e roupas de proteção para reduzir a exposição ao sol, mas as sombras das árvores podem proporcionar proteção adicional. O nível de proteção das árvores contra os raios ultravioleta varia amplamente de acordo com a quantidade de luz solar transmitida pela árvore. A transmissividade das árvores pode variar de 8 a 38% para diferentes espécies de árvores totalmente enfolhadas (Brown e Gillespie, 1990).

Áreas onde pessoas se reúnem frequentemente são carentes de cobertura arbórea. Pátios de escolas, parques, campos de esportes, praças e outros espaços públicos poderiam se beneficiar de algumas árvores estratégicas como opção de proteção contra o sol. É especialmente importante proteger crianças do sol, pois a exposição aos raios ultravioleta no início da vida pode levar ao câncer de pele anos mais tarde.

Redução de enchentes

Duas estratégias para mitigar as ilhas de calor podem também reduzir a quantidade de águas escoadas pelas chuvas: (1) árvores e vegetação e (2) pavimentos permeáveis. O solo exposto pode absorver apenas determinada quantidade de água durante uma chuva. Se a chuva cai rápido demais ou se o solo fica saturado, a chuva excedente se transforma em escoamento superficial. Problemas de enchentes são agravados em cidades e subúrbios pela grande quantidade de superfícies pavimentadas e impermeáveis.

Na maioria das comunidades o restante do solo exposto não é capaz de absorver a chuva que é escoada por superfícies pavimentadas adjacentes e edifícios. Sistemas custosos de fossas e esgotos têm de ser projetados para administrar as águas de chuva e evitar enchentes.

A redução do escoamento superficial pode reduzir o tamanho, ou mesmo a necessidade de sistemas de drenagem caros. Isso pode reduzir a energia necessária para bombear a água da chuva para o seu destino final e também economizar dinheiro e mão de obra utilizados para operar e manter esses sistemas.

Árvores e vegetação capturam a água da chuva em suas folhas, galhos e troncos, e reduzem e retardam a quantidade de água que atinge o solo. Em um estudo de Sacramento, sempre-vivas e coníferas interceptaram até 36% das chuvas de verão ocorridas na cidade (Xiao et al., 1998). A floresta urbana pode reter quantidades significativas de águas de chuva. A Fig. 8.8 mostra a retenção estimada de águas da chuva por milha quadrada, resultante de cobertura por árvores, nas cidades de Portland, Atlanta, Houston e Washington DC, onde as árvores cobrem 24, 29, 30 e 46% dessas áreas urbanas, respectivamente. Árvores urbanas são capazes de capturar entre 5 e 25 mm de chuva, o suficiente para ajudar a gerenciar a água da chuva de pequena intensidade.

Coberturas verdes são outra opção para absorver a água da chuva. Coberturas com 200 a 400 mm de solo podem reter entre 100 e 150 mm de chuva sobre a superfície da cobertura. Em Portland, Oregon, coberturas verdes capturam entre 10 e 100% da água da chuva que cai sobre elas, dependendo do quão saturado estava o solo da cobertura. Em dias secos de verão, quase 100% da precipitação pode ser absorvida, mas em condições de inverno mais úmido apenas 10–20% da precipitação pode ser retida pela cobertura (Dawson, 2002, Portland, 2002).

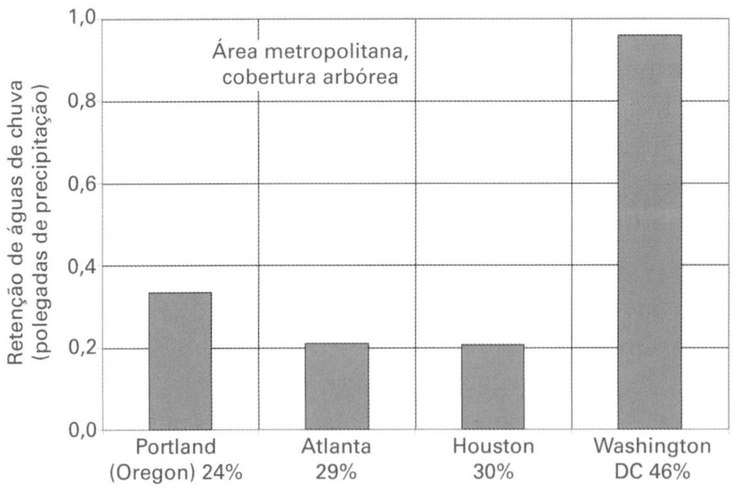

Fig. 8.8 *Retenção das águas da chuva, em polegadas, por florestas urbanas em quatro áreas metropolitanas dos EUA Fonte: American Forests, 2000, 2001a, 2001b, 2002.*

Pavimentos permeáveis, ou pavimentos que permitem que a água escoe por entre o pavimento, também são eficazes na redução de escoamento superficial. Testes de campo ao ar livre e ensaios de laboratório demonstraram que pavimentos permeáveis podem reduzir o escoamento em até 90% (James, 2002). A quantidade de água que pode ser coletada varia de acordo com o tipo de solo utilizado e do tamanho dos interstícios no pavimento, bem como a capacidade de absorção dos materiais de suporte do pavimento. Existem muitos tipos de pavimentos porosos ou permeáveis disponíveis. Blocos permeáveis podem ser preenchidos com terra e grama ou com pequenas pedras. Pavimentos tradicionais de asfalto e de concreto também podem ser porosos, excluindo a areia e os agregados pequenos da mistura de concreto.

Além de ser difícil de controlar, o escoamento superficial também tende a levar poluentes e calor das superfícies urbanas para riachos locais. O escoamento que não é filtrado pelo solo, tende a reter níveis mais elevados de nitratos, ácido, metais pesados, óleos e gorduras (James, 2002). Pavimentos podem também aquecer as águas da chuva significativamente. Testes mostraram que o escoamento de uma chuva a 23°C pode ser aquecido a mais de 35°C pelas temperaturas de um pavimento de aproximadamente 38°C (James e Verspagen, 1996). A poluição e as temperaturas mais quentes do escoamento degradam a qualidade da água e a vida aquática dos rios e lagoas.

Manutenção e redução de resíduos

Materiais de pavimentação e coberturas à base de asfalto tendem a sofrer com os efeitos do sol e do calor. A radiação ultravioleta do sol promove uma reação química que degrada materiais à base de asfalto, e quanto mais quente o material, mais rápida é a reação. Variações de temperaturas diárias, de quente durante o dia para fria à noite, faz com que os materiais se dilatem e contraiam repetidamente. Com o tempo, esses processos químicos e mecânicos tornam muitas coberturas e pavimentos frágeis, e as tensões térmicas recorrentes causam rachaduras nos matérias.

O arrefecimento de materiais de coberturas e pavimentação à base de asfalto pode dar-lhes uma vida significativamente mais longa. Testes em pavimentos de asfalto têm mostrado que pavimentos que são 11°C mais frios duram 10 vezes mais, e os pavimentos que são 22°C mais frios levaram 100 vezes mais tempo para mostrar danos permanentes (Pomerantz et al., 2000b). Um teste de materiais de cobertura asfáltica desgastados demonstrou que ao cobrir a cobertura com um revestimento elastomérico fresco impediu completamente qualquer desgaste adicional do asfalto subjacente (Antrim et al., 1994).

Uma vida mais longa significa que os materiais não exigirão ser reparados ou substituídos frequentemente. Isso pode poupar uma enorme quantidade de dinheiro em repavimentação e reposição de coberturas. As Tabs. 8.5 e 8.6 mostram os gastos com melhorias em estradas durante o ano de 1999 e as vendas da indústria de coberturas durante o ano de 2001, ambos nos EUA. Os esforços para manter 17.964 milhas de estradas existentes, foram projetados para custar U$ 7,05 bilhões em 1999. Reposições de coberturas e reparos e manutenção de coberturas existentes custaram U$ 22,15 bilhões em 2001. Se o uso de materiais frescos estendesse as vidas de pavimentos e coberturas em apenas 10%, possivelmente U$ 3 bilhões seriam economizados anualmente, somente nos EUA.

O uso de materiais para coberturas e pavimentação mais duráveis também poderia reduzir a quantidade de resíduos enviados para aterros. A Tab. 8.7 mostra a quantidade de detritos de coberturas e pavimentação que é produzida, reciclada e descartada anualmente nos EUA. Uma parcela significativa dos 114 milhões de toneladas de detritos de coberturas e pavimentação produzidas anualmente nos EUA está sendo reciclada. A maior parte da pavimentação asfáltica, e muito provavelmente da pavimentação de concreto, é reciclada como base para estradas ou pavimentos novos, ou é usada como fundação em projetos de construção de edifícios (Schroeder, 1994). Atualmente, os resíduos de coberturas são muito pouco reciclados, mas o potencial existe para reciclá-lo em asfalto, base para estradas ou compostos para reparos em estradas (CIWMB, 2001). Entretanto, mesmo com a reciclagem de materiais, pelo menos, 31 milhões de toneladas de materiais de pavimentação e coberturas são enviados para aterros todos os anos. Isso não só ocupa espaços cada vez mais reduzidos em aterros, mas os custos de eliminação desses resíduos variam entre U$ 18 e U$ 60 por tonelada (Foo et al., 1999). Se as estradas e coberturas durassem 10% a mais, 3 milhões de toneladas poderiam ser evitadas em eliminação de resíduos anualmente, gerando uma economia conservadora de U$ 60 milhões.

Tab. 8.5 Custos de projetos para melhorias de estradas dos EUA aprovados durante o ano fiscal de 1999

Tipo de melhoria	Número de milhas	Custo (bilhões de dólares)	Porcentagem do custo total
Nova construção	349	\$1,90	13,8%
Deslocamento	162	\$0,35	2,5%
Reconstrução – aumento de capacidade	1029	\$2,31	16,7%
Reconstrução – sem aumento de capacidade	1869	\$1,94	14,1%
Alargamento principal	734	\$1,73	12,6%
Alargamento secundário	704	\$0,44	3,2%
Restauração e reabilitação	3980	\$2,13	15,5%
Recapeamento	12.115	\$2,98	21,6%
Total	20.942	\$13,78	100%

Fonte: USDOT, 2000.

Tab. 8.6 Vendas da indústria de coberturas nos EUA durante o ano de 2001 (em bilhões de dólares)

	Coberturas com pequena inclinação	Coberturas com grande inclinação	Total
Novas construções	\$4,75	\$3,28	\$8,03
Substituição de cobertura	\$11,76	\$6,66	\$18,42
Reparos e manutenção	\$2,5	\$1,23	\$3,73
Total	\$19,01	\$11,17	\$30,18

Fonte: Hinojosa e Kane, 2002.

Tab. 8.7 Estimativas de resíduos de pavimentos e coberturas produzidos e reciclados anualmente nos EUA (em milhões de toneladas)

	Resíduos produzidos anualmente	Resíduos reciclados anualmente	Resíduos enviados a aterros anualmente
Pavimentos de concreto	3	desconhecido	desconhecido
Pavimentos asfálticos	100	80	20
Telhas de coberturas	11	< 0,1	11
Total	114	Pelo menos 80	Pelo menos 31

Fonte: Schroeder, 1994; CIWMB, 1996, 1999, 2001; Foo et al., 1999.

Benefícios para a qualidade de vida

Mitigação da ilha de calor traz muitos benefícios estéticos a uma comunidade, incluindo redução de ruído, a melhoria do ecossistema e melhorias estéticas.

A redução de ruído é um benefício especialmente útil para áreas urbanas. A Tab. 8.8 lista os níveis de decibéis de sons comuns em um ambiente urbano. Medidas de mitigação das ilhas de calor são úteis para reduzir os níveis de ruído exterior, como os do tráfego da rua. Vários estudos constataram que uma árvore bem posicionada pode reduzir o ruído urbano em até 15 decibéis, quase tão bem como uma típica barreira de som de alvenaria (Nowak e Dwyer, 2000). Pavimentos porosos como blocos permeáveis e concreto permeável também são capazes de reduzir de 2-8 decibéis o ruído do tráfego e manter os níveis de ruído abaixo de 75 decibéis (Glazier e Samuels, 1991; Hughes e Héritier, 1995; Pipien, 1995). As aberturas nas superfícies desses pavimentos absorvem o ruído dos pneus rodando no asfalto.

Tab. 8.8 Ruídos comuns em decibéis

Ruído	Nível de decibéis	Percepção do ouvinte
Cochicho	10	Quase não audível
Conversa em voz baixa	30	Vagamente audível
Escritório comum	50	Nível moderado
Insetos noturnos no verão	60	Nível moderado
Escritório barulhento	70	Alto
Tráfego de rua normal	85	Muito alto
Britadeira	100	Extremamente alto
Decolagem de aeronave a jato	120	Dor física

A adição de árvores e vegetação em áreas urbanas – seja nos parques, ruas, em estacionamentos ou em um teto-jardim – melhora o ecossistema local, fornecendo moradia a pássaros, animais e insetos. A qualidade dessa moradia pode ser ainda melhor se uma seleção de espécies de plantas nativas for reintroduzida na paisagem urbana. As condições de moradia para os seres humanos também ficam melhores, uma vez que os parques e jardins da comunidade podem ajudar a reduzir o estresse fisiológico, melhorar o bem-estar, reduzir os conflitos domésticos e diminuir a agressão na escola (Wolf, 1998e).

Nossas comunidades não precisam ser sem vida ou monótonas. O uso de paisagismo, coberturas verdes e pavimentação fresca pode trazer cor, *design* e beleza para as áreas tradicionalmente sem vida de nossas comunidades.

Nove

Plano de ação para uma comunidade fresca

Este capítulo descreve os passos que uma comunidade pode seguir para desenvolver e executar um plano de ação para a mitigação da ilha de calor. Aqui nós apresentamos seis passos para estimular a mitigação de ilhas de calor: motivar; investigar; educar; demonstrar; legislar; e iniciar.

As três principais estratégias de mitigação da ilha de calor, coberturas frescas, pavimentos frescos e árvores e vegetação, estão longe de serem práticas padrão na indústria da construção. Por exemplo, nos EUA, coberturas frescas são instaladas em menos de 10% das coberturas (Hinojosa e Kane, 2002); pavimentos frescos, com exceção de pavimentos de concreto, são quase inexistentes, e o concreto cobre menos de 25% das superfícies pavimentadas (USDOT, 2000; Hawbaker, 2002). O plantio de árvores e vegetação foi adotado com um pouco mais de sucesso, mas ainda há um déficit estimado de 634,4 milhões de árvores urbanas nos EUA (American Forests, 2002).

A principal razão pela qual essas medidas não são amplamente adotadas é a falta de conhecimento sobre ilhas de calor em geral, e essas medidas e principalmente os benefícios que essas medidas podem trazer. A educação e a construção de uma rede de apoio devem ser o ponto central para qualquer iniciativa de mudança de sucesso. Embora seja tentador para um pequeno grupo de pessoas partir diretamente para a elaboração de portarias e legislações, esses esforços serão muito melhor sucedidos se um trabalho suplementar for feito primeiro.

Motive

Um programa de comunidade fresca bem sucedido envolve os membros da comunidade, os educa e os motiva, e usa sua energia e conhecimentos. Para um bom começo do seu programa, os seguintes passos são altamente recomendados:

Forme uma organização

Um programa de comunidade fresca precisa de uma base de operações e de pessoal. Programas de comunidade fresca bem sucedidos vêm sendo operados a partir de organizações sem fins lucrativos ou de divisões governamentais de meio ambiente e energia. Por exemplo, o Sacramento Cool Community Program (Programa de Comunidade Fresca de Sacramento) foi um projeto sem fins lucrativos da Sacramento Tree Foundation, o programa de Salt Lake City foi parte da Agência de Serviços de Energia do Estado de Utah e o Los Angeles Cool Community Program (Programa de Comunidade Fresca de Los Angeles) foi criado dentro do Departamento de saúde ambiental de Los Angeles.

Mesmo que um programa possa certamente funcionar por conta própria, há certas vantagens em fazer parte de uma organização maior. Primeiro, a organização pode estar disposta a assumir um compromisso com o pessoal e financiar um novo programa, pelo menos até que tenha seu próprio financiamento ou talvez até um determinado momento no futuro. Segundo, uma organização maior já tem legitimidade e conhecimento sobre a comunidade, colaboradores experientes e alianças com outros grupos da comunidade. Terceiro, a importante logística de espaço e equipamentos para operação são geralmente fornecidos e as despesas gerais de pessoal podem ser cobertas.

Dependendo dos níveis de financiamento, um escritório de comunidade fresca é normalmente operado por um líder do programa em tempo integral e alguns colaboradores ou estagiários em meio periodo. Para realmente progredir em questões da comunidade fresca, recomenda-se que um programa seja operado por pelo menos um líder de projeto em tempo integral, que não tenha outras atribuições conflitantes.

Encontre parceiros

Um programa de comunidade fresca será mais eficaz se operar com outros parceiros da comunidade local para supervisionar, planejar e participar nos trabalhos. Esses parceiros podem fazer parte de uma comissão diretora e/ou de grupos de trabalho relacionados a vários projetos. É importante ter parceiros que representem o governo local, a indústria, organizações sem fins lucrativos e associações de bairro para manter a comunidade ciente de seu progresso e para envolver todos os setores nessa empreitada. Busque parceiros dos seguintes locais:

DO GOVERNO LOCAL E DISTRITOS ESCOLARES:

- instalações ou serviços gerais;
- transporte;
- obras públicas;
- especialistas em árvore;
- serviços públicos de eletricidade e água.

DA INDÚSTRIA:

- empreiteiros de coberturas, distribuidores, fabricantes e grupos comerciais;
- empreiteiros de pavimentação, distribuidores, fabricantes e grupos comerciais;
- paisagismo/empresas de horticultura e associações;
- incorporadoras;
- arquitetos e associações profissionais de arquitetura;
- serviços de eletricidade privados;
- grandes empresas proprietárias de imóveis em sua comunidade.

DO SETOR SEM FINS LUCRATIVOS:

- organizações ambientais;
- distritos de gerenciamento da qualidade do ar;
- grupos de proteção/promoção de árvores.

DA COMUNIDADE:

- associações de bairro;
- conselhos locais de planejamento.

Busque parceiros que possam oferecer contribuições financeiras ou outros serviços em espécie. Um parceiro talvez não possa doar dinheiro para o programa, mas pode concordar em patrocinar um site, fornecer endereços para correspondência ou cobrir o custo de expedições. Outros parceiros podem oferecer espaço para reuniões, patrocinar um seminário com café da manhã ou almoço, ou quaisquer outros serviços úteis.

Lembre-se de que, para uma parceria de sucesso, os parceiros devem se beneficiar com a doação de seu tempo e outras contribuições. Reconheça que os seus parceiros esperam algo em troca, como informação e aprendizado sobre as novas tecnologias, acesso a novos produtos, publicidade positiva, novos clientes e, especialmente, o progresso dentro da comunidade. Ao assegurar que os parceiros se beneficiam direta ou indiretamente com sua filiação ao programa, o sucesso em longo prazo do seu programa também terá benefícios. É vantajoso ter memorando de acordo assinado pelos parceiros, onde estão definidos os objetivos da parceria, os papéis de cada parceiro, o compromisso de tempo envolvido, a natureza de contribuições financeiras ou em espécie recebidas, bem como a duração da parceria.

Aprove uma resolução

Uma maneira de informar e motivar a comunidade sobre um programa de comunidade fresca é fazer com que a Câmara Municipal ou outras organizações (por exemplo, conselhos da qualidade do ar e comissões de planejamento) aprovem uma resolução de apoio. A resolução não significa necessariamente que a prefeitura irá financiar o programa, mas mostra que a comunidade está consciente e interessada em resolver o problema das ilhas de calor.

A resolução geralmente contém uma lista de frases "de consideração" que relatam a natureza do problema da ilha de calor e os benefícios esperados com a sua redução. Por fim, um fechamento com "está resolvido" determina os compromissos da prefeitura e reconhece o seu programa como o líder de gerenciamento das soluções para a ilha de calor. Para aprovar uma resolução, esteja preparado para comparecer a pelo menos duas reuniões de Conselho, uma para apresentar uma palestra informativa sobre mitigação das ilhas de calor e sua nova organização, e pelo menos mais uma reunião para apresentar e aprovar uma resolução de apoio. A apresentação para o conselho é uma grande oportunidade para conscientizar tanto o conselho como a comunidade.

Tente juntar um grande público para a reunião, avisando à imprensa e enviando anúncios para possíveis interessados do setor e membros da comunidade. Traga um perito nacional e, se possível convoque a imprensa para entrevistas.

Se as políticas e orçamentos forem favoráveis, a resolução pode, potencialmente, incluir um compromisso de financiamento para o seu programa. Para aumentar a probabilidade de obter financiamento, lembre-se de que os governos são muitas vezes mais propensos a financiar um programa, se houver outros parceiros já comprometidos em apoiar o programa. Também é melhor pedir financiamento por apenas um período de tempo limitado, geralmente não mais do que um a dois anos.

Obtenha financiamento

Encontrar apoio para seu programa é essencial para o seu sucesso definitivo. Existem dois tipos de apoio que devem ser obtidos: suporte operacional para cobrir os vencimentos de funcionários e despesas do dia-a-dia, e suporte a projetos para cobrir as atividades específicas de execução. O suporte operacional é frequentemente usado no início de um programa para custear alguns progressos ativos, mas também para cobrir a redação de propostas e outros tipos de captação de recursos. O suporte a projetos é usado conforme o programa amadurece para cobrir despesas do pessoal existente ou trazer mais pessoas para executar trabalhos específicos.

Várias oportunidades de financiamento já foram mencionadas, tais como encontrar uma organização existente para sediar o programa e cobrir os gastos de pessoal, encontrar parceiros que possam fazer doações em dinheiro ou serviços em espécie e pedindo financiamento dos conselhos do governo local. Outras formas comuns de suporte incluem concessões e eventos para captação de recursos.

Há muitas concessões possivelmente adequadas para diversos aspectos da mitigação da ilha de calor, que podem ser oferecidas por agências federais, estaduais e municipais de energia e meio ambiente. No entanto, em vez de fazer qualquer solicitação de proposta (RFP) de improviso, é de grande valia ter conhecimento dos procedimentos internos das agências antes de fazer a solicitação. Geralmente, quando uma RFP é lançada, uma agência já possui a definição sobre quais tipos de projetos irá financiar. É importante conhecer o trabalho da agência, saber quais os projetos tradicionalmente financiados por ela, e reunir-se com seu pessoal para aprender sobre seus interesses e encontrar possíveis pontos em comum. Pode ser útil apresentar um seminário sobre mitigação de ilhas de calor para a agência que oferece financiamento. Para encontrar uma opção de financiamento adequada, e não desperdiçar muito esforço respondendo às fontes pouco prováveis é preciso assegurar-se de que os possíveis financiadores têm conhecimento dos problemas associados às ilhas de calor e das estratégias de mitigação disponíveis.

Possíveis fontes de financiamento a serem consideradas incluem:

* Agências governamentais internacionais, nacionais, regionais ou locais de energia e transporte, como a Agência Internacional de Energia, Agência Europeia do Meio Ambiente, Departamento de Energia dos EUA e a Agência de Proteção Ambiental dos EUA.
* Comissões de utilidades públicas ou agências de supervisão do setor.
* Distritos de gerenciamento da qualidade do ar.
* Serviços públicos ou privados.

Existem também muitas empresas e organizações sem fins lucrativos que fornecem subsídios locais para projetos ambientalmente vantajosos. Procure saber o máximo possível sobre esses grupos com antecedência. A probabilidade de conseguir subsídios é maior em empresas sediadas localmente, ou organizações que financiam a sua própria comunidade do que a partir de qualquer RFP nacional. No entanto, é importante saber com antecedência quais são os objetivos da organização para adequar a sua proposta de subsídio de modo a atender esses objetivos.

A redação de uma proposta é uma oportunidade para ser criativo e flexível, enquanto apresenta um projeto que beneficia tanto o programa de comunidade fresca quanto o concedente do subsídio. Certos tipos de propostas têm mais chances de receber financiamento. Considere redigir uma proposta de reabilitação predial para a agência concedente como demonstração. O plantio de árvores em bairros economicamente deprimidos é geralmente visto com bons olhos. Projetos educacionais para crianças em idade escolar ou reabilitações das escolas também são populares.

Para muitas RFPs é essencial para ter outros parceiros, uma vez que alguns subsídios cobrem apenas um percentual do orçamento do projeto. É possível encontrar empreiteiros ou fabricantes dispostos a descontar os seus serviços a fim de demonstrar um novo produto ou aplicação.

Existem vários outros meios para a captação de recursos. Muitas organizações realizam eventos anuais para arrecadar fundos, como um jantar black-tie. Para eventos com o tema de comunidade fresca, faça um leilão ou sorteio de uma nova cobertura fresca ou "venda" blocos de pavimentação ou árvores a serem instalados em um jardim ou pavilhão comunitário.

Há outra possibilidade de financiamento que vale lembrar. A cidade de Chicago financiou seu programa de ilha de calor, após ganhar uma ação de U$ 25 milhões contra a empresa de serviços públicos locais, a Commonwealth Edison, em decorrência da falta de energia durante as ondas de calor de 1995 (Washburn, 1999).

O programa de coberturas frescas do Estado da Califórnia foi financiado na esteira da crise de energia de 2000, por meio de legislação que garantia a reserva de fundos para reduções de cargas elétricas em momentos de pico (Ducheny, 2000). Esteja preparado para agir e pressionar por mudanças positivas no rescaldo da crise.

INVESTIGUE

Um programa de comunidade fresca bem operado deve ter conhecimento das estatísticas da comunidade em termos de coberturas, pavimentação, paisagismo, uso de energia, qualidade do ar e saúde humana, bem como qualquer pesquisa sobre a ilha de calor e clima local. Para compreender a dinâmica da comunidade, junte essas informações no início do seu programa e use-as como ponto de partida para comparação futura. Abaixo estão as listas de vários tipos de informações que devem ser coletadas e algumas possíveis fontes de dados.

Indústria de coberturas

Mercado nacional e regional de coberturas

A National Roofing Contractors Association (NRCA) publica relatórios anuais sobre o mercado nacional e amplos mercados regionais nos EUA. Esses relatórios não indicam a participação de mercado de produtos para coberturas frescas (ainda), mas eles estimam o tamanho dos mercados de novas construções e reposições (de coberturas), bem como a participação de mercado de produtos para coberturas com pequena inclinação e com grande inclinação. O Census Bureau dos EUA (Censo) também recolhe dados sobre as características de construções locais, incluindo algumas informações sobre coberturas, examinando as principais a cada quatro anos. Organizações similares informam essas estatísticas para outros países e regiões do mundo.

Coberturas locais com pequena inclinação

Questione empreiteiros de coberturas locais que atendam o mercado de pequena inclinação para construções comerciais na sua área para conhecer as preferências por materiais tradicionais, preços e garantias. Faça uma estimativa do tempo de vida e custos de manutenção de materiais para coberturas tradicionais.

Coberturas locais com grande inclinação

Questione empreiteiros de coberturas locais que atendam o mercado de grande inclinação na sua área para conhecer as preferências por materiais tradicionais, preços e garantias. Faça uma estimativa do tempo de vida e custos de manutenção de diversos materiais para cobertura.

Coberturas frescas locais com pequena inclinação

Consulte a lista de produtos do Cool Roof Rating Council e a lista de produtos para coberturas US EPA Energy Star para ligar para fabricantes de produtos frescos e encontrar distribuidores na sua região. Encontre empreiteiros locais que sejam certificados ou treinados para instalar produtos frescos e pergunte quais garantias esses empreiteiros e/ou fabricantes oferecem. Quais são as expectativas da vida do material e os custos de manutenção?

Coberturas frescas locais com grande inclinação

Consulte as listas de produtos para coberturas do Cool Roof Rating Council e do US EPA Energy Star para conhecer os fabricantes de coberturas com grande inclinação e saber se eles fazem entregas na sua região. Ligue também para outros grandes fabricantes e distribuidores de coberturas com grande inclinação para saber se eles produzem algum produto fresco que ainda não consta da lista Energy Star, uma vez que alguns produtos podem estar aguardando resultados de testes dos 3 anos. Descubra quais empreiteiros são certificados ou treinados para instalar produtos frescos para coberturas com grande inclinação na sua área e quais garantias são geralmente oferecidas. Quais são as expectativas de vida do material e os custos de manutenção?

Barreiras de mercado

Questione empreiteiros de coberturas e proprietários de edifícios para avaliar o que eles sabem ou pensam sobre coberturas frescas. Quantas pessoas já ouviram falar ou podem definir corretamente coberturas frescas? Quantas pessoas já instalaram coberturas frescas? Quais benefícios eles pensam que essas coberturas trazem? Quanto eles pensam que as coberturas custam? Quantas pessoas instalariam coberturas frescas se elas tivessem o mesmo preço dos materiais tradicionais? Quanto a mais eles pagariam por isso? O que as pessoas pensam que poderia dar errado com um material de cobertura fresca?

Regulamentação e códigos para coberturas

Verifique os códigos locais de construção e energia para obter informações sobre as classificações de resistência ao fogo, restrições de peso ou camadas da cobertura, níveis de isolamento exigidos ou recomendados e quaisquer outras restrições quanto à cor ou aparência de materiais para cobertura.

INDÚSTRIA DE PAVIMENTAÇÃO

Mercado nacional e regional de pavimentação

Contate departamentos de transporte regionais e nacionais para obter estatísticas sobre pavimentação. Por exemplo, o Departamento de Transportes dos EUA publica um relatório anual, o Highway Statistics (Estatísticas de Estradas), que relaciona as características de superfícies urbanas e rurais em vias públicas para cada Estado dos EUA. Entre em contato também com associações comerciais, como o Asphalt Institute (Instituto do Asfalto) e American Concrete Pavement Association (Associação Americana de Pavimentos de Concreto) para saber se eles podem compartilhar dados estatísticos sobre quantidades e tipos de pavimentos utilizados em estradas públicas e privadas, estacionamentos, vias de acesso, calçadas e outras áreas pavimentadas. Relatórios semelhantes existem para a maioria dos outros países.

Mercado Local de pavimentação

Entre em contato com departamentos de transporte, serviços e obras públicas e empreiteiros de pavimentação para obter informações sobre as preferências locais de pavimentação. Um exame aleatório de pavimentos locais também pode ser feito, mas esteja ciente de que muitas vezes é difícil saber o que está abaixo da camada superior de um pavimento. Descubra os custos de instalação e manutenção de materiais tradicionais em aplicações típicas, tais como estradas com diferentes cargas de tráfego, estacionamentos, vias de acesso, calçadas, ciclovias, vias de acesso para bombeiros e outras áreas pavimentadas. Faça uma estimativa da área de superfície total da comunidade coberta por estradas, estacionamentos, vias de acesso e outras áreas pavimentadas e se a área pavimentada é propriedade pública ou privada. Investigue também como os escoamentos de águas da chuva estão sendo mitigados, incluindo os custos de instalação e manutenção de sistemas de drenagem. Pode ser possível demonstrar a substancial redução de custos por meio da utilização judiciosa de pavimentos permeáveis.

Mercado Local de pavimentação fresca

Questione departamentos de transporte, obras públicas e empreiteiras de pavimentação locais para saber quanto dos pavimentos instalados por eles são de cor mais clara ou permeável, e se eles conhecem os valores de sua refletância solar e emissividade térmica quando inicialmente instalados e ao longo do tempo. Faça uma lista de pavimentos frescos instalados localmente. Descubra os custos desses pavimentos frescos em instalações típicas, tais como estradas com diferentes cargas de tráfego, estacionamentos, vias de acesso, calçadas, ciclovias, vias de acesso para bombeiros e outras áreas pavimentadas. Ligue também para fabricantes de diferentes sistemas de pavimentos permeáveis ou frescos para saber se eles têm distribuidores ou instaladores na sua área, ou se eles podem indicar algum projeto local.

Barreiras de mercado

Questione departamentos de transporte, obras públicas e empreiteiros de pavimentos locais, como proprietários de edifícios, para avaliar o que eles sabem ou pensam sobre coberturas frescas. Quantas pessoas sabem o que é pavimentação fresca? Quais benefícios eles pensam que esses pavimentos trazem? Quanto eles pensam que os pavimentos custam? Quantas pessoas instalariam pavimentos frescos se eles tivessem o mesmo preço dos materiais tradicionais? Quanto a mais eles pagariam por isso? O que as pessoas pensam que poderia dar errado com um material de pavimentação fresco?

Códigos e regulamentação de pavimentos

Descubra o que os regulamentos locais e códigos ditam para superfícies pavimentadas, incluindo exigências estruturais, avaliações de atrito e ruídos, e quaisquer restrições quanto à cor e/ou ofuscamento. Determine também os tipos e os custos dos sistemas de drenagem que devem ser instalados atualmente para lidar com o escoamento de águas da chuva a partir do aumento de escoamento gerado por pavimentos impermeáveis.

Indústria de Paisagismo

Cobertura arbórea e vegetativa

Procure organizações de árvores e paisagismo locais ou o departamento de horticultura das universidades locais, para saber as estatísticas sobre a cobertura vegetal local. Por exemplo, a American Forests compilou informações sobre cobertura arbórea para cada área urbana dos EUA (American Forests, 2002) para chegar a um déficit estimado em 634,4 milhões de árvores. Eles também examinaram várias áreas urbanas para determinar a cobertura de outros tipos de vegetação para utilização em análises do ecossistema usando o software CITYgreen. Além disso, o Lawrence Berkeley National Laboratory (LBNL) pesquisou algumas áreas urbanas nos EUA para determinar a cobertura por árvores e vegetação. (Note que os valores do LBNL podem não coincidir com os valores da American Forests, provavelmente porque as áreas de estudo utilizadas são diferentes.) Verifique também as informações existentes sobre a prevalência de diferentes árvores e espécies vegetais, a distribuição de idade das árvores, e as tendências locais sobre plantio e remoção de árvores e vegetação.

Estudo do Ecossistema

Verifique com organizações de árvores e paisagismo locais ou com o departamento de horticultura das universidades locais, para saber se os benefícios trazidos por árvores na comunidade foram estimados. Procure estatísticas sobre produção de oxigênio, emissões biogênicas, remoção da poluição do ar, retenção de enchentes e economia de energia fornecidas pelo departamento de engenharia florestal urbana local.

Setores locais de paisagismo

Determine o quanto de terreno em sua comunidade é de propriedade pública e mantido por órgãos públicos, e o quanto é de propriedade privada e mantido pela iniciativa privada. Como é o zoneamento da sua comunidade, ou seja, como é a distribuição do terreno para áreas comerciais, industriais, varejistas, residenciais ou parques? Quais são as práticas gerais de paisagismo em cada zona?

Mercado e indústria locais de paisagismo

Questione departamentos de obras públicas, paisagistas, especialistas em árvores e viveiros para saber quantas árvores e outras plantas para paisagismo são vendidas anualmente por cada tipo de empresa, bem como as espécies mais comumente utilizadas. Questione também agências de obras públicas e de remoção de árvores para saber quantas árvores são removidas e as principais razões para a sua remoção. Descubra os custos característicos do plantio de árvores em diversas instalações. As organizações de árvores, serviços de utilidade pública ou o governo local possuem algum tipo de programa específico para o plantio de árvores? Existem programas educacionais disponibilizados pelo governo local, por organizações de árvores ou por universidades locais?

Barreiras de mercado

Como árvores e vegetação são percebidas na comunidade? Questione departamentos de obras públicas e os proprietários de vários imóveis comerciais e residenciais para descobrir o que as pessoas pensam sobre as árvores e a vegetação, como quais são os seus benefícios, quais as suas desvantagens, quanto custam para plantar e manter, qual a melhor maneira para cuidar delas e qual a probabilidade de o entrevistado plantar ou remover uma árvore no futuro? Como eles se sentem em relação à conservação de água, poda e manutenção de árvores, possíveis danos à infra-estrutura e questões de visibilidade?

Códigos e regulamentação locais de paisagismo

Verifique com o governo local para descobrir quais leis se aplicam ao plantio de árvores ao longo das ruas, em estacionamentos e em torno de residências. Quais restrições, se houver alguma, se aplicam à remoção de árvores? Que tipos de sistemas de irrigação são exigidos?

CONSUMO DE ENERGIA

Verifique com sua concessionária local ou Comissão de energia para saber as estatísticas anuais e as tendências de consumo de energia elétrica, picos de demanda de eletricidade, utilização de gás natural, e outros tipos de combustíveis utilizados. As quedas de energia devido à falta de alimentação elétrica representam um problema?Que tipo de usinas fornece energia elétrica em sua área? Quais combustíveis elas usam e quais emissões e outros problemas ambientais elas produzem? Há planos em andamento para construção de novas usinas?

QUALIDADE DO AR

Verifique com seu distrito de gerenciamento da qualidade do ar ou agência de proteção ambiental local para saber as estatísticas anuais sobre os poluentes monitorados, tais como material particulado, dióxido de enxofre, óxidos de nitrogênio, compostos orgânicos voláteis e ozônio. A sua comunidade está em conformidade com os padrões de ar limpo? Existe um plano para reduzir a poluição do ar? Medidas de mitigação de ilhas calor fazem parte desse plano?

Conforto Humano e saúde

Informações meteorológicas locais

Verifique com os climatologistas e meteorologistas locais para obter uma análise dos padrões climáticos locais e estatísticas de ondas de calor e como elas podem estar mudando com o passar do tempo. Existe algum índice de conforto ou sistemas de alerta de calor para a sua comunidade? Em caso afirmativo, obtenha as estatísticas desses programas.

Informações de saúde local

Verifique com as autoridades de saúde para saber as estatísticas de incidência de asma, insolação e câncer de pele, bem como as taxas de mortalidade resultantes dessas condições.

Pesquisas existentes sobre ilhas de calor

Imagens térmicas

Pode não haver quaisquer imagens térmicas de alta resolução da comunidade a partir de sobrevôos de aeronaves especialmente equipadas, mas é grande a probabilidade de imagens visuais e térmicas de baixa resolução tiradas por um satélite estarem disponíveis. Verifique com o National Aeronautics and Space Administration (NASA); muitas imagens estão em seu site (www.nasa.gov) e podem ser facilmente transferidas a partir de um download. Se as imagens da comunidade não estiverem no site, ligue para a NASA para saber se um pesquisador poderia encontrá-las.

A força da ilha de calor

Algum pesquisador já analisou a ilha de calor local, ou seja, fez medições de temperaturas das superfícies ou do ar em áreas urbanas em comparação com áreas rurais ou estudou os padrões de ventos ou tempestades em relação à urbanização? Verifique também com climatologistas, meteorologistas e geógrafos locais. Uma busca de literatura pela internet ou em uma boa biblioteca científica também pode localizar pesquisas localizadas em sua comunidade. Algumas boas publicações para busca são *Bulletin of the American Meteorological Society, Atmospheric Environment, Journal of Applied Meteorology, International Journal of Remote Sensing and Boundary Layer Meteorology.*

Estimativas de economia de energia

Muitos estudos vêm sendo realizados para investigar a economia de energia que poderia ser obtida em várias cidades, caso coberturas frescas fossem instaladas e árvores e vegetações fossem plantadas. Verifique a bibliografia sobre ilhas de calor para encontrar pesquisas de energia que podem ser concentradas em sua comunidade. Além disso, verifique com os principais pesquisadores dessas áreas, tais como Lawrence Berkeley National Laboratory, Oak Ridge National Laboratory, Florida Solar Energy Center, Western Center for Urban Forest research, Department of Agriculture's Forest Service e American Forests.

Estimativas de melhorias da qualidade do ar

Poucos estudos investigaram a melhoria da qualidade do ar que poderia resultar da aplicação disseminada de medidas de mitigação das ilhas de calor em várias comunidades. Verifique com os principais pesquisadores nesse campo no Lawrence Berkeley National Laboratory; US Environmental Protection Agency (Agência de Proteção Ambiental dos EUA); Environ International Corporation of Novato, California; e ICF Consulting of Washington DC, e faça também uma busca em revistas científicas.

CONSCIENTIZE

Quando houver informações suficientes coletadas sobre a ilha de calor em sua área bem como seu potencial de mitigação, será preciso conscientizar a comunidade. Há muitas maneiras de transmitir informação, incluindo a realização de seminários, o envio de folhetos informativos e postar a informação em um site.

Lembre-se de que as informações contidas em um folheto não são tão convincentes como uma palestra dada por um especialista motivador. Concentre-se em fazer contatos educativos pessoais por meio de *workshops*, seminários e reuniões, e deixe que os folhetos informativos ou sites sirvam de material adicional para referência. Abaixo listamos algumas informações padrão que devem ser preparadas e apresentamos dicas de como atingir o seu público.

INFORMAÇÕES ÚTEIS PARA CONSCIENTIZAÇÃO

Abaixo estão vários tipos de informações que devem ser preparadas e mantidas a mão para palestras e outras oportunidades de divulgação.

Fichas informativas

Prepare fichas ou folhetos informativos sobre as ilhas de calor, o seu programa e cada uma das tecnologias que você promove, incluindo coberturas frescas com pequena inclinação, coberturas frescas com grande inclinação, pavimentos frescos, bem como a utilização de árvores e vegetação em várias aplicações como em torno de casas e em estacionamentos.

Apresentações

Prepare algumas apresentações básicas para diferentes públicos, como uma conversa sobre mitigação das ilhas de calor para um público geral, uma apresentação mais técnica sobre as opções de mitigação para pessoal de instalações e manutenção, e um seminário educativo sobre coberturas frescas e/ou pavimentos frescos para empreiteiros.

Lista de Peritos

Elabore uma lista de peritos, que possam ser convidados para apresentar seminários, ou a quem você possa consultar em caso de dúvidas. Esta lista deve incluir os cientistas/pesquisadores, representantes do setor, proprietários de edifícios e gerentes de instalações que tenham experiência com tecnologias frescas. Verifique com os especialistas antes de enviar suas perguntas, pois nem todos podem dispor de tempo para responder a muitas dúvidas. Considere separar uma parte de seu orçamento para cobrir os honorários de palestrantes e custos de transporte ou como recompensa pelo tempo gasto para solucionar dúvidas.

Listas de produtos

Elabore listas de produtos para coberturas e pavimentação. As listas de produtos para coberturas do Cool Roof Rating Council e US EPA Energy Star são bons pontos de partida para materiais de construção de coberturas, mas seria melhor reduzir a lista apenas para os produtos que estão disponíveis na sua área.

Listas de Empreiteiros

A fim de oferecer conveniência à sua comunidade, você pode elaborar listas de empreiteiros que estão acostumados a instalar coberturas frescas, pavimentos frescos e projetos paisagísticos eficientes. As exigências de qualificações para integrar esta lista podem ser simples ou complexas, de acordo com as suas determinações. Basta definir antecipadamente qual será o sistema e descobrir como lidar com possíveis reclamações de clientes, com trabalhos de qualidade inferior e com empreiteiros insatisfeitos.

Fichas informativas de projetos

Encontre projetos em sua comunidade que demonstrem a mitigação da ilha de calor e prepare fichas informativas sobre eles. Tente incluir informações sobre os procedimentos de instalação e manutenção, custos e benefícios; energia, água e economia financeira; poluição do ar evitada, e os pareceres do proprietário e usuários da área do projeto.

Listas de árvores

Elabore uma lista das melhores árvores para a sua área, incluindo informações sobre o tamanho da árvore adulta, taxas de emissões biogênicas, as necessidades de irrigação, e outros fatores, como os padrões de frutificação ou florescimento e o crescimento da raiz. Paisagistas e especialistas em árvores locais podem já ter listas de recomendações disponíveis.

Amostra de materiais

Junte amostras de materiais para coberturas e pavimentação e fotos das melhores espécies de árvore. Essas amostras e fotos são ótimas para distribuir durante seminários ou para exibição em um estande em feiras comerciais ou comunitárias. Amostras de materiais têm tendência a desaparecer, por isso tente recolher muitas delas.

Posters

Posters em tamanhos avantajados são úteis em seminários ou para exposição em feiras comerciais ou comunitárias.

Imagens térmicas grandes de áreas urbanas são muito apreciadas, especialmente se for uma imagem do local.

Website

A maioria das informações acima pode ser facilmente armazenada em um site para acesso por sua comunidade e outros ao redor do mundo. É mais fácil, mais rápido e menos dispendioso direcionar os interessados a um site para obter informações do que enviar folhetos ou fichas informativas.

Programas escolares

As ilhas de calor são um tópico excelente para crianças em idade escolar estudarem. Os alunos aprendem sobre o sol, o clima local, bem como os efeitos das plantas e materiais de construção sobre as temperaturas. Eles podem realizar suas próprias experiências, comparando as temperaturas de diferentes materiais, encontrando os pontos quentes e frios em torno de sua escola, ou medir as variações de temperatura ao longo do tempo. Por exemplo, o kit do programa "Kool Kids", desenvolvido pelo Utah Energy Office (Instituto de Energia do Estado de Utah) (ver Figs. 9.1 e 9.2), inclui quatro aulas sobre ilhas de calor e o clima de Utah, mais aparelhos para medições práticas (Utah Energy Office, 2002).

Os alunos também podem plantar árvores e paisagismo, como parte de um projeto de mitigação da ilha de calor. O programa "Cool Schools" em Los Angeles, Califórnia, trabalha com crianças em idade escolar para plantar árvores em torno das escolas (Little, 1999).

DICAS DE DIVULGAÇÃO

Realize seminários e *workshops* regularmente para atingir e conscientizar os diversos setores da sua comunidade, tais como líderes do governo e da comunidade, empreiteiros e incorporadores, arquitetos, paisagistas, ambientalistas e outros. Além de apresentações mais formais em encontros da comunidade e de grupos comerciais, realize *workshops* práticos em locais de demonstração.

FIG. 9.1 *O kit Kool Kids de Salt Lake City com planos de aula, um analisador de infravermelhos, termômetros, mapas térmicos e duas casas modelo, uma com cobertura clara e uma com cobertura escura*

Lembre-se de que o seu público de profissionais do setor da construção nem sempre tem tempo para participar de *workshops*. Certifique-se de que seus *workshops* e seminários são informativos e concisos, proíba argumentos de vendas, e tente agendar reuniões em horários convenientes. Encontros durante o café da manhã e almoço têm o apelo adicional de oferecer comida. É de grande ajuda também coordenar a publicidade para os seminários com grupos de construção locais e organizações comerciais, a fim de aperfeiçoar o seu tempo e a probabilidade de comparecimento dos profissionais (ver Fig. 9.3).

FIG. 9.2 *Crianças em idade escolar medindo temperaturas em um playground*
Fonte: Utah Energy Office.

DEMONSTRE

Antes de todo mundo começar a usar uma nova tecnologia, eles precisam ver alguém usá-la com sucesso. Você deve encontrar projetos de demonstração bem sucedidos que já existam em sua comunidade ou organizar alguns novos.

Fig. 9.3 *Participantes ganhando experiência prática no* workshop Ecohouse Living *(Vivendo em uma Casa Ecológica) em Berkeley, Califórnia*
Fonte: Dig City Coop.

Encontre projetos de demonstração existentes

É possível que já existam diversas boas demonstrações de tecnologias frescas em sua comunidade. Coberturas frescas com pequena inclinação já foram instaladas na maioria das comunidades. Exemplos bem sucedidos de paisagismo em torno de edifícios, ao longo de ruas, em estacionamentos, em pátios de escolas e parques podem ser encontrados em qualquer comunidade. Pode haver uma ou duas coberturas verdes ou algumas instalações de pavimentos frescos ou permeáveis. Em casos raros, coberturas frescas com grande inclinação podem estar em uso em algumas casas.

Pesquise, investigue e documente o maior número de projetos frescos locais que puder. Aborde os proprietários dos edifícios e empreiteiros envolvidos em cada projeto fresco para saber se eles podem compartilhar as informações do projeto. Tente obter informações sobre os procedimentos de instalação, manutenção, custos, economia de energia e outros benefícios percebidos. Se os projetos não funcionam bem, aprenda com os erros deles. Se os projetos são bem sucedidos e podem oferecer informações valiosas, use-os para demonstrar a tecnologia fresca.

Se não há um determinado tipo de projeto em sua comunidade, procure fora de sua comunidade.

Junte todas as informações que puder sobre os custos do projeto, instalação e manutenção, e o desempenho em longo prazo.

CRIE NOVOS PROJETOS DE DEMONSTRAÇÃO

Muitas vezes não há exemplos úteis de determinadas tecnologias frescas em uma comunidade. Neste caso, projetos de demonstração devem ser desenvolvidos.

Comece identificando os proprietários de imóveis inovadores, projetistas e empreiteiros na sua área.

Junte-se a fabricantes e especialistas em diversas tecnologias e forme coligações para debater e investigar possíveis projetos. Busque oportunidades de subsídio para ajudar a financiar esses projetos.

Lembre-se de que numa coligação de sucesso todos são beneficiados – fabricantes abrem novos mercados, empreiteiras e projetistas aprendem novas técnicas e desenvolvem novos mercados, e os proprietários de imóveis podem experimentar novas tecnologias, muitas vezes, a um custo reduzido.

Uma vantagem de executar um novo projeto de demonstração é a possibilidade de catalogar e monitorar o projeto do início ao fim. Certifique-se de tirar fotos ou vídeos antes, durante e depois da construção. Faça medições do consumo de energia e das temperaturas do ar antes e depois da construção.

Considere a organização de seminários no local durante a construção para conscientizar a comunidade em geral.

Convide a imprensa e obtenha um pouco de publicidade gratuita.

Seus projetos de demonstração poderão, por vezes, não se concretizar. Os custos podem ser muito elevados, os parceiros podem desistir, ou os projetos podem ser instalados e se revelarem um fracasso. Apesar de desanimador, isso faz parte do processo normal de aprendizagem de novas tecnologias. Entenda bem as razões pelas quais um projeto fracassou e tente melhorar essas questões quando da realização de novos projetos. Problemas inesperados também são comuns com novas tecnologias. Demonstrações têm um papel importante no processo de desenvolvimento e acerto de possíveis erros de uma nova tecnologia. Os projetos bem sucedidos irão ensinar algo novo a todos.

A cidade de Chicago, Illinois, comprometeu-se com dois projetos de demonstração: Uma cobertura verde sobre a Câmara Municipal e a instalação de sistemas de pavimentação porosa. A cobertura verde da Câmara Municipal, mostrada na Fig. 9.4, é um sistema completo de cobertura verde em camadas, com a estanqueidade e estabilidade estrutural necessárias para suportar o jardim e seus sistemas de armazenamento de água e irrigação.

Outro projeto interessante em Chicago foi o uso de um sistema poroso de pavimentação em uma viela. O sistema inclui uma camada de base agregada coberta por uma estrutura treliçada de apoio preenchida e coberta com cascalho. O cascalho de cor mais clara substitui o pavimento original escuro e absorvente de calor para reduzir o efeito da ilha de calor e elimina as inundações crônicas sem a utilização de esgotos. A nova superfície, mostrada na Fig. 9.5, também suporta o tráfego de automóveis e transporte público.

Fig. 9.4 *Cobertura verde na Câmara Municipal de Chicago Fonte: City of Chicago.*

Fig. 9.5 *Viela reconstruída em Chicago usa cascalho ao longo de um sistema de blocos permeáveis Fonte: ©Peter Wynn Thompson, 2007, New York Times.*

Tome a iniciativa

Há muitas maneiras de impulsionar a utilização das tecnologias frescas sem recorrer à legislação. Abaixo estão alguns exemplos de projetos de mitigação de ilhas de calor que você pode seguir para tornar nossa comunidade mais fresca e saudável.

Aumento da oferta de produtos frescos

Alguns produtos frescos não estão prontamente disponíveis nas comunidades. Pode não haver nenhum distribuidor de produtos para coberturas frescas (especialmente para coberturas com grande inclinação), blocos permeáveis, selantes de pavimento mais frescos ou outros produtos frescos. Pode ser interessante intervir no mercado de produtos frescos. Incentive os fabricantes, distribuidores e fornecedores a oferecerem produtos frescos para coberturas e pavimentação em sua comunidade. Trabalhe para conscientizar empreiteiros sobre esses produtos e estimular sua demanda. Considere a possibilidade de patrocinar uma exposição de produtos frescos, ou a realização de sessões de treinamento sobre novas tecnologias frescas.

MUDANÇA DAS NORMAS CONSTRUTIVAS DO SETOR PÚBLICO

Uma vez que produtos para a mitigação das ilhas de calor tiverem sido devidamente demonstrados em uma comunidade, é hora de governos locais adotarem esses produtos em edifícios públicos. A receptividade dos governos locais varia. Em algumas comunidades, o governo local é inovador nos setores de energia e meio ambiente e pode já ter se envolvido em projetos de demonstração. Outros governos são mais resistentes à mudança, ou tiveram experiências negativas com novas tecnologias. Não obstante, o governo local muitas vezes é o principal agente de mudança em uma comunidade, e é um parceiro bastante valioso.

Incentive o seu governo local a adotar uma política de implantação de tecnologias frescas em todos os edifícios públicos. Por exemplo, cidades e governos locais podem decidir utilizar produtos para coberturas frescas em todos os edifícios públicos como fez a cidade de Tucson, Arizona (EPA, 2002). Paisagismo para oferecer sombra em estacionamentos públicos, em torno dos edifícios públicos, em parques e em torno das escolas também pode ser exigido. Você pode trabalhar para aprimorar a linguagem dessas resoluções e adequar as qualificações para essas resoluções, de modo a atendê-las.

O Governo promove licitações com empreiteiros e fornecedores para a maioria dos projetos de construção. Esteja preparado para fornecer especificações para a licitação que possam ser inclusas nos pedidos do projeto. Por exemplo, uma licitação para um projeto de cobertura pode exigir linguagem que descreva níveis mínimos de refletância solar e emissividade térmica para a cobertura, especificando a inclusão de um determinado material na lista do Cool Roof Rating Council, estabelecendo níveis mínimos de garantias ou a especificação de um determinado tipo de material para cobertura. Licitações para edifícios ou estacionamentos podem exigir especificações adicionais para paisagismo em termos de área coberta por árvores de sombra, tamanhos mínimos para covas de árvores e composição do solo.

INFLUÊNCIA SOBRE AS NORMAS CONSTRUTIVAS DO SETOR PRIVADO

O governo local pode ser muito influente, porém, a grande maioria dos projetos de construção está no setor privado. Oferecer ideias e conselhos sobre a mitigação das ilhas de calor para arquitetos e incorporadoras pode ser bastante compensador. Mantenha as suas ideias sucintas e práticas, promova tecnologias frescas específicas que apresentem boa relação custo-benefício e sejam atraentes para os clientes de um projeto. Lembre-se de que incorporadoras estarão mais preocupadas com os custos iniciais do projeto, uma vez que os custos em longo prazo são geralmente passados aos proprietários ou arrendatários.

Também pode ser útil contribuir para os padrões de *design* locais. Por exemplo, programa Cool Communities de Salt Lake

City trabalhou com várias entidades para acrescentar diretrizes para comunidades frescas às diretrizes de *design* urbano. Eles trabalharam para incluir o plantio de árvores e a utilização de superfícies pavimentadas frescas, como parte da Best Available Control Technology Parking Lot rule (lei de melhor tecnologia de controle disponível para estacionamentos) do Estado de Utah (Redisch, 2002). Eles forneceram informações para arquitetos e paisagistas do plano de ação de Highlands, Utah, sobre onde adicionar árvores e arrefecer as superfícies (Anderson, 2000). Também colaborou com Envision Utah, uma organização sem fins lucrativos focada em questões de crescimento urbano, de modo a incluir uma seção sobre ilhas de calor urbanas nas diretrizes regionais de *Urban Planning Tools for Quality Growth* (Ferramentas de Planejamento Urbano para Crescer com Qualidade) (Envision Utah, 2002).

Outro bom exemplo de orientação de projeto é a política energética sustentável de San Jose, Califórnia (San Jose, 2003), que incentiva o uso de coberturas frescas e árvores e vegetação.

Promoção de certificação LEED

O US Green Building Council promove um programa para a certificação da sustentabilidade dos edifícios. O sistema de classificação do Leadership in Energy and Environmental Design (LEED – ou Liderança em Design Energético e Ambiental) certifica edifícios que possuem medidas sustentáveis instaladas. Quando o programa começou em 1999, havia um único sistema de classificação para todos os edifícios. Em 2005, foram introduzidos sistemas de classificação para diferentes tipos de construção e fases do ciclo de vida, como a construção de novos edifícios/grandes reformas de edifícios comerciais e institucionais, funcionamento de edifícios existentes e construção de novas casas.

Pelo novo sistema de avaliação de construções, pode-se atingir um total de 69 pontos, dos quais 6 ou mais pontos podem ser atribuídos a implantação de medidas para ilhas de calor (USGBC, 2005b). São exigidos pelo menos 26 pontos para um novo prédio ter a certificação LEED, 33 pontos para obter uma certificação "prata", 39 para 'ouro' e 52 para ter a certificação "platina". Pelas normas construtivas existentes, pode-se atingir um total de 85 pontos, sendo necessários 32 pontos para obter a certificação mínima (USGBC, 2005a). Ambos os sistemas de classificação incluem 6 ou mais pontos que podem ser concedidos pela instalação de medidas de mitigação das ilhas de calor, conforme listados no Quadro 9.1.

Incentive os proprietários e incorporadores públicos e privados a obterem certificações LEED e faça menções especiais sobre edifícios que utilizam medidas de mitigação das ilhas de calor. Trabalhe com profissionais credenciados LEED para garantir o conhecimento de todas as tecnologias frescas disponíveis para um edifício obter certificação.

Realize eventos para promover a conscientização

Há muitas maneiras de promover a conscientização sobre ilhas de calor e seus efeitos. Em Miami, o exterior de uma cobertura ao lado de uma passagem do transporte público foi coberta por um revestimento fresco branco reluzente e slogans foram pintados sobre ele para promover medidas de arrefecimento (Fig. 9.6). Estima-se que 95.000 usuários do Metrorail visualizavam essa propaganda a cada mês. Essa propaganda foi usada para ajudar na divulgação de duas promoções de coberturas frescas: um concurso para sortear um revestimento fresco gratuitamente e um empreendimento de novas casas construídas com coberturas brancas no lugar de telhas vermelhas.

Outra ideia de mitigação de ilhas calor tornou-se um evento e tanto em Tóquio. Uchimizu é um antigo costume japonês de aspersão de água em um dia quente para resfriar a terra e reduzir a poeira.

QUADRO 9.1 CRÉDITOS LEED DISPONÍVEIS PARA UTILIZAÇÃO DE MEDIDAS DE MITIGAÇÃO DAS ILHAS DE CALOR

Créditos	Tecnologias	Descrição
Gerenciamento das águas de chuva Crédito LS 6.1 – 1 ponto	Coberturas verdes ou tetos-jardim, pavimentos permeáveis	Manter as taxas de escoamento de águas da chuva baixas por meio da utilização de coberturas verdes e matérias de pavimentação permeáveis
Efeito da ilha de calor – não cobertura Crédito LS 7.1 – 1 ponto	Árvores de sombra, pavimentos com albedo alto, pavimentos permeáveis	Sombrear, utilizar pavimentos com índice de refletância solar mínimo de 29% ou utilizar pavimentos abertos porosos em pelo menos 50% de áreas que não sejam coberturas
Efeito da ilha de calor – cobertura Crédito LS 7.2 – 1 ponto	Coberturas frescas Coberturas verdes	Instalar coberturas com índice de refletância solar mínimo de 75% sobre mais de 75% da área da cobertura, ou uma cobertura verde sobre pelo menos 50% da área de cobertura
Otimização de desempenho energético Crédito EA 1 – até 10 pontos	Coberturas frescas	Implantar tecnologias que promovam a eficiência energética, como coberturas frescas, para melhorar o desempenho energético de edifícios além do padrão ASHRAE 90.1-2004, onde coberturas frescas ainda são itens voluntários e conseguem compensar a necessidade de isolamento (ASHRAE, 2004)
Reutilização de edifício Crédito MR 1.1 – 1 ponto	Coberturas frescas	Reutilizar pelo menos 75% das paredes existentes de um edifício. Vários sistemas de coberturas frescas podem ser reutilizados diversas vezes para preservar a estrutura subjacente
Reutilização de edifício Crédito MR 1.2 – 1 ponto	Coberturas frescas	Um ponto adicional é dado pela reutilização de 95% da envoltória do edifício

Nota: LS, Locais Sustentáveis; EA, Energia e Atmosfera; MR, Materiais e Recursos
Fonte: USGBC, 2005a, 2005b.

FIG. 9.6 *Miami, Dade County, último andar com slogans de comunidades frescas, ao lado do Metrorail*

O Governo Metropolitano de Tóquio ressuscitou essa prática em 2003, convidando todos os residentes a aspergir água ao meio-dia, do dia 8 de agosto. Em poucos anos, isso se transformou em um evento onde moças vestidas de "café maid" se reúnem para borrifar água desde o final de julho até meados de agosto, atraindo muita animação e atenção (Fig. 9.7). O Projeto Uchimizu foi uma campanha extremamente bem sucedida para

FIG. 9.7 *Moças vestidas de "café maids" borrifando água durante o evento Uchimizu, em Tóquio, no Japão, em 5 de agosto de 2007*
Fonte: Choo, 2007.

conscientizar os cidadãos de Tóquio, inclusive motoristas de táxi (Masanori, 2007), sobre as ilhas de calor.

Use publicidade e a imprensa de forma eficaz para atrair a atenção do seu público. Lembre-se de que a controvérsia atrai a atenção da imprensa e, consequentemente, do seu público, por isso, uma lista dos "piores e melhores" para reconhecer bons projetistas de projetos frescos, ou apontar projetos quentes e insalubres (Fig. 9.8), pode ganhar espaço no noticiário local em meio a uma onda de calor.

PROGRAMAS DE PLANTIO DE ÁRVORES

Programas de plantio de árvores são geralmente muito populares e eficazes para mitigar as ilhas de calor. Há muitos tipos diferentes de programas de plantio de árvores a considerar (Summit e Sommer, 1998). Plante árvores durante um evento de um dia em um bairro, parque ou pátio de escola. Organize um evento anual de Arbour Day (Dia da Árvore) e patrocine o plantio de árvores em vários locais em toda a sua comunidade. Por exemplo, na esteira do furacão Andrew, em 1992, e após muitos anos de expansão urbana, a região de Miami tinha apenas 10% cobertura arbórea (Moll, 1998). O programa de comunidades frescas de Dade County patrocinou alguns eventos de plantio de árvores bem sucedidos por Miami (Fig. 9.9), incluindo o plantio de 220 árvores de sombra em torno de casas em uma área de cinco quarteirões em 1998, 237 árvores em seis bairros entre 1998-1999, e o plantio de 198 árvores em mais quatro bairros entre 1999-2000.

O Sacramento Municipal Utility District promove programas de plantio de árvores sombra mais extensos (Hildebrandt e Sarko-

FIG. 9.8 *Este estacionamento de asfalto negro, sem um pingo de vegetação, é um excelente candidato para um prêmio de "a maior vergonha" para uma comunidade fresca*

vich, 1998). Seus programas são operados pela Sacramento Tree Foundation, uma organização sem fins lucrativos, incluem o Neighborwoods, cuja meta é o plantio de árvores em bairros específicos e o Sacramento Shade, que promove o plantio de árvores em torno de casas para maximizar o sombreamento e a economia de energia.

Independentemente do tipo de programa de plantio de árvores desenvolvido, certifique-se de que as árvores não são plantadas e esquecidas. Forneça treinamento aos participantes do programa sobre as técnicas de plantio mais adequadas e os cuidados necessários, e peça o comprometimento da comunidade para manter e proteger as árvores que são plantadas (Acosta, 1989). Reserve uma parte do orçamento do projeto para garantir que esses importantes cuidados tenham seguimento.

PROGRAMAS DE INCENTIVO ÀS COBERTURAS FRESCAS

Em todo o mundo, companhias de energia elétrica enfrentam dificuldades em atender a crescente demanda por energia, especialmente durante as ondas de calor do verão. Coberturas frescas economizam energia quando ela é mais exigida, durante as tardes quentes e ensolaradas de verão. Muito poucos edifícios atualmente utilizam coberturas frescas, por isso existe um grande potencial de conservação ainda inexplorado.

FIG. 9.9 *Plantio de árvores por voluntários do bairro, num subúrbio de Miami*

O Estado da Califórnia tem sido líder em programas de incentivo às coberturas frescas, em grande parte em resposta à crise energética da Califórnia de 2000 (Ducheny 2000). A partir de 2001, o Estado da Califórnia e alguns serviços públicos municipais ofereciam incentivos para a instalação de produtos frescos em coberturas com pequena inclinação de edifícios comerciais (Rudman, 2003). Empresas privadas, com financiamento da California Public Utilities Commission (Comissão de Serviços de Utilidade Pública da Califórnia), deram seguimento a esses programas, entre 2003 e 2005, como parte de seus programas de utilidade pública Express Efficiency and Savings by Design (Projeto para Eficiência Expressa e Economia).

Esses programas foram suspensos em outubro de 2005, depois que uma nova regulamentação de energia da Califórnia, a Title 24, tornou coberturas frescas obrigatórias (CEC, 2005). Estes programas pagavam incentivos de U$ 0,10-0,20 por pé quadrado (0,09 m^2)de cobertura fresca instalada, ou por quilowatt/hora economizado em edifícios com ar-condicionado.

Em 2006, os serviços públicos da Califórnia também começaram a oferecer incentivos para coberturas frescas aos proprietários de casas. Incentivos de U$ 0,10-0,20 por pé quadrado são oferecidos aos proprietários de edifícios com ar-condicionado que instalam coberturas frescas (PG&E, 2006). Este programa inclui descontos para coberturas com pequena inclinação com refletância solar superior a 70% e para coberturas com grande inclinação com refletância solar superior a 25% (Nível 1, com U$ 0,10 por pé quadrado de desconto) ou superior a 40% (Nível 2, com desconto de U$ 0,20 por pé quadrado). Existem muito poucos produtos para coberturas com grande inclinação que atendem a essas exigências de refletância, assim esse programa pode estimular os fabricantes de coberturas a fornecerem produtos mais frescos.

Alerta de calor e sistema de saúde

Depois de numerosas mortes em razão das intensas ondas de calor na América do Norte, muitas cidades começaram a utilizar sistemas de alerta de calor. Nova York, Filadélfia, Toronto e outras cidades começaram a emitir alertas de calor quando as condições climáticas podem provocar estresse excessivo à saúde humana (Kalkstein et al., 1996; Hill, 2002; Sheridan, 2002). Esses sistemas de alerta não só fornecem informações sobre como se manter fresco durante uma onda de calor, mas também indicam abrigos frescos onde as pessoas podem ir para escapar do calor. Consulte os serviços de saúde pública da sua comunidade para verificar as possibilidades de iniciar um programa semelhante.

Um bom exemplo de um programa eficiente foi o programa Cool Aid da Filadélfia, operado pela Energy Coordinating Agency of Philadelphia (Agência Coordenadora de Energia da Filadélfia), uma organização sem fins lucrativos. O Cool Aid tinha três funções: instalar coberturas frescas sobre as casas de moradores de baixa renda (como mostrado na Fig. 9.10); fazer notificações de emergências de calor por telefone; e oferecer conhecimento sobre energia e serviços sociais para garantir que os residentes sejam atendidos corretamente durante as ondas de calor.

O programa Cool Aid reduziu as temperaturas dentro e fora da casas com a nova cobertura. A Fig. 9.11 mostra que as temperaturas do ar no segundo andar de tais casas com coberturas frescas eram de 0,5-2,8°C mais frescas durante todo o dia do que em casas com sistemas de coberturas tradicionais (Kalkstein e Frank, 2001). Em um quarteirão da Filadélfia, onde todas as 30 coberturas receberam revestimentos frescos, a temperatura média do ar ao longo da rua era cerca de 0,5°C mais fresca em média do que em um quarteirão próximo onde as casas tinham coberturas pretas tradicionais (Wood, 2002).

FIG. 9.10 *Revestimento fresco sendo aplicado sobre coberturas negras em casas geminadas na Filadélfia*

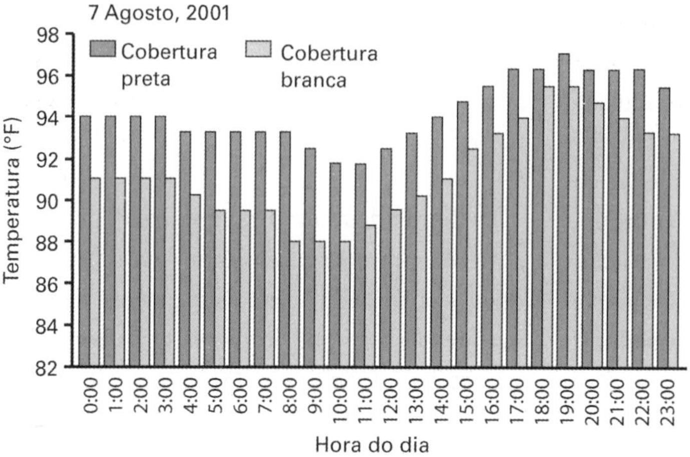

FIG. 9.11 *Temperaturas do ar no interior do segundo andar de casas geminadas na Filadélfia, com e sem cobertura fresca*
Fonte: Kalkstein e Frank, 2001.

O programa Cool Aid funciona em conjunto com um alerta de calor e um sistema de alerta de saúde desenvolvidos pelo Dr. Laurence Kalkstein (Kalkstein et al., 1996) e em vigor desde 1995. Este sistema determina se uma massa de ar pode ser perigosa, por meio de análises de previsões do Serviço Meteorológico Nacional da Filadélfia. O sistema leva em conta variáveis como temperatura, umidade, nebulosidade, a duração e o momento de uma onda de calor prevista, e em qual temperatura limite na Filadélfia a taxa de mortalidade tende a aumentar.

LEGISLAÇÃO

Esta seção analisa a legislação atual para diversas medidas de mitigação das ilhas de calor. Códigos e regulamentações têm sido historicamente utilizados para especificar práticas construtivas seguras e eficazes, mas também podem ser usados para incentivar uma comunidade a adotar medidas de mitigação de ilhas de calor. Os códigos e regulamentações existem para especificar o uso de coberturas frescas, estabelecer regras para o plantio e remoção de árvores de rua, e orienta o plantio de árvores em estacionamentos ou a instalação de coberturas verdes. Até o momento, não há código ou regulamentação que especifique o uso de pavimentos frescos ou permeáveis.

A aprovação de códigos e regulamentações exige muito trabalho. A base técnica deve ser sólida, a legislação deve ser elaborada e aprovada por muitos partidos e será essencial ter apoio político para garantir a sua aprovação. Mudanças que envolvem mitigação de ilhas de calor impactam diretamente muitos setores e podem gerar bastante controvérsia. Por exemplo, um esforço para elevar os padrões de refletância solar de coberturas em Chicago foi diferido pela Associação Nacional de Empreiteiros de coberturas (Dupuis e Graham, 2005). Faça planos para introduzir mudanças gradualmente ao longo do tempo e dar incentivos para aqueles que adotarem as medidas prontamente.

Legislação para árvores e vegetação

Regulamentações para árvores e paisagismo atendem a quatro operações comuns em áreas urbanas (Bernhardt e Swiecki, 1991). Primeiro, as regras de plantio de árvores regulam como e onde plantar árvores e outros tipos de vegetação. Estas regras são motivadas pelo desejo de ter um paisagismo atraente que não interfira com a segurança pública. Segundo, as cláusulas de proteção às árvores evitam que árvores sejam removidas sem justificativas, e exigem licenças para a remoção e às vezes até para a poda de árvores. Terceiro, normas de proteção da visibilidade regem disputas entre vizinhos, sobre árvores que bloqueiam a visibilidade ou a luz solar. Finalmente, os regulamentos de sombreamento por árvores asseguram um mínimo de cobertura florestal ao longo de servidões públicas e, por vezes, em estacionamentos.

As regulamentações para árvores e paisagismo em qualquer comunidade, geralmente combinam diferentes aspectos das quatro funções acima relacionadas. Normas para proteger árvores e fornecer sombra são os as mais cruciais para a mitigação de ilhas de calor. Considere a atualização das normas regulamentadoras de árvores locais para adotar algumas das regulamentações exemplificadas abaixo.

Legislação de proteção à árvore

A perda prematura de uma árvore madura deve ser evitada, uma vez que as árvores maduras são mais eficazes em proporcionar os benefícios de sombra, arrefecimento e remoção de poluição. Regulamentações de proteção à árvore tentam proteger as árvores de diferentes maneiras.

Regulamentações típicas de proteção às árvores, como as de Nashville, Tennessee, requerem uma autorização do engenheiro florestal da cidade ou de um especialista antes que qualquer árvore possa ser removida (Nashville, 1994). Esta disposição pode ter diferentes graus de eficácia na proteção de árvores maduras, dependendo da rigidez do especialista em árvores em permitir a remoção das árvores.

A cidade de Atlanta, Geórgia, não protege apenas a árvore, mas a zona da raiz principal da árvore, ao não permitir perturbações no solo sob a área da copa de uma árvore (Atlanta, 1989). Isto inclui a proibição de produtos químicos tóxicos em proximidade da árvore e a restrição de pavimentação ao redor da árvore, sendo necessário deixar ao menos 16 pés quadrados de solo aberto.

Legislação para árvores de rua

Uma legislação eficaz para árvores de rua faz mais do que apenas especificar o número de árvores a serem plantadas ao longo de uma rua. A melhor legislação também dá orientações sobre a seleção de árvores, plantio e manutenção, a fim de prolongar a vida de uma árvore de rua e minimizar os problemas com pavimentos, fios elétricos e edificações.

Por exemplo, Orlando, Flórida, especifica que as árvores devem ser plantadas ao longo de ambos os lados de uma rua com uma árvore a cada 15-30 m (Florida, 2000). As árvores selecionadas devem também oferecer um mínimo de cobertura através de suas copas.

Atlanta, Geórgia, exige que as árvores de rua sejam plantadas em fileiras com pelo menos 1 metro de largura, com pelo menos uma árvore a cada 7,5 m (Atlanta, 1989). As árvores também devem ser mantidas a distâncias especificadas de hidrantes, vias de acesso, iluminação pública e postes.

Legislação para sombreamento em estacionamentos

Regulamentações para sombreamento em estacionamento têm o objetivo de oferecer sombra e arrefecer pavimentos e veículos, reduzindo os efeitos da ilha de calor e minimizando as emissões a partir de carros estacionados. Sacramento, Califórnia, possui uma portaria para sombreamento por árvores em estacionamentos em vigor desde meados da década de 1980. Esta portaria exige que estacionamentos novos, ou estacionamentos existentes significativamente alterados, plantem árvores suficientes para sombrear 50% da área do estacionamento, após 15 anos de crescimento das árvores. Um estudo recente de estacionamentos em Sacramento descobriu que os estacionamentos conseguiam ter apenas 27% de sombreamento em média (McPherson, 2001). A portaria foi atualizada para aumentar o tamanho das covas das árvores e fazer outras alterações para auxiliar as árvores a crescem e conseguirem oferecer melhor sombreamento ao longo do tempo.

Orlando, Flórida, também possui disposições para estacionamentos sombreados em suas regulamentações (Florida, 2000). Áreas de estacionamento são obrigadas a ter cobertura arbórea de um "ponto de árvore" para cada 9 m^2. Neste sistema de classificação, uma árvore de 3 m vale um ponto de árvore e uma árvore de 9 m vale quatro pontos de árvores.

Árvores e códigos de energia

Atualmente, nenhum código de energia de edifícios incorpora os efeitos de sombreamento de árvores na eficiência energética de um edifício. Mesmo com muito trabalho sendo feito para incorporar um componente arbóreo em um código de energia (Meier, 1990; Meerow e Black, 1991; Akbari et al., 1992, 1993; McPherson e Simpson, 1995; Hildebrandt et al., 1996; Simpson, 1998; McPherson e Simpson, 1998), códigos de edifício atuais só estão preparados para incorporar a eficiência energética dos componentes e sistemas que estejam dentro do envelope do edifício.

Legislação para coberturas frescas

Antes de 1995, a única legislação reguladora de coberturas frescas determinava que a cor da cobertura não poderia provocar ofuscamento excessivo. Em 1995, o Estado da Geórgia, acrescentou as primeiras disposições para a utilização de coberturas frescas como uma opção de eficiência energética em seu código, seguido por decretos semelhantes na Flórida e na Califórnia. A cidade de Chicago passou a exigir coberturas frescas em todos os edifícios novos em 2002, com um plano para elevar a exigência de refletância solar ao longo do tempo. Espera-se que coberturas frescas sejam incluídas nos códigos de energia em todo território dos EUA, primeiramente como uma opção e, eventualmente, como uma medida obrigatória da eficiência energética. Exemplos de legislação que afetam a utilização de coberturas frescas estão descritos a seguir.

Legislação de código energético

Vários estados e municípios dos EUA estão reconhecendo o potencial de economia energética das coberturas frescas, acrescentando disposições para essas coberturas em seus códigos energéticos de edifícios. Embora este seja um passo importante para a aceitação da cobertura fresca pelo mercado, a maioria dos códigos energéticos se aplica apenas às novas construções

O Estado da Geórgia foi o primeiro a adicionar coberturas frescas ao seu código energético. Seu código oferece mais crédito para o isolamento do telhado se uma cobertura fresca for utilizada. O real nível de isolamento pode ser multiplicado em até 1,16 se for instalada cobertura fresca com pelo menos 75% de refletância solar e emissividade térmica (Georgia, 1995). Isso significa que um menor nível de isolamento pode ser utilizado para atender ao padrão energético total do edifício. É importante observar que, nesse código, o uso de uma cobertura fresca é opcional, e se o nível de isolamento for reduzido quando a cobertura fresca for utilizada pode não haver economia líquida de energia.

O Estado da Flórida adotou regras semelhantes ao código da Geórgia (Florida, 2001). Edifícios com cobertura com 65% de refletância solar mínima e 80% de emissividade térmica mínima são elegíveis para um crédito de arrefecimento e um de aquecimento, desde que não haja uma barreira radiante instalada no forro da cobertura ou no espaço do sótão.

A cidade de Chicago tentou dar um passo maior, exigindo que todos os novos edifícios não residenciais utilizassem coberturas frescas a menos que tivessem uma cobertura verde ou células fotovoltaicas na cobertura. O primeiro esboço desse código define que uma cobertura fresca deve ter pelo menos 65% de refletância solar e 90% de emissividade térmica (Chicago, 2001). A indústria de coberturas obteve êxito contra esta legislação (Dupuis e Graham, 2005), forçando o mínimo de refletância solar para 25% até 2008 (Chicago, 2003), com aumento posterior.

Em 2001, em resposta à escassez de energia elétrica, o Estado da Califórnia atualizou o seu código energético de edifícios, o Title 24, acrescentando coberturas frescas como uma opção de eficiência energética em edifícios não-residenciais (CEC, 2001). Esse código foi atualizado em 2003 e entrou em vigor em 2005, com a cobertura fresca sendo, essencialmente, obrigatória em edifícios não-residenciais (CCE, 2003). Se coberturas frescas não forem instaladas, os proprietários do edifício devem aumentar a eficiência energética do edifício de alguma outra forma para compensar. Esse código da Califórnia não se aplica apenas às novas construções, mas o que é mais importante, também se aplica à reconstrução de coberturas de edifícios existentes.

Legislação para cor de coberturas

Algumas comunidades têm portarias que limitam as cores das coberturas. Essas restrições são normalmente destinadas a fornecer uma aparência uniforme para coberturas visíveis em residências de acordo com o patrimônio arquitetônico da região. Em outras comunidades, pode haver uma restrição contra o uso de cores gritantes nas coberturas, como o branco reluzente de uma cobertura fresca. Essa restrição visa manter telhados discretos, especialmente se forem visíveis da via pública, dos edifícios mais altos ou de colinas com vista para a construção.

Legislação para cor de coberturas pode tornar-se um sério obstáculo para a melhoria da eficiência energética dos edifícios. Até que mais materiais frescos coloridos sejam desenvolvidos, ou a menos que essa legislação seja revogada, algumas áreas não poderão adotar materiais de coberturas frescas na cor branca reluzente.

LEGISLAÇÃO PARA PAVIMENTOS FRESCOS

Atualmente não há legislação que obrigue os pavimentos a atender padrões de cor ou de refletância solar nos EUA. Algumas comunidades têm orientações escritas para especificar a utilização de pavimentos mais frescos e de cores mais claras, e para promover a adoção de pavimentos permeáveis para um melhor gerenciamento das águas da chuva. Prevê-se que as manifestações dos benefícios de pavimentos frescos e permeáveis levarão à sua adoção gradual por meio de novas portarias e especificações.

Diretrizes de projetos frescos

A cidade de Highland, Utah, em trabalho com o Programa Comunidade Fresca do Departamento de Serviços Energéticos de Utah, redigiu novas orientações de projeto para a urbanização de seu centro comercial que incluem o uso de pavimentos de cores mais claras (Anderson, 2000).

Demonstrações de pavimentos permeáveis

O gerenciamento das águas de chuva e a contenção de enchentes são preocupações cada vez mais sérias em muitas comunidades. Pavimentos permeáveis podem reduzir eficientemente o escoamento das águas da chuva (Booth, 2000; Cote et al., 2000). Se pavimentos permeáveis continuarem a apresentar bons resultados ao longo do tempo, portarias especificando o seu uso nas comunidades devem surgir.

LEGISLAÇÃO PARA COBERTURAS VERDES

A instalação de telhados verdes é motivada por vários problemas ambientais em diferentes comunidades, incluindo o desejo de reduzir as ilhas de calor, gerenciar escoamentos de águas de chuva, restaurar o ecossistema e proporcionar mais espaços verdes para os residentes. Há diferentes maneiras de incentivar o uso de coberturas verdes, como pela redução das exigências para o gerenciamento de águas de chuva ou taxas, o pagamento de subsídios para coberturas verdes ou simplesmente tornando-as obrigatórias em determinados edifícios.

Subsídios diretos para coberturas verdes

A região de North Rhine Westphalia, na Alemanha, pagou subsídios ou deu descontos para aqueles que instalaram coberturas verdes. A motivação para estes subsídios foi a ajuda para controlar os escoamentos de águas de chuva e reduzir enchentes. O Ministério do Meio Ambiente, Defesa do Consumidor, da Conservação da Natureza e Agricultura (MUNLV) ofereceu pagamento de €15 por metro quadrado de coberturas verdes instaladas. Entre 1999 e 2003, pagaram mais de €12 milhões para cerca de 825.000 m^2 de coberturas verdes (Ngan, 2004).

Subsídios indiretos para coberturas verdes

A cidade de Colônia, na Alemanha, está situada na região de North Rhine Westphalia referida acima, por isso as coberturas verdes ali instaladas eram elegíveis para subsídios diretos. Depois de sofrer com cinco graves enchentes em 15 anos, Colônia deu um passo além, e reduziu as taxas de gerenciamento de águas da chuva para edifícios com coberturas verdes (Ngan, 2004). As taxas foram reduzidas em até 90%, dependendo de quanto um projeto era capaz de reduzir o escoamento de um edifício.

A cidade de Portland, Oregon, também vem promovendo coberturas verdes (ou 'ecocoberturas') para ajudar a reduzir o escoamento a partir das águas de chuva (Portland, 2002). A instalação de coberturas verdes é uma opção que pode ser adotada para atender as rigorosas restrições referentes às águas de chuvas para novas construções.

Exigências de coberturas verdes

A cidade de Tóquio, no Japão, vem se aquecendo até quatro vezes mais que a taxa de aquecimento global, com aumentos de temperatura de 3°C em média, durante o último século. Isto é atribuído à intensa ilha de calor criada pelo ritmo acelerado da urbanização em Tóquio. Para combater o aquecimento urbano, Tóquio exige agora que todos os edifícios metropolitanos novos tenham uma cobertura verde (Scanlon, 2002).

A cidade de Linz, na Áustria, começou a exigir a instalação de coberturas verdes em novas construções em 1985 (Ngan, 2004). As exigências se aplicam a todos os edifícios com mais de 100 m^2, com coberturas de até 20° de inclinação, bem como para as estruturas de estacionamentos subterrâneos. Muitas incorporadoras ficaram inicialmente frustradas com os custos mais elevados dessa exigência, por isso subsídios para coberturas verdes também vêm sendo pagos desde 1989. Para ajudar a garantir o cumprimento e manutenção em longo prazo, apenas 50% do subsídio é pago no início das obras. Os outros 50% do subsídio são pagos somente depois que as plantas da cobertura estiverem estabelecidas.

Mais oportunidades de ação

Existem muitas possibilidades para avançar as pesquisas de ilhas de calor e desenvolver medidas de mitigação. Muitas comunidades não dispõem de informações sobre os efeitos das ilhas de calor, e os defensores da mitigação das ilhas de calor, muitas vezes promovem tecnologias que ainda não foram plenamente investigadas e produtos que talvez ainda não existam. Abaixo está uma lista do que ainda pode ser feito em termos de pesquisas científicas e aplicadas, para apoiar programas de comunidades frescas à época que esse livro foi escrito (outono de 2007).

Pesquisa da ilha de calor da comunidade

Há sempre um trabalho útil a ser feito para investigar os efeitos da ilha de calor e as opções de mitigação de ilha de calor em uma comunidade específica. Possíveis projetos incluem:

- estudo das diferenças de temperaturas urbanas/rurais da ilha de calor;
- coleta de imagens térmicas de alta resolução a partir de sobrevoos ou imagens de baixa resolução a partir de satélites;
- análise da possível economia de energia por meio da utilização de coberturas frescas e árvores de sombra;
- avaliação da cobertura arbórea de uma comunidade e os benefícios das árvores em termos de poluição do ar e escoamento de águas de chuva;
- simular os possíveis efeitos de arrefecimento a partir da mitigação da ilha de calor;
- estimar o potencial de melhoria da qualidade do ar a partir da mitigação da ilha de calor.

Embora a investigação sobre uma comunidade específica não seja essencial, isso pode ajudar a promover as tecnologias frescas e avaliar o progresso de um programa. Tente incentivar os principais pesquisadores nacionais ou peritos locais a estudarem a sua comunidade. Ajude os pesquisadores a obter financiamento para projetos locais, incluindo-os nos conselhos, ajudando a desenvolver propostas para subsídios e escrevendo cartas de apoio para seus esforços.

Criar mais imagens térmicas

Imagens infravermelhas existentes, produzidas pela National Aeronautic and Space Administration (NASA) mostram as temperaturas de superfície de algumas regiões metropolitanas por todo o país (Atlanta, Baton Rouge, Salt Lake City e Sacramento). Essas imagens térmicas são vistas panorâmicas com detalhamento suficiente para identificar coberturas individuais, áreas de estacionamento e outros pontos quentes, bem como as áreas mais frescas, como parques. Essas imagens, além de servirem como dados vitais para pesquisas, são também extremamente eficientes para ajudar as comunidades a visualizarem seus problemas de ilhas de calor. Imagens térmicas de alta resolução ainda são necessárias para muitas outras áreas metropolitanas.

Além disso, seria muito útil revisitar e mapear novamente algumas cidades. Isso permitiria analisar as mudanças das ilhas de calor ao longo do tempo. Novos perfis térmicos permitirão que pesquisadores e comunidades locais avaliem diretamente os progressos dos esforços de mitigação da ilha de calor. Imagens térmicas sequenciais podem ser usadas para avaliar as alterações ao longo do tempo resultantes da adoção de coberturas e pavimentos frescos, do crescimento de árvores e vegetação, e novos empreendimentos que incorpora materiais de construção frescos.

Melhorar as simulações para coberturas frescas

Embora existam três ferramentas na Internet para estimar a economia de energia de coberturas frescas (Cap. 3), todos se beneficiariam com algumas melhorias. Os algoritmos implícitos nesses programas não são necessariamente baseados num fundamento sólido. É essencial ter maiores esclarecimentos sobre esses algoritmos. Comparar os resultados das ferramentas com os reais resultados dos edifícios, e também entre eles, seria um bom começo.

O modelo de energia de edifício mais popular, DOE-2, desenvolvido para o Departamento de Energia dos EUA pelo Lawrence Berkeley National Laboratory, estima a menor economia de energia de coberturas frescas porque faz três suposições problemáticas: ignora a transferência radiativa no plenum ou espaço do sótão; mantém a condutividade térmica do isolamento da cobertura constante, em vez de permitir-lhe aumentar com o aumento da temperatura do isolamento; e utiliza uma correlação de convecção artificialmente elevada para representar o efeito do vento sobre a cobertura. Não está claro se o modelo que irá substituir o DOE-2, o EnergyPlus, apresenta um tipo de simulação mais precisamente detalhada ou não. É preciso que as equações do EnergyPlus sejam investigadas para saber.

Desenvolver coberturas frescas acessíveis para coberturas com grande inclinação

Enquanto existem literalmente centenas de diferentes produtos frescos disponíveis para coberturas com pequena inclinação (normalmente usadas para edifícios comerciais), há apenas alguns poucos produtos frescos disponíveis para coberturas com grande inclinação (comuns em edificações residenciais). Como discutido no Cap. 5, os produtos existentes utilizam pigmentos especiais que refletem os invisíveis raios infravermelhos. Isto significa que os telhados podem ter diversas cores (não apenas branco reluzente), e ainda refletirem mais de 25% da energia solar, tal como exigido pelo programa Energy Star, ou até mais de 40%, conforme exigido por outros programas.

Até o momento, os únicos produtos frescos coloridos para coberturas com grande inclinação são as telhas de cerâmica, telhas de concreto e coberturas metálicas revestidas. Esses materiais de cobertura possuem grande durabilidade e alta qualidade, mas são bastante caros. Mesmo com o acabamento tradicional não fresco, estes materiais para coberturas custam duas a três vezes mais do que telhas *shingles* asfálticas tradicionais. As versões não frescas desses produtos constituiam um total de apenas 30,4% do mercado de coberturas novas nos EUA e 23,2% do mercado de reformas de coberturas com grande inclinação em 2001 (mercado de coberturas novas: telhas de cerâmica 3,4%, telhas de concreto 3,3% e coberturas metálicas 23,7%; mercado de reformas de coberturas: telhas de barro 2,0%, telhas de concreto 2,9% e coberturas metálicas 18,3%) (Hinojosa e Kane, 2002).

Os materiais de cobertura mais acessíveis para grandes inclinações, e os mais utilizados, são as telhas *shingles* asfálticas (Fig. 9.12). Telhas *shingles* asfálticas dominam o mercado de coberturas com grande inclinação, com 49,7% do mercado de coberturas novas e 55,5% do mercado de reformas de coberturas (Hinojosa e Kane, 2002). No entanto, ao contrário de outros materiais para coberturas, não existem atualmente produtos asfálticos frescos em produção, apesar dos esforços de muitos anos para tentar convencer o setor a fabricá-los.

Fig. 9.12 *Telhas asfálticas em diversas cores são a opção preferida nesse bairro de bangalôs em Oakland, no Estado da Califórnia.*

Na década de 1990, o Lawrence Berkeley National Laboratory e o Florida Solar Energy Center tentaram convencer os produtores de telhas asfálticas a fabricarem telhas brancas reluzentes. Amostras de telhas asfálticas brancas foram produzidas por meio de diversos métodos e seus valores de refletância solar variavam entre 31 e 51%, face aos 26% de refletância de uma telha branca tradicional (Parker et al., 1993; Berdahl e Bretz, 1997). Porém, essas telhas brancas mais refletivas nunca foram produzidas em massa porque a indústria de coberturas não acreditava que haveria um grande mercado para os materiais de cobertura brancos.

O Lawrence Berkeley National Laboratory ainda está trabalhando com vários fabricantes de telhas asfálticas para estimular a produção de telhas com cores frescas utilizando pigmentos que refletem a energia infravermelha invisível. Até o momento, nenhum fabricante topou o desafio de produzir e comercializar uma telha asfáltica realmente fresca. O potencial para economizar energia e aumentar a vida útil das telhas asfálticas é muito grande, e pode revolucionar o mercado de coberturas com grande inclinação.

Pesquisas sobre pavimentos frescos

O concreto asfáltico é o tipo de pavimentação mais utilizado em todo o mundo. Por exemplo, nos EUA em 1996, 80% das vias urbanas públicas eram pavimentadas com concreto asfáltico, 6% eram cobertas com concreto de cimento Portland sobre uma camada de concreto asfáltico, 9% eram pavimentadas com concreto de cimento Portland, e 5% eram vias não pavimentadas, acidentadas ou cobertas com cascalho (USDOT, 1996). Como existe uma grande porcentagem de estradas que usam asfalto, é aconselhável empreender mais esforços pesquisando métodos para o arrefecimento desse material.

Pesquisas preliminares mostram que o arrefecimento do asfalto pode melhorar significativamente a formação de sulcos, o afundamento e o envelhecimento (Pomerantz et al., 2000b). Essa pesquisa precisa ser ampliada em laboratórios qualificados para pesquisas de pavimentos e verificada em campo.

Dos vários tipos de asfaltos mais frescos propostos, nenhum é comumente utilizado, e muitas outras questões devem ser abordadas antes da adoção generalizada desses produtos: quão frescos serão esses asfaltos? Quanto tempo eles poderão durar e quais serão os custos iniciais e ao longo do seu ciclo de vida? Foi assumido que agregados de cores mais claras e mais refletivos poderiam ser usados para clarear e arrefecer misturas de asfalto, mas há pouca informação sobre quais agregados específicos existem, sua disponibilidade e custos. Os agregados mais refletivos são estruturalmente adequados para uso em superfícies de estrada?

Há também muito pouca informação sobre os custos de aditivos frescos como os pigmentos de cores mais claras. Uma vez que esses aditivos reagem ao desgaste, quanto mais fresco ficariam os pavimentos com aditivos, e quais os efeitos dos aditivos sobre a longevidade do pavimento e despesas de manutenção? Novas pesquisas de peso são essenciais para fornecer respostas a essas perguntas.

Análises preliminares de custo-benefício para várias opções de pavimentação fresca estão incompletas e incoerentes até o momento (Pomerantz et al., 1997, 2000b; Ting et al., 2001). Como muitas das opções de pavimentação analisadas em laboratório raramente são instaladas, os custos, benefícios e tempo de vida dessas opções são ainda desconhecidos. Não é fácil comparar os custos de construção e manutenção de diferentes métodos de pavimentação, pois os preços dependem do local, tipo de solo ou da base da estrada, o tamanho do trabalho, época do ano, o empreiteiro escolhido e outros fatores. Testes comparativos entre as opções tradicionais e opções de pavimentos frescos devem ser realizados em diversos locais típicos padronizados.

A comparação entre as tecnologias de concreto asfáltico e cimento de concreto Portland deve ser feita com cuidado. Estes tipos de pavimentação utilizam técnicas de construção e manutenção muito diferentes. Os resultados comparativos podem variar consideravelmente em função da época escolhida para o estudo. Essas indústrias são extremamente competitivas, e estudos endossados por elas podem ser tendenciosos.

Há muitos pavimentos permeáveis que podem também funcionar como pavimentos frescos, como o concreto poroso (Fig. 9.13), o asfalto aberto, a grama ou os blocos permeáveis. Algum trabalho vem sendo feito para avaliar o desempenho dos pavimentos permeáveis como materiais frescos (Asaeda et al., 1996; Asaeda e Ca, 2000), porém, muitas questões permanecem. Quão frescos podem ficar os pavimentos permeáveis, e quanto de sua temperatura depende do seu nível de umidade? Se forem usados grama ou outra vegetação, quão fresca ficaria essa vegetação? Pavimentos permeáveis são utilizados principalmente por sua capacidade de absorver a água da chuva e reduzir os escoamentos. Essas instalações ainda são relativamente raras, por isso são necessárias mais informações sobre a quantidade de água que eles podem recolher. Sistemas de drenagem convencionais poderiam ser eliminados, e caso possam, pode haver alguma economia financeira com a construção e os custos de manutenção? Como podem ser evitados os problemas de obstrução dos poros do pavimento em decorrência do acúmulo de sujeira?

FIG. 9.13 *Concreto permeável permite que a água chegue até o solo subjacente*

Pavimentos permeáveis, tais como o asfalto aberto, podem reduzir o ruído do tráfego (Glazier e Samuels, 1991; Pipien, 1995; Smith, 1999), e parece ser adequado para áreas de tráfego pesado. Outros pavimentos permeáveis, tais como revestimentos com grama, são apropriados para áreas de pouco tráfego ou de estacionamento ocasional. Mais pesquisas são necessárias para avaliar a durabilidade e adequação de pavimentos permeáveis para diferentes aplicações.

AVANÇO NO PLANTIO DE ÁRVORES

Muitos dos códigos e regulamentações para projetos urbanos determinam um número de árvores a serem plantadas ao longo de ruas e estacionamentos, mas o projeto de plantio, a execução ou os cuidados em longo prazo geralmente deixam a desejar. Por exemplo, um estudo de estacionamentos em Sacramento constatou que a cobertura arbórea não atingia o objetivo de 50% após 15 anos de crescimento (McPherson, 2001). Em vez disso, as árvores sombreavam apenas cerca de 20% da área do estacionamento, devido à morte das árvores, a não substituição delas e a uma taxa de crescimento mais lenta do que o previsto.

Árvores são frequentemente plantadas em covas muito pequenas para o crescimento saudável de sua raiz e para uma vida longa (Fig. 9.14). Às vezes, a árvore não é plantada corretamente, e tem seu crescimento retardado, ou resíduos de materiais de construção são jogados dentro das covas, restringindo ainda mais o crescimento da raízes. Árvores recém-plantadas também são vulneráveis ao vandalismo, falta de irrigação, e pouco ou nenhum cuidado em longo prazo. É relativamente fácil plantar uma árvore, mas é bem mais difícil plantá-la corretamente e promover o seu crescimento saudável até a maturidade.

Portarias em Davis e Sacramento, na Califórnia, estão sendo redigidas novamente para especificar padrões de qualidade para o plantio e cuidados de árvores (McDonald, 2001). Tamanhos mínimos de covas para árvores

FIG. 9.14 *Salgueiros na Avenida Pensilvânia em Washington DC. Embora plantadas à mesma época, as árvores à direita em área gramada aberta cresceram mais que as árvores à esquerda, plantadas em covas (Cortesia da Dr.ª Nina Bassuk)*

são especificados, assim como os procedimentos padrão mais saudáveis de plantio e irrigação. Projetos de plantio de árvores e suas práticas devem ser revistos e melhorados sempre que possível, para promover melhor saúde e vida mais longa para as árvores.

Raízes de árvores são causas comuns de problemas. Equipes de manutenção urbana frequentemente resolvem esse tipo de problema cortando as raízes intrusivas e repavimentando a área, ou removendo a árvore totalmente. Covas pequenas deixam as raízes de uma árvore excessivamente apertadas ou fazem com que elas cresçam em qualquer abertura disponível em uma busca de mais solo e umidade, causando a elevação da calçada ou pavimento ao redor da árvore. A utilização de covas maiores, juntamente com a instalação de barreiras de raiz, pode ajudar a reduzir esse problema.

Outra opção para melhorar o crescimento da raiz e reduzir danos aos pavimentos é a utilização de solos estruturais em áreas de plantio. Solos estruturais são uma mistura de terra e agregados maiores que podem ser usados sob superfícies pavimentadas em covas e vasos de árvores (Grabosky e Bassuk, 1995; Grabosky et al., 1996). O agregado serve como uma base resistente para o pavimento acima, permitindo que as raízes cresçam com segurança através dos interstícios e absorvam nutrientes do solo. Essa técnica está começando a ser usada em várias áreas dos EUA, mas ainda não foi pesquisada detalhadamente. Uma análise custo-benefício deve ser realizada para descobrir o quanto a mais custaria a instalação de solos estruturais, e se realmente as árvores crescem mais rapidamente e vivem mais tempo com menos problemas de pavimento.

TREPADEIRAS PARA SOMBREAMENTO

Árvores são elementos extremamente importantes em qualquer ecossistema urbano, porém, não seria viável ou prático plantá-las em todos os lugares. Nem sempre há espaço para árvores crescerem, e pode ser difícil e caro plantá-las em áreas já pavimentadas.

Trepadeiras podem crescer em lugares onde as árvores não poderiam. Elas exigem menos terra e menos espaço, por isso cabem em espaços pequenos (Fig. 9.15). Trepadeiras também crescem rapidamente e muitas são extremamente resistentes. Algumas espécies de trepadeiras crescem rápido o suficiente para fornecer sombra em uma estação, ao passo que a maioria das árvores leva anos para oferecer o mesmo benefício. No entanto, várias espécies de trepadeiras crescem tão vigorosamente que elas podem ser uma ameaça para outras plantas e devem ser podadas de forma agressiva.

Existem muitos guias para a seleção de árvores com informações completas sobre o plantio e cuidados necessários. Existem algumas listas de trepadeiras (Thomas, 1999), mas faltam maiores informações sobre o solo, água e as exigências climáticas; taxas de crescimento, e descrições das folhas, flores e frutos. Falta informação especialmente sobre os cuidados em longo prazo e a expectativa de tempo de vida, principalmente em aplicações estressantes, como estacionamentos.

Trepadeiras podem ser cultivadas em diversos tipos de suporte, de acordo com o tipo de sombreamento necessário. Treliças podem ser orientadas verticalmente para sombrear muros e oferecer anteparo, ou horizontalmente sobre caramanchões para sombrear janelas ou espaços de estacionamento. Pode-se obter sombreamento rapidamente para estacionamentos, pátios de escolas, parques, vias de acesso e muitas outras áreas. Trepadeiras têm métodos diferentes para se agarrar aos suportes, mas todas crescem bem em treliças e caramanchões ou mesmo em um simples arranjo de fios ou cordas. Sistemas modulares de suporte para trepadeiras podem ser projetados para serem usados em torno de estacionamentos e edifícios. Idealmente, um sistema modular pode incluir vasos para plantas, treliças, irrigação automática e talvez até iluminação para uma montagem rápida e fácil, que pode ser adaptada para diversas aplicações.

FIG. 9.15 *Trepadeiras de rápido crescimento podem oferecer sombra em espaços pequenos*

Conhecimento dos efeitos das ilhas de calor sobre a saúde

Pouquíssimas pessoas têm conhecimento de como o calor interage com o desenho urbano para impactar a saúde humana. Eventos extremos de calor, condições muito quentes com duração superior a um ou dois dias são cada vez mais comuns, mas apenas algumas comunidades têm planos para mitigar situações emergenciais de calor ou para criar ambientes urbanos mais resistentes às ondas de calor. Índices de calor e planos de assistência emergencial para o calor estão sendo implantados em muitas cidades, mas esses programas precisam ser adotados em muitos outros locais.

Precisamos de mais pesquisas para determinar as relações entre o clima quente e as taxas de asma, insolação e mortalidade relacionada ao calor. Alguns estudos excelentes já existem (Deosthali, 1999; Deuel et al., 1999; Smoyer et al., 1999), mas esses estudos devem ser ampliados para mais comunidades e áreas urbanas. Fatores de risco para efeitos adversos à saúde podem ser baseados em altas temperaturas diurnas e em baixas temperaturas noturnas, na duração do evento de calor e em níveis de umidade e de poluição.

Fatores de risco adicionais em áreas urbanas, como a falta de sombra e a utilização de materiais de construção quentes, também precisam ser identificados e levados mais a sério. Áreas de alto risco, onde as pessoas se reunem, como parques, jardins e praças, podem ser melhoradas com sombreamento suplementar e a utilização de materiais de construção mais frescos. Práticas e materiais de construção também precisam estar diretamente ligados aos efeitos sobre a saúde, já que construções de coberturas e paredes quentes juntamente com baixos níveis de isolamento e ventilação mínima podem levar a condições inseguras nos interiores de edifícios. Por exemplo, insolação e mortes foram mais prevalentes nos andares superiores dos edifícios com coberturas quentes durante a onda de calor de Chicago em 1995 (Huang, 1996).

Pesquisas sobre a qualidade do ar

Temperaturas mais elevadas do ar levam à utilização de mais energia para a utilização de ar-condicionado e aumentam diretamente as taxas de poluição atmosférica proveniente de usinas de energia. Temperaturas do ar elevadas também aceleram as reações químicas que formam o *smog*, aumentando indiretamente a poluição do ar. Modelos detalhados da meteorologia local e da qualidade do ar têm sido desenvolvidos para Los Angeles, Houston, Sacramento, Salt Lake City, Baton Rouge e corredor nordeste dos EUA (Akbari e Douglas, 1995; Taha, 1995; Douglas et al., 2000; Taha et al., 2000). Os resultados preliminares destes modelos indicam que há potencial de melhoria da qualidade do ar sobre algumas áreas urbanas, porém, mais trabalho deve ser feito para verificar os modelos de referência e investigar os efeitos da mitigação das ilhas de calor.

Os modelos de Los Angeles e Houston estão sendo analisados e aperfeiçoados atualmente como parte de um processo para incorporar estratégias de redução da ilha de calor em programas de crédito ambiental (Emery et al., 2000; Emery e Tai, 2002; Timin, 2004; Taha, 2005). Se os níveis de redução do ozônio projetados forem altos o suficiente, programas de poluição do ar poderão ser desenvolvidos para mitigar as ilhas de calor.

Sustentabilidade dos produtos frescos

Muitos dos novos produtos frescos estão sendo desenvolvidos e utilizados em nossos edifícios e estradas. Esses produtos podem reduzir uso de energia e aumentar a longevidade do produto, mas esses e outros aspectos de sua sustentabilidade exigem mais investigação. Quais são os impactos ambientais de coberturas e pavimentos frescos, e como eles se comparam aos impactos dos materiais de construção tradicionais? Análises de ciclo de vida devem ser realizadas para avaliar e comparar a fabricação, instalação, tempo de vida e a eliminação dos produtos.

Alguns trabalhos começaram a responder essas perguntas (Gajda e Van Geem, 1997; Marceau et al., 2002), mas são necessários mais estudos. Relatos imparciais de partes não ligadas ou financiadas pelas indústrias de coberturas e pavimentação são necessários.

Se for provado que os produtos frescos têm melhor sustentabilidade, mais adeptos para o movimento de comunidades frescas podem ser recrutados a partir da comunidade "verde". Isso pode ajudar a construir o apoio da comunidade local para conseguir implantar medidas para a redução das ilhas de calor mais rapidamente.

A revolução fresca

Mitigação das ilhas de calor é uma grande promessa, não apenas para tornar nossos bairros mais confortáveis e habitáveis, mas também para diminuir os impactos ambientais e os custos de construção e manutenção em nossas comunidades.

A maioria das pessoas tem uma compreensão intuitiva da necessidade de mitigação da ilha de calor. Quando a atenção de uma comunidade é voltada para essa questão, todos concordam que materiais quentes não fazem sentido. Materiais mais frescos e paisagens mais frescas são desejáveis, mas devem ser práticos e econômicos.

Contudo, mesmo com produtos econômicos de histórico comprovado, geralmente é muito difícil trazer novas tecnologias para o mercado convencional. Há muitas barreiras invisíveis. A indústria da construção tende a ser resistente à mudança, e por uma razão muito boa. Muitos empreiteiros aprenderam as melhores práticas para a sua área por meio de um doloroso processo de tentativa e erro. Quando um novo produto ou técnica falha, a subsistência e a reputação do empreiteiro estão em risco. Levar conhecimento sobre essas novas tecnologias aos empreiteiros é essencial.

Finalmente, as tecnologias frescas precisam de um mercado. Sem a demanda por parte dos consumidores, os fabricantes, distribuidores, fornecedores e empreiteiros não irão oferecer tecnologias frescas. Um programa de comunidade fresca precisa influenciar as preferências dos consumidores, fazendo com que a população em geral esteja ciente e ávida por tecnologias frescas e os benefícios que elas podem trazer.

Por favor, junte-se à grande comunidade fresca por meio da escolha e promoção de coberturas, pavimentação e paisagismo frescos. Alguns desses avanços tecnológicos, tais como as coberturas frescas, estão prontos para revolucionar a indústria e melhorar consideravelmente a maneira como construímos nossas comunidades.

Rb
REFERÊNCIAS BIBLIOGRÁFICAS

Acosta, A. E. (1989) *Greenstreets or Meanstreets: Challenges to Planting Urban Trees*. Controlling Summer Heat Islands, Berkeley, CA, Lawrence Berkeley Laboratory.

Akbari, H. (1997) *A Cost–Benefit Analysis of Urban Trees*. Berkeley, CA, Lawrence Berkeley National Laboratory: 5.

Akbari, H. and L. S. Rose (1999) *Characterizing the Fabric of the Urban Environment: A Case Study of Sacramento*, California. Berkeley, CA, Lawrence Berkeley National Laboratory: 48.

Akbari, H. and L. S. Rose (2001a) *Characterizing the Fabric of the Urban Environment: A Case Study of Metropolitan Chicago, Illinois*. Berkeley, CA, Lawrence Berkeley National Laboratory.

Akbari, H. and L. S. Rose (2001b) *Characterizing the Fabric of the Urban Environment: A Case Study of Salt Lake City, Utah*. Berkeley, CA, Lawrence Berkeley National Laboratory: 51.

Akbari, H. and S. G. Douglas (1995) *Modeling the Ozone Air Quality Impacts of Increased Albedo and Urban Forest in the South Coast Air Basin*. Berkeley, CA, Lawrence Berkeley National Laboratory: 150.

Akbari, H. and S. Konopacki (2003) *Streamlined Energy-Savings Calculations for Heat-Island Reduction Strategies*. Berkeley, CA, Lawrence Berkeley National Laboratory.

Akbari, H., S. Konopacki and D. Parker (2000) *Updates on Revision to ASHRAE Standard 90.2: Including Roof Reflectivity for Residential Buildings*. ACEEE Summer Study on Energy Efficiency in Buildings, Pacific Grove, CA, American Council for an Energy Efficient Economy.

Akbari, H., A. Rosenfeld, H. Taha and L. Gartland (1996) *Mitigation of Summer Heat Islands to Save Electricity and Reduce Smog*. American Meteorological Society Annual Meeting, Atlanta, GA, American Meteorological Society.

Akbari, H., S. Konopacki, D. Parker, B. Wilcox, C. Eley and M.Van Geem (1999) *Calculations in Support of SSP 90.1 for Reflective Roo fs*. Berkeley, CA, Lawrence Berkeley National Laboratory: 21.

Akbari, H., S. Bretz, J. Hanford, A. Rosenfeld, D. Sailor, H. Taha and W. Bos (1992) *Monitoring Peak Power and Cooling Energy Savings of Shade Trees and White Surfaces in the Sacramento Municipal Utility District (SMUD) Service Area: Project Design and Preliminary Results*. Berkeley, CA, Lawrence Berkeley National Laboratory: 229.

Akbari, H., S. Bretz, J. Hanford, D. Kurn, B. Fishman, H. Taha and W. Bos (1993) *Monitoring Peak Power and Cooling Energy Savings of Shade Trees and White Surfaces in the Sacramento Municipal Utility District (SMUD) Service Area: Data Analysis, Simulations, and Results*. Berkeley, CA, Lawrence Berkeley National Laboratory: 146.

Alexandri, E. and P. Jones (2006) *Sustainable Urban Future in Sduthern Europe – What About the Heat Island Effect?* ERSA 2006, Volos, European Regional Science Association.

American Forests (2000) *Urban Ecosystem Analysis for the Houston Gulf Coast Region*. Washington DC, American Forests: 12.

American Forests (2001) *Urban Ecosystem Analysis for the Atlanta Metro Area*. Washington DC, American Forests: 8.

American Forests (2001a) *Regional Ecosystem Analysis for the Willamette/Lower Columbia Region of Northwestern Oregon and Southwestern Washington State*. Washington DC, American Forests: 16.

American Forests (2002a) *CITYgreen 5.0 User Manual*. Washington DC, American Forests.

American Forests (2002b) *National Urban Tree Deficit*. Available at http://www.americanforests.org/graytogreen/treedeficit/.

American Forests (2002c) *Urban Ecosystem Analysis for the Washington DC Metropolitan Area*. Washington DC, American Forests: 16.

American Hydrotech (2000) *The Garden Roof Planning Guide*. Chicago, IL, American Hydrotech, Incorporated: 48.

Anderson, R. (2000) *Local Government and Urban Heat Island Mitigation*. Berkeley, CA, University of California at Berkeley, Environmental Sciences Department: 12.

Antrim, R., C. Johnson, W. Kirn, W. Platek and K. Sabo (1994) *The Effects of Acrylic Maintenance Coatings on Reducing Weathering Deterioration of Asphaltic Roofing Materiais*. ASTM Symposium on Roofing Research and Standards Development, Montreal, American Society for Testing of Materiais.

Arnfield, A. J. (1982) 'An approach to the estimation of the surface radiative properties and radiation budgets of cities'. *Physical Geography* **3**: 92-122.

Arnfield, A. J. (1990) 'Canyon geometry, the urban fabric and nocturnal cooling: A simulation approach'. *Physical Geography* **11**(3): 220-239.

Asaeda, T. and V. T. Ca (2000) 'Characteristics of permeable pavement during hot summer weather and impact on the thermal environment'. *Building and Environment* **35**(4): 363-375.

Asaeda, T., V. T. Ca and A. Wake (1996) 'Heat storage of pavement and its effect on the lower atmosphere'. *Atmospheric Environment* **30**(3): 413-427.

ASHRAE (1993) *Handbook of Fundamentals*. Atlanta, GA, American Society of Heating, Refrigerating and Air Conditioning Engineers.

ASHRAE (2004) *ASHRAE 90.1-2004 Energy Standard for Buildings Except Low-Rise Residential Buildings*. Atlanta, GA, American Society of Heating Refrigerating and Air Conditioning Engineers.

ASTM (1990) *Standard Test Methods for Total Normal Emittance of Surfaces Using Inspection-Meter Techniques*. West Conshohocken, PA, American Society for Testing of Materiais.

ASTM (1992) *Standard Test Method for Solar Absorptance, Reflectance and Transmittance of Materials Using Integrating Spheres*. West Conshohocken, PA, American Society for Testing of Materiais.

ASTM (1997a) *Standard Specification for Liquid-Applied Acrylic Coating Used in Roofing*. West Conshohocken, PA, American Society for Testing of Materiais.

ASTM (1997b) *Standard Test Method for Measuring Solar Reflectance of Horizontal and Low-Sloped Surfaces in the Field*. West Conshohocken, PA, American Society for Testing of Materiais.

ASTM (1998) *Standard Test Method for Determination of Emittance of Materiais Near Room Temperature Using Portable Emissometers.* West Conshohocken, PA, American Society for Testing of Materials, ASTM C 1371-98.

ASTM (1999) *Standard Practice for Calculating Solar Reflectance Index of Horizontal and Low-Sloped Opaque Surfaces.* West Conshohocken, PA, American Society for Testing of Materiais.

Atlanta (1989) *City of Atlanta Trees and Shrubbery Ordinance, Arboricultural Specifications and Standards of Practice.* Atlanta, GA, City of Atlanta, Department of Parks, Recreation and Cultural Affairs.

Bailey, A. P. (2006) 'Saving energy with the right roofs. NRCA and other industry groups introduce a comprehensive energy-conservation program'. *Professional Roofing* February: 34.

Balling, R. C. Jr. and S. W. Brazel (1988) 'High-resolution surface temperature patterns in a complex urban terrain'. *Photogrammetric Engineering and Remote Sensing* **54**(9): 1289-1293.

Barring, L., J. O. Mattsson and S. Lindqvist (1985) 'Canyon geometry, street temperatures and urban heat island in Malmö, Sweden'. *Journal of Climatology* **5**: 433-444.

Basrur, S. (2002) *Community Response to Extreme Summer Heat.* Toronto, North American urban Heat Island Summit, Toronto Atmospheric Fund.

Bass, B. (2002) *Mitigating the Urban Heat Island with Green Roof Infrastructure.* Toronto, North American Urban Heat Island Summit, Toronto Atmospheric Fund.

Bass, B. and S. Peck (2000) *Green Roof Infrastructure Workshop: Establishing Cotnmon Protocols for Building and Aggregate Level Green Roof Benefits Research.* Toronto, Green Roofs for Healthy Cities, Environment Canada, City of Toronto Public Works, Toronto Conservation Authority, University of Toronto: 50.

Benjamin, M. T. and A. M. Winer (1998) 'Estimating the ozone-forming potential of urban trees and shrubs'. *Atmospheric Environment* **32**(1): 53-68.

Benjamin, M. T., M. Sudola and A. M. Winer (1996) 'Low-emitting urban forests: A taxonomic methodology for assigning isoprene and monoterpene emission rates'. *Atmospheric Environment* **30**(9): 1437-1452.

Berdahl, P. and S. Bretz (1997) 'Preliminary survey of the solar reflectance of cool roofing materiais'. *Energy and Buildings* **25**(2): 149-158.

Bernhardt, E. and T. J. Swiecki (1991) *Guidelines for Developing and Evaluating Tree Ordinances.* Sacramento, CA, Urban Forestry Program, California Department of Forestry and Fire Protection: 76.

Booth, D. (2000) *Field Evaluation of Permeable Pavement Systems for Stormwater Management.* Washington DC, US Environmental Protection Agency.

Bornstein, R. D. (1968) 'Observations of the urban heat island in New York City'. *Journal of Applied Meteorology* 7: 575-582.

Bosselmann, P., E. Arens, K. Dunker and R. Wright (1995) 'Urban form and climate: Case study, Toronto'. *Journal of the American Planning Association* **61**(2): 226.

Brazel, A., N. Selover, R. Vose and G. M. Heisler (2000) 'The tale of two climates – Baltimore and Phoenix urban LTER sites'. *Climate Research* **15**: 123-135.

Brest, C. L. (1987) 'Seasonal albedo of an urban/rural landscape from satellite observations'. *Journal of Climate and Applied Meteorology* **26**: 1169-1187.

Bretz, S. and H. Akbari (1994) *Durability of High Albedo Roof Coatings and Implications for Cooling Energy Savings.* Berkeley, CA, Lawrence Berkeley National Laboratory: 30.

Bretz, S. and H. Akbari (1997) 'Long-term performance of high-albedo roof coatings'. *Energy and Buildings* **25**(2): 159-167.

Brown, R. D. and T. J. Gillespie (1990) 'Estimating radiation received by a person under different species of shade trees'. *Journal of Arboriculture* **16**(6): 158-161.

Business Week (1998) It's a Real Pleasure to Work Here. *Business Week Online. Special Report: Architecture Awards.*

CAARB (2002a) *Fact Sheet – The Children's Health Study.* Sacramento, CA, California Air Resources Board.

CAARB (2002b) *New Findings Link Reduced Lung Growth and Air Pollution.* Sacramento, CA, California Air Resources Board.

Cadmus Group (2007) 'Energy Star roofing comparison calculator'. Available at http://roofcalc.cadmusdev.com/.

Callahan, M., D. Parker, J. Sherwin and M. Anelio (2000) *Demonstrated Energy Savings of Efficiency Improvements to a Portable Classroom.* ACEEE Summer Study on Energy Efficiency in Buildings, Pacific Grove, CA, American Council for an Energy Efficient Economy.

Calzada, J. R. (2003) *Vegetation Influentes on the Human Thermal Comfort in Outdoor Spaces.* Barcelona, School of Architecture of Barcelona: 6.

Carman, N., W. Hamilton and J. Elioseff (1999) *Trees and OurAir, the Role of Trees and Other Vegetation in Houston-Area Air Pollution.* Houston, TX, Galveston-Houston Association for Smog Prevention: 67.

Cartwright, P. (1998) 'Blue diamond materiais and excel paving provide colored asphalt for union station project'. *California Asphalt* November/December: 8-9.

CEC (2001) *Energy Efficiency Standards for Residential and Nonresidential Buildings.* Sacramento, CA, California Energy Commission Publication No. P 400-01-024.

CEC (2003) 2005 Building Energy Efficiency Standards for Residential and Non-Residential Buildings, *Express Terms – 45 Day Language.* Sacramento, CA, California Energy Commission: 190.

CEC (2005) 'Q and A on cool roofs'. *Blueprint* **83**: 1-9.

CEC (2006) 2005 *Building Energy Efficiency Standards for Residential and Non-Residential Buildings.* Sacramento, CA, California Energy Commission.

Chandler, T. J. (1960) 'Wind as a factor of urban temperatures – A survey in north-east London'. *Weather* **15**: 204-213.

Chicago (2001) *Energy Code, City of Chicago.* Chicago, IL, 60298-60977, 60978-61010.

Chicago (2002) *Urban Heat Island Initiative: Alley Reconstruction.* Chicago, IL, City of Chicago: 1.

Chicago (2003) *Amendment to the Chicago Energy Conservation Code.* Chicago, IL, Department of Buildings, City of Chicago.

Choo, D. (2007) 'Uchimizu'. Available at http://www.dannychoo.com/blocr entry/eng/1015/Uchimizu/.

CIWMB (1996) *Market Status Report: Recycled Inerts.* Sacramento, CA, California Integrated Waste Management Board.

CIWMB (1999) *Asphalt Pavement Recycling.* Sacramento, CA, California Integrated Waste Management Board.

CIWMB (2001) *Asphalt Roofing Shingles Recycling: Introduction.* Sacramento, CA, California Integrated Waste Management Board.

Cleugh, H. A. and T. Oke (1986) Suburban–rural energy balance comparisons in summer for Vancouver, BC': *Boundary Layer Meteorology* **36**: 351-369.

Cote, M. P., J. Clausen, B. Morton, P. Stacey and S. Zaremba (2000) *Jordan Cove Urban Watershed National Monitoring Project*. Boston, MA, US Environmental Protection Agency, Office of Ecosystem Protection: 8.

Crowe, J. (2007) EnergyWise questions, email communication to L. Gartland, 2 October.

Curriero, E. C., K. S. Heiner, J. M. Sarnet, S. L. Zeger, L. Strug and J. A. Patz (2002) 'Temperature and mortality in 11 cities of the eastern United States'. *American Journal of Epidemiology* **155**(1): 80-87.

Davis (1998) Parking Lot Shading Guidelines and Master Parking Lot Tree List Guidelines. City of Davis, California: 11.

Dawson, D. (2002) 'Plant-covered roofs case urban heat'. *National Geographic News* 15 November.

Deosthali,V. (1999) 'Assessment of impact of urbanization on climate: An application of bioclimatic index'. *Atmospheric Environment* **33**: 4125-4133.

Deuel, H., P. Guthrie,W. Moody, L. Deck, S. Lange, E Hameed and J. Castle (1999) *Potential Impacts of Climate Change on Air Quality and Human Health*. Air and Waste Management Association's 92nd Annual Meeting and Exhibition, St Louis, MO, 20-24 June.

Douglas, S. G., A. B. Hudischewskyj and V. Gorsevski (2000) *Use of the UAM-V Modeling System as an Air Quality Planning Tool for Examining Heat Island Reduction Strategies*. ACEEE Summer Study on Energy Efficiency in Buildings, Pacific Grove, CA, American Council for an Energy Efficient Economy.

Ducheny, D. (2000) *Assembly Bill* 970. State of California.

Dudhia, J. (1993) 'A non-hydrostatic version of the Penn State/NCAR mesoscale model:Validation tests and simulation of an Atlantic cyclone and cold front'. *Monthly Weather Review* **121**: 1493-1513.

Dupuis, R. M. and M. S. Graham (2005) 'Cooling down Chicago: Chicago's attempt to reduce its heat island results in interesting research findings'. *Profissional Roofing* December.

Dwyer, J. E, D. J. Nowak, M. H. Noble and S. M. Sisinni (2001) *Connecting People with Ecosystems in the 21st Century: An Assessment of Our Nation's Urban Forests, A Technical Document Supporting the 2000 USDA Forest Service RPA Assessment*. Washington DC, US Department of Agriculture, Forest Service: 119.

EBN (1995) 'Concrete as a CO, sink?' *Environmental Building News* **4**(5): 3.

EIA (2000) *Energy Consumption by Source*, 1949-2001. Washington DC, US Energy Information Administration.

Emery, C. and E. Tai (2002) *Exarnination of the Effects on Ozone Air Quality from UHI Reduction Strategies*. Novato, CA, Environ: 39.

Emery, C., H. Taha and G. Gero (2000) *City of Los Angeles Cool Communities Program, Technical Review of Air Quality Modeling*. Los Angeles, CA, Environmental Affairs Department.

Envision Utah (2002) *Urban PlanningTools for Quality Growth*. Salt Lake City, UT, Envision Utah: 293.

EPA (2000a) ENERGY STAR *Program Requirements for Roof Products, Partner Commitments*. Washington DC, US Environmental Protection Agency: 9.

EPA (2000b) *Hot Mix Asphalt Plants Emission Assessment Report*. Research Triangle Park, NC, US Environmental Protection Agency.

EPA (2000c) *Vegetated Roof Cover, Philadelphia, Pennsylvania*. Washington DC, US Environmental Protection Agency, Office of Mater: 3.

EPA (2002) *Tucson Roof Standard*. Washington DC, US Environmental Protection Agency, HIRI News, 24 September.

Estes, M. G.,V. Gorsevski, C. Russell, D. Quattrochi and J. Luvall (1999) *The Urban Heat Island Phenomenon and Potential Mitigation Strategies*. Proceedings of American Planning Association, Seattle, WA, American Planning Association.

Florida (2000) *Subdivision and Landscaping Ordinance*. Orlando, FL, State of Florida.

Florida (2001) *Florida Building Code, Section 607 Space Cooling Systems and Section 608 Space Heating Systems*, Orlando, FL.

Foo, K. Y., D. I. Hanson and T. A. Lynn (1999) 'Evaluation of roofing shingles in hot mix asphalt'. *Journal of Materiais in Civil Engineering* February.

Gajda, J. and M. Van Geem (1997) *A Comparison of Six Environmental Impacts of Portland Cement Concrete and Asphalt Cement Concrete Pavements*. Skokie, IL, Portland Cement Association: 39.

Gallo, K., A. L. McNab, T. R. Karl, J. F. Brown, J. J. Hood and J. D. Tarpley (1993a) 'The use of a vegetation index for assessment of the urban heat island effect'. *International Journal of Remote Sensing* **14**(11): 2223-2230.

Gallo, K., A. L. McNab, T. R. Karl, J. F. Brown, J. J. Hood and J. D.Tarpley (1993b) 'The use of NOAA AVHRR data for the assessment of the urban heat island effect'. *Journal of Applied Meteorology* **32**: 899-908.

Gartland, L. (1998) *Roof Coating Evaluation for the Home Base Store in Vacaville, California*. Oakland, CA, PositivEnergy: 27.

Gartland, L. (2001) *Cool Roof Energy Savings Evaluation for City of Tucson Thomas O. Price Service Center Administration Building One*. Tucson, AZ, City of Tucson.

Gartland, L., S. Konopacki and H. Akbari (1996) *Modeling the Effects of Reflective Roofing*. Berkeley, CA, Lawrence Berkeley National Laboratory: 8.

Georgakis, C. (2002) *Temperature and Wind Velocity in the Urban Environment*. Athens, Group of Building Environmental Physics, University of Athens: 21.

Georgia (1995) *Georgia Amendment to the 1995 CABO Model Energy Code*. State of Georgia, Atlanta, Georgia, Section 704.

Georgia Energy Code (1995) *Georgia Amendment to the 1995 CABO Model Energy Code for Section 704*. Section 704.

Gillis, C. and J. Leslie (2002) 'NOAA unveils new method to warn of heat waves, save lives'. *NOAA Magazine* 21 June.

Glazier, G. and S. Samuels (1991) 'Effects of road surface texture on traffic and vehicle noise'. *Transportation Research Record* **1312** (Energy and Environmental Issues): 141-144.

Global Change (1996) 'Heat waves take heavy toll on urban poor'. *Global Change* February: 12-13.

Godowitch, J. M., J. K. S. Ching and J. E. Clarke (1985) " 'Evolution of the nocturnal inversion layer at an urban and nonurban location'. *Journal of Climate and Applied Meteorology* **24**: 791-804.

Gorsevski, V., H. Taha, D. Quattrochi and J. Luvall (1998) *Air Pollution Prevention Through Urban Heat Island Mitigation: An Update on the Urban Heat Island Pilot Project.* ACEEE Summer Study on Energy Efficiency in Buildings, Pacific Grove, CA, American Council for an Energy Efficient Economy.

Goward, S. N., G. D. Cruickshanks and A. S. Hope (1985) 'Observed relation between thermal emission and reflected spectral radiance of a complex vegetated landscape'. *Remote Sensing of Environment* **18**: 137-146.

Grabosky, J. and N. L. Bassuk (1995) 'A new urban tree soil to safely increase rooting volumes under sidewalks'. *Journal of Arboriculture* **21**(4): 187-201.

Grabosky, J., N. L. Bassuk and H. Van Es (1996) 'Testing of structural urban tree soil materiais for use under pavement to increase street tree rooting volumes'. *Journal of Arboriculture* **22**(6): 255-263.

Grant, R. H., G. M. Heisler and W. Gao (2002) 'Estimation of pedestrian-level UV exposure under trees'. *Photochemistry and Photobiology* **75**(4): 369-376.

Grimmond, C. S. B. and T. R. Oke (1995) 'Comparison of heat fluxes from summertime observations in the suburbs of four North American cities'. *Journal of Applied Meteorology* **34**: 873-889.

Harvey, J. T. and L. Popescu (2000) *Rutting of Caltrans Asphalt Concrete and Asphalt–Rubber Hot Mix under Different Wheels, Tires and Temperatures* – Accelerated Pavement Testing Evaluation. Berkeley, CA, Pavement Research Center, Institute of Transportation Studies, University of California.

Hastings, D. A. and W. J. Emery (1992) 'The advanced very high resolution radiometer (AVHRR): A brief reference guide'. *Photogrammetric Engineering and Remote Sensing* **58**(8): 1183-1188.

Hawbaker, L. (2002) Concrete market share, email communication with L. Gartland, 28 June.

Hawbaker, L. (2003) *Responsible Roads... The Key to Unlock Asset Management for Streets and Local Roads*, paper no LVR8-1151, p21, 8th International Conference on Low-Volume Roads, Reno, NV, 22-25 June.

Heisler, G. M. (2003) OUTCOMES modeling. email communication to E. Wong and L. Gartland, 25 June, Syracuse, NY.

Heisler, G. M. and Y. Wang (2002) *Applications of a Human Thermal Comfort Model.* Fourth Symposium on the Urban Environment, Norfolk, VA, American Meteorological Society.

Hildebrandt, E. and M. Sarkovich (1998) 'Assessing the cost-effectiveness of SMUD's shade tree program'. *Atmospheric Environment* **32**(1): 85-94.

Hildebrandt, E., R. Kallett and M. Sarkovich (1996) *Maximizing the Energy Benefits of Urban Forestation.* ACEEE Summer Study on Energy Efficiency in Buildings, Pacific Grove, CA, American Council for an Energy Efficient Economy.

Hill, D. (2002) *Castaways on the Urban Heat Island.* North American Urban Heat Island Summit, Toronto, Toronto Atmospheric Fund.

Hinojosa, O. and K. Kane (2002) 'A measure of the industry'. *Professional Roofing* April: 24-28.

Howard, L. (1833) *The Climate of London: Deduced from Meteorological Observations Made in the Metropolis and at Various Places Around it.* London, Harvey and Darton.

Huang, J. (1996) *Urban Heat Catastrophes: The Summer 1995 Chicago Heat Wave*, Center for Building Science Newsletter, Lawrence Berkeley National Laboratory, Berkeley, CA, Fall.

Huang, J., H. Akbari et al (1990) *The Wind-Shielding and Shading Effects of Trees on Residential Heating and Cooling Requirements.* ASHRAE Winter Meeting, Atlanta, Georgia, American Society of Heating, Refrigerating and Air-Conditioning Engineers.

Hughes, J. and B. Héritier (1995) 'Tapiphone – a technique for reducing noise in towns'. *Revue Générale des Routes et Aérodromes* **735**: 37-40.

Hurd, M. K. (1997) 'Ultra-thin whitetopping'. *Concrete Construction* February.

Hutcheon, R. J., R. H. Johnson, W. P. Lowry, C. H. Black and D. Hadlet (1967) 'Observations of the urban heat island in a small city'. *Bulletin of the American Meteorological Society* **48**(1): 7-9.

Hutchinson, D., P. Abrams, R. Retziaff and T. Liptan (2003) *Stormwater Monitoring Two Ecoroofs in Portland, Oregon, USA.* Chicago, Greening Rooftops for Sustainable Communities.

Ichinose, T., K. Shimodozono and K. Hanaki (1999) 'Impact of anthropogenic heat on urban climate in Tokyo'. *Atmospheric Environment* **33**: 3897-3909.

Imamura, R. (1989) *Air-Surface Temperature Correlations. Controlling Summer Heat Islands.* Berkeley, CA, Lawrence Berkeley Laborator.

Jacott, M., C. Reed, A.Taylor and M. Winfield (2003) *Energy Use in the Cement Industry in North America: Emissions,Waste Generation and Pollution Control*, 1990-2001. 2nd North American Symposium on Assessing the Environmental Effects of Trade, Mexico City, Commission for Environmental Cooperation.

James, W. (2002) 'Green roads: Research into permeable pavers, investigations of infiltration capacity, pavement leachate, and runoff temperature'. *Stormwater, The Journal for Surface Water Quality Professionals* March/April: 49-50.

James, W. and B. Verspagen (1996) *Thermal Enrichment of Stormwater by Urban Paving.* Stormwater and Water Quality Modeling Conference, Toronto, 22-23 February.

Jauregui, E. and E. Luyando (1999) 'Global radiation attenuation by air pollution and its effects on the thermal climate in Mexico City'. *International Journal of Climatology* **19**: 683-694.

Kalkstein, L. S. (2001) *Heat Health Watch Warning Systems.* Newark, DE, University of Delaware, Center for Climatic Research.

Kalkstein, L. S. and J. S. Greene (1997) 'An evaluation of climate/mortality relationships in large US cities and the possible impacts of climate change'. *Environmental Health Perspectives* **105**: 84-93.

Kalkstein, L. S. and K. L. Frank (2001) *The Health Implications of Greenhouse Gas Emissions.* Emerging Growth Issues Workshop, Newark, DE, University of Delaware, Center for Climatic Research.

Kalkstein, L. S. and K. M. Valimont (1986) 'An evaluation of summer discomfort in the United States using a relative climatological index'. *Bulletin of the American Meteorological Society* **67**(7): 842-848.

Kalkstein, L. S., P. E. Jamason, J. S. Greene, J. Libby and L. Robinson (1996) 'The Philadelphia hot weather-health watch/warning system: Development and application, Summer 1995'. *Bulletin of the American Meteorological Society* **77**(7): 1519-1528.

Kawashima, S., T. Ishida, M. Minomura and T. Miwa (2000) 'Relations between surface temperature and air temperature on a local scale during winter nights'. *Journal of Applied Meteorology* **39**: 1570-1579.

Kemp, G. R. and N. H. Predoehl (1980) *An Investigation of the Effectiveness of Asphalt Durability Tests – Final Report*, FHWA/CA/TL/-80/14, Office of Transportation Laboratory, California Department of Transportation, Sacramento, CA.

Khan, S. M. and R. W. Simpson (2001) 'Effect of a heat island on the meteorology of a complex urban airshed'. *Boundary Layer Meteorology* **100**: 487-506.

Klinenberg, E. (2002) *Heat Wave: A Social Autopsy of Disaster in Chicago*. Chicago, University of Chicago Press.

Konopacki, S. and H. Akbari (1998) *Trade-Of Between Cool Roofs and Attic Insulation in New Single-Family Residential Buildings*. ACEEE Summer Study on Energy Efficiency in Buildings, Pacific Grove, CA, American Council for an Energy Efficient Economy.

Konopacki, S. and H. Akbari (2000) *Energy Savings Calculations for Heat Island Reduction Strategies in Baton Rouge, Sacramento and Salt Lake City*. Berkeley, CA, Lawrence Berkeley National Laboratory: 71.

Konopacki, S. and H. Akbari (2001a) *Energy Impacts of Heat Island Reduction Strategies in Toronto, Canada*. Berkeley, CA, Lawrence Berkeley National Laboratory.

Konopacki, S. and H. Akbari (2001b) *Measured Energy Savings and Demand Reduction from a Reflective Roof Membrane on a Large Retail Store in Austin*. Berkeley, CA, Lawrence Berkeley National Laboratory: 26.

Konopacki, S. and H. Akbari (2002) *Energy Savings for Heat Island Reduction Strategies in Chicago and Houston* (Including Updates for Baton Rouge, Sacramento, and Salt Lake City). Berkeley, CA, Lawrence Berkeley National Laboratory: 48.

Konopacki, S., L. Gartland, H. Akbari and L. Rainer (1998) *Demonstration of Energy Savings of Cool Roofs*. Berkeley, CA, Lawrence Berkeley National Laboratory: 116.

Konopacki, S., H. Akbari, S. Gabersek, M. Pomerantz, L. Gartland and M. Moezzi (1996) *Energy and Cost Benefits from Light-Colored Roofs in 11 US Cities*. Berkeley, CA, Lawrence Berkeley National Laboratory.

Kunkel, K., S. Changnon, B. Reinke and R. Arritt (1996) 'The July 1995 heat wave in the Midwest: A climatic perspective and critical weather factors'. *Bulletin of the American Meteorological Society* **77**(7): 1507-1517.

Kurn, D., S. Bretz, B. Huang and H. Akbari (1994) *The Potential for Reducing Urban Air Temperatures and Energy Consumption Through Vegetative Cooling*. ACEEE Summer Study on Energy Efficiency in Buildings, Pacific Grove, CA, American Council for an Energy Efficient Economy.

Landsberg, H. E. (1981) *The Urban Climate*. New York, NY, Academic Press.

Levinson, R. and H. Akbari (2001) *Effects of Composition and Exposure on the Solar Reflectance of Portland Cement Concrete*. Berkeley, CA, Lawrence Berkeley National Laboratory: 51.

Liptan, T. and E. Strecker (2003) *Ecoroofs (Greenroofs) – A More Sustainable Infrastructure*. National Conference on Urban Stormwater: Enhancing Programs at the Local Level, Chicago, IL, US Environmental Protection Agency.

Little, J. B. (1999) 'Trees help LA schools reduce energy use, increase community pride'. *California Trees* **10**(1).

Liu, K. (2002) 'A National Research Council Canada study evaluates green roof systems' thermal performances', *Professional Roofing*, September.

Liu, K. and B. Baskaran (2005) *Thermal Performance of Extensive Green Roofs in Cold Climates*, World Sustainable Building Conference, Tokyo, Japan, 27-29 September, National Research Council Canada: 1-8.

Livezey, R. and R. Tinker (1996) 'Some meteorological, climatological and microclimatological considerations of the severe U.S. heat wave of mid-July 1995'. *Bulletin of the American Meteorological Society* **77**(9): 2043-2054.

Lo, C. P., D. Quattrochi and J. Luvall (1997) 'Application of high-resolution thermal infrared remoto sensing and GIS to assess the urban heat island effect'. *International Journal of Remote Sensing* **18**(2): 287-304.

Luvall, J. and D. Quattrochi (1998) *Thermal Characteristics of Urban Landscapes*. 23rd Conference on Agricultural and Forest Meteorology, Albuquerque, NM.

Maco, S. and E. G. McPherson (2003) 'A practical approach to assessing structure, function and value of street tree populations in small communities'. *Journal of Arboriculture* **29**(2): 84-97.

Maes, L. and A.Youngs (2002) *Pervious Concrete Parking Lot Offers Cost-Saving and Environmental Benefits to City of Cerritos*. Cerritos, CA, Southern California Ready Mixed Concrete Association, California Cement Promotion Council: 2.

Malin, N. (1999) 'Checklist for making more climatefriendly concrete'. *Environmental Building News* **8**(6): 4-5.

Marceau, M., J. Gajda and M. Van Geem (2002) *Use of Fly Ash in Concrete: Normal and High Volume Ranges*. Skokie, IL, Portland Cement Association: 6.

Masanori (2007) 'Talking with a cab driver'. Available at http://tokyo.metblogs.com/archives/2007/ 09/talking_with_a.phtml.

McDonald, J. (2001) *Parking Lot Tree Shading Design and Maintenance Guidelines*. Sacramento, CA, City of Sacramento: 20.

McPherson, E. G. (1998a) 'Atmospheric carbon dioxide reduction by Sacramento's urban forest'. *Journal of Arboriculture* **24**(4): 215-223.

McPherson, E. G. (1998b) 'Estimating cost effectiveness of residential yard trees for improving air quality in Sacramento, California, using existing models'. *Atmospheric Environment* **32**(1): 75-84.

McPherson, E. G. (2001) 'Sacramento's parking lot shading ordinance: environmental and economic costs of compliance'. *Landscape and Urban Planning* **57**: 105-123.

McPherson, E. G. (2002) *Green Plants or Power Plants*? Davis, CA, Center for Urban Forest Research.

McPherson, E. G. (2003) 'A benefit-cost analysis of ten street tree species in Modesto, California, US'. *Journal of Arboriculture* **29**(1): 1-8.

McPherson, E. G. and J. R. Simpson (1995) 'Shade trees as a demand-side resource'. *Home Energy* March/April: 11-17.

McPherson, E. G. and J. R. Simpson (1999a) *Carbon Dioxide Reduction Through Urban Forestry: Guidelines for Professional and Volunteer Tree Planters*. Albany, CA, Pacific Southwest Research Station, Forest Service, US Department of Agriculture: 237.

McPherson, E. G. and J. R. Simpson (1999b) *Reducing Air Pollution through Urban Forestry*. 48th Annual Meeting of the California Forest Pest Council, Sacramento, CA, 18-19 November.

McPherson, E. G., D. J. Nowak and R. L. Sacamano (1993) *Chicago's Evolving Urban Forest: Initial Report of the Chicago Urban Forest Climate Project.* Radnor, PA, US Department of Agriculture Forest Service, Northeastern Forest Experiment Station: 55.

McPherson, E. G., D. J. Nowak and R. Rowntree (1994) *Chicago's Urban Forest Ecosystem: Results of the Chicago Urban Forest Climate Project.* Radnor, PA, US Department of Agriculture Forest Service, Northeastern Forest Experiment Station: 201.

McPherson, E. G., J. R. Simpson, P. J. Peper and Q. Xiao (1999a) 'Benefit-cost analysis of Modesto's municipal urban forest'. *Journal of Arboriculture* **25**(5): 235-248.

McPherson, E. G., J. R. Simpson, P. J. Peper and Q. Xiao (1999b) *Tree Guidelines for San Joaquin Valley Communities.* Sacramento, CA, Local Government Commission and Western Center for Urban Forest Research and Education: 68.

McPherson, E. G., J. R. Simpson, R. J. Peper, K. Scott and Q. Xiao (2000) *Tree Guidelines for Constai Southern California Communities.* Sacramento, CA, Local Government Commission and Western Center for Urban Forest Research and Education: 106.

McPherson, E. G., J. R. Simpson, P. J. Peper, Q. Xiao, D. R. Pettinger and D. R. Hodel (2001) *Tree Guidelines for Inland Empire Communities.* Sacramento, CA, Local Government Commission and Western Center for Urban Forest Research and Education: 124.

McPherson, E. G., S. Maco, J. R. Simpson, R. J. Peper, Q. Xiao, A. M.Van Der Zanden and N. Bell (2002) *Western Washington and Oregon Community Tree Guide: Benefits, Costs and Strategic Planting.* Davis, CA, Center for Urban Forest Research, USDA Forest Service, Pacific Southwest Research Station: 84.

MCW (2002) *Skin Cancer Cases, Often Preventable, Are on the Rise.* Milwaukee, WI, Medical College of Wisconsin.

Meerow, A. W. and R. J. Black (1991) *Landscaping to Conserve Energy: Annotated Bibliography. Fact sheet* EES-44, University of Florida, Florida Cooperative Extension Service: 12.

Meier, A. (1990) *Measured Cooling Savings from Vegetative Landscaping.* ACEEE Summer Study on Energy Efficiency in Buildings, Pacific Grove, CA, American Council for an Energy Efficient Economy.

Mills, G. M. and A. J. Arnfield (1993) 'Simulation of the energy budget of an urban canyon – II. Comparison of model results with measurements'. *Atmospheric Environment* **27B**(2): 171-181.

Minnesota Landscape Arboretum (1993) *Third Annual Parking Lot Conference. Parked Art, Beyond Asphalt and Plants, the Parking Lot as a Piece of Art*! Chaska, MN, Minnesota Landscape Arboretum, University of Minnesota, 19 March.

Mitchell, J. M. (1953) 'On the causes of instrumentally observed secular temperature trends'. *Journal of Meteorology* **10**: 244-261.

Mitchell, J. M. (1961) 'The temperature of cities'. *Weatherwise* **14**: 224-229, 258.

Moll, G. (1998) 'America's urban forests'. City Trees, *The Journal of the Society of Municipal Arborists* **34**(3).

Moll, G. and C. Berish (1996) 'Atlanta's changing environment'. *American Forests* Spring: 26-29.

Montavez, J. P., A. Rodriguez and J. I. Jimenez (2000) 'A study of the urban heat island of Granada'. *International Journal of Climatology* 20: 899-911.

Morris, C. J. G. and I. Simmonds (2000) 'Associations between varying magnitudes of the urban heat island and the synoptic climatology in Melbourne, Australia'. *International Journal of Climatology* **20**: 1931-1954.

Moll, G. and C. Kollin (2002) 'Trees: The green infrastructure'. *IQ Report* **34**(11).

Moran, A., B. Hunt and J. Smith (2005) *Hydrologic and Water Quality Performance from Greenroofs in Goldsboro and Raleigh, North Carolina.* Washington DC, Green Roofs for Healthy Cities.

Nashville (1994) *Nashville City Code Chapter 2.104, Urban Forester.* Nashville, TN, City of Nashville.

Neece, J. D. (1998) *VOC and NOx Emissions in Texas: 1996 SIP Modeling Emissions Inventory.* Austin, TX, Texas Natural Resource Conservation Commission.

Ngan, G. (2004) *Green Roof Policies: Tools for Encouraging Sustainable Design.* Saskatoon, Canada, Goya Ngan Landscape Architect, December.

Nielsen-Gammon, J. W. (2000) *The Houston Heat Pump: Modulation of. a Land-Sea Breeze by an Urban Heat Island.* College Station, TX, Department of Atmospheric Sciences, Texas A&M University: 5.

Nowak, D. J. and J. E. Dwyer (2000) 'Understanding the benefits and costs of urban forest ecosystems', in Kuser, J. E. (ed), *Handbook of Urban and Community Forestry in the Northeast.* New York, Kluwer Academic/Plenum Publishers: 11-25.

Nunez, M. and T. R. Oke (1976) 'Long-wave radiative flux divergence and nocturnal cooling of the urban atmosphere. II: Within an urban canyon'. *Boundary Layer Meteorology* **10**: 121-135.

Nunez, M. and T. R. Oke (1977) 'The energy balance of an urban canyon'. *Journal of Applied Meteorology* **16**(1): 11-19.

Oke, T. R. (1981) 'Canyon geometry and the nocturnal urban heat island: Comparison of scale model and field observations'. *Journal of Climatology* **1**: 237-254.

Oke, T. R. (1987) *Boundary Layer Climates.* New York, Routledge.

Oke, T. R. and G. B. Maxwell (1975) 'Urban heat island dynamics in Montreal and Vancouver'. *Atmospheric Environment* **9**: 191-200.

Oke, T. R., R. A. Spronken-Smith, E. Jauregui and C. S. B. Grimmond (1999) 'The energy balance of central Mexico City during the dry season'. *Atmospheric Environment* **33**: 3919-3930.

Ongel, A. and J. T. Harvey (2004) *Analysis of 30 Years of Pavement Temperatures using the Enhanced Integrated Climate Model (EICM).* Berkeley, CA, Pavement Research Center, Institute of Transportation Studies, University of California.

ORNL (2007) 'ORNL/DOE cool roof calculator'. Available at http://www.ornl.gov/sci/roofs+walls/facts/SolarRadiationControl.htm.

ORNL-BEP (2001) *DOE Cool Roof Calculator.* Oak Ridge, TN, Oak Ridge National Laboratory, Building Envelopes Program.

Owen, T. W., T. N. Carlson and R. R. Gillies (1998) 'An assessment of satellite remotely sensed landcover parameters in quantitatively describing the climate effect of urbanization'. *International Journal of Remote Sensing* **19**(9): 1663-1681.

Packard, R. G. (1994) 'Pavement costs and quality: A consumer's report'. *Concrete International* **16**(8).

Parker, D. and S. Barkaszi (1994) 'Saving energy with reflective roof coatings'. *Home Energy* May/June: 15-20.

Parker, D., S. Barkaszi and J. Sonne (1994a) *Measured Cooling Energy Savings from Reflective Roof Coatings in Florida: Phase II Report.* Cape Canaveral, FL, Florida Solar Energy Center: 31 plus appendices.

Parker, D., J. Cummings, J. Sherwin, T. Stedman and J. McIlvaine (1994b) 'Measured residential cooling energy savings from reflective roof coatings in Florida'. *ASHRAE Transactions* **100**(2): 36-49.

Parker, D., J. Sherwin, J. Sonne and S. Barkaszi (1996) *Demonstration of Cooling Savings from Light-Colored Roof Surfacing in Florida Commercial Buildings: Our Savior's School*. Cocoa, FL, Florida Solar Energy Center: 18.

Parker, D., J. McIlvaine, S. Barkaszi and D. J. Beal (1993) *Laboratory Testing of Reflectance Properties of Roofing Materials*. Tallahassee, FL, Florida Solar Energy Center.

Patz, J. A., M. A. McGeehin, S. M. Bernard, K. L. Ebi, P. R. Epstein, A. Grambsch, D. J. Gubler, P. Reiter, I. Romieu, J. B. Rose, J. M. Samet and J. Trtanj (2000) 'The potential health impacts of climate variability and change for the United States: Executive summary of the report of the health sector of the U.S. national assessment'. *Environmental Health Perspectives* **108**(4).

Pearlinutter, D., A. Bitan and P. Berliner (1999) 'Microclimate analysis of "compact" urban canyons in an arid zone'. *Atmospheric Environment* **33**: 4143-4150.

Peck, S. and M. Kuhn (2001) *Design Guidelines for Green Roofs*. Toronto, National Research Council Canada: 23.

PG&E (2006) Pacific Gas and Electric Company (PG&E) Launches Residential Cool Roof Rebate Program. *Pacific Gas and Electric*, 13 September.

Pillsbury, N. and S. Gill (2003) *Community and Urban Forest Inventory and Management Program*. San Luis Obispo, CA, Urban Forest Ecosystems Institute, California Polytechnic State University: 37.

Pipien, G. (1995) 'Pervious cement concrete wearing course offering less than 75 dB(A) noise level'. *Revue Générale des Routes et Aérodromes* **735**: 33-36.

Pomerantz, M., H. Akbari and J. T. Harvey (2000a) *Cooler Reflective Pavements Give Benefits Beyond Energy Savings: Durability and Illumination*. ACEEE Summer Study on Energy Efficiency in Buildings, Pacific Grove, CA, American Council for an Energy Efficient Economy.

Pomerantz, M., H. Akbari and J. T. Harvey (2000b) *Durability and Visibility Benefits of Cooler Reflective Pavements*. Berkeley, CA, Lawrence Berkeley National Laboratory: 23.

Pomerantz, M., B. Pon, H. Akbari and S. C. Chang (2000c) *The Effect of Pavements' Temperatures on Air Temperatures in Large Cities*. Berkeley, CA, Lawrence Berkeley National Laboratory: 20.

Pomerantz, M., H. Akbari, A. Chen, H. Taba and A. Rosenfeld (1997) *Paving Materials for Heat Island Mitigation*. Berkeley, CA, Lawrence Berkeley National Laboratory: 21.

Portland (2002) *City of Portland EcoRoof Program Questions and Answers*. Portland, OR., Bureau of Environmental Services, Office of Sustainable Development, City of Portland, Oregon: 12.

Price, L. and E. Worrell (2006) *Global Energy Use, CO_2 Emissions and the Potential for Reduction in the Cement Industry*. Cement Energy Efficiency Workshop, Paris, France, International Energy Agency.

Quattrochi, D., J. Luvall, S. Q. Kidder, C. P. Lo, H. Taba, R. D. Bornstein, R. R. Gillies, K. Gallo and M. G. Estes (1997) *Project ATLANTA – A Remote Sensing-Based Study of Past and Future Land Use Change Impacts on Climate and Air Quality of the Atlanta, Georgia, Metropolitan Region*. Huntsville, AL, Global Hydrology and Climate Center, National Aeronautics and Space Administration: 67.

Quayle, R. and E. Doehring (1981) 'Heat stress, a comparison of indices'. *Weatherwise* June: 120-124.

Redisch, M. (2002) *Grassroots Groups Get Involved in National Research*. North American Urban Heat Island Summit, Toronto, Toronto Atmopheric Fund.

Renou, E. (1855) 'Instructions météorologiques'. *Annuaire Société Météorologie de France* **3**(1): 73-160.

Renou, E. (1862) 'Différences de température entre Paris et Choisy-le-Roi'. *Annuaire Société Météorologique de France* **10**: 105-109.

Renou, E. (1868) 'Differences de temperature entre la ville et la campagne'. *Annuaire Société Météorologie de France* **3**: 83-97.

Roofer Magazine (1996) 'Roofing debris recycling, ten years and counting'. *Roofer Magazine* July: 22-24.

Rose, L. S., H. Akbari and H. Taha (2003) *Characterizing the Fabric of the Urban Environment: A Case Study of Greater Houston, Texas*. Berkeley, CA, Lawrence Berkeley National Laboratory: 61.

RSI (1993) 'Disposal costs go through the roof'. *Roofing, Siding, Insulation* October: 30-32.

Rudman, M. (2003) *AB970, AB29x and SB5x Peak Load Reduction Programs, 2002 Annual Report – Executive Summary*. Sacramento, CA, California Energy Commission, Nexant.

Ryan, S. J. (2007) *Final Energy Star Version 1.0 Specification for Roof Products*. Washington DC, US Environmental Protection Agency.

Sacramento (2003) *Tree Shading Requirements for Suface Parking Lots*. Ordinance No. 2003-027, Sacramento, CA, City of Sacramento.

Sailor, D. (2003) *Streamlined Mesoscale Modeling of Air Temperature Impacts of Heat Island Mitigation Strategies*. New Orleans, LA, Mechanical Engineering, Tulane University.

Sailor, D. and N. Dietsch (2005) *The Urban Heat Island Mitigation Impact Screening Tool (MIST)*. Washington DC, US Environmental Protection Agency, Heat Island Reduction Initiative.

Sakakibara, Y. (1996) 'A numerical study of the effect of urban geometry upon the surface energy budget'. *Atmospheric Environment* **30**(3): 487-496.

San Jose (2003) *City of San Jose Sustainable Energy Policy 2003-04 Action Plan*. San Jose, CA, Environmental Services Department.

Santamouris, M. (2001) *Energy and Climate in the Urban Built Environment*. London, James & James.

Santamouris, M., N. Papanikilaou, I. Livada, I. Koronakis, C. Georgakis, A. Argiriou and D. N. Assimakopoulos (2001) 'On the impact of urban climate on the energy consumption of buildings'. *Solar Energy* **70**(3): 201-216.

Sarkovich, M. (2002) *SMUD's Urban. Heat Island Mitigation Efforts. Special Panel on Heat Island Mitigation (not in proceedings)*, American Council for an Energy Efficient Economy, Summer Study on Energy Efficiency in Buildings, Pacific Grove, PA, 21 August, Sacramento Municipal Utility District.

Scanlon, C. (2002) *Feeling the Heat in Tokyo*. London, BBC News World Edition.

Schmeltz, R. and S. Bretz (1998) *Energy Star Label for Roof Products*. ACEEE Summer Study on Energy Efficiency in Buildings, Pacific Grove, CA, American Council for an Energy Efficient Economy.

Schmidt, W. (1917) 'Zum Einfluss grosser Städte auf das Klima'. *Naturwissen* **5**: 494-495.

Schmidt, W. (1929) 'Die Verteilung der Minimum-temperaturen in der Frostnacht des 12 Mai 1927 im Gemeindegebiet von Wien'. *Fortschritte der Landwirtschaft* **2**(21): 681-686.

Scholz-Barth, K. (2001) 'Green roofs: Stormwater management from the top down'. *Environmental Design and Construction* 15 January.

Schott, J. R. and E. Schimminger (1981) *Data Use Investigations for Applications, Explorer Mission A (Heat Capacity Mapping Mission)*. Greenbelt, Maryland, National Aeronautics and Space Administration, 129.

Schroeder, R. L. (1994) *The Use of. Recycled Materiais in Highway Construction*.Washington DC, Federal Highway Administration, US Department of Transportation: 13.

Scott, K., E. G. McPherson and J. R. Simpson (1998) 'Air pollutant uptake by Sacramento's urban forest'. *Journal of Arboriculture* **24**(4): 224-234.

Scott, K., J. R. Simpson and E. G. McPherson (1999) 'Effects of tree cover on parking lot microclimate and vehicle emissions'. *Journal of Arboriculture* **25**(3): 129-142.

Sheridan, S. C. (2002) The *Development of the New Toronto Heat-Health Alert System*. North American Urban Heat Island Summit, Toronto, Toronto Atmospheric Fund.

Simpson, J. R. (1998) 'Urban forest impacts on regional cooling and heating energy use: Sacramento County case study'. *Journal of Arboriculture* **24**(4): 201-214.

Simpson, J. R. and E. G. McPherson (1998) Simulation of tree shade impacts on residential energy use for space conditioning in Sacramento'. *Atmospheric Environment* **32**(1): 69-74.

Simpson, J. R. and E. G. McPherson (2001) *Tree Planting to Optimize Energy and CO, Benefits*. National Urban Forest Conference, Washington DC, American Forests.

Smith, R. (1999) 'All's finally quiet at Sutter's mill'. *California Asphalt* January/February: 22.

Smoyer, K. E. (1998) 'A comparative analysis of heat waves and associated mortality in St. Louis, Missouri: 1980-1995'. *International Journal of Biometeorology* **42**: 44-50.

Smoyer, K. E., D. G. C. Rainham and J. N. Hewko (1999) *Integrated Analysis of Heat-Related Mortality in the Toronto-Windsor Corridor*. Waterloo, Ontario, Environment Canada.

Sokolik, I. (2002) *Remote Sensing of Atmospheres and Oceans, Lecture # 7 Notes, Course ATOC/ ASEN 5235*. Boulder, CO, Program in Atmospheric and Oceanic Sciences, University of Colorado.

Spronken-Smith, R. A. and T. Oke (1998) 'The thermal regime of urban parks in two cities with different summer climates'. *International Journal of Remote Sensing* **19**(11): 2085-2104.

Stark, R. A. (1986) 'Road surface's reflectance influences lighting design'. *Lighting Design and Application* April.

Steinecke, K. (1999) 'Urban climatological studics in the Reykjavik subarctic environment, Iceland'. *Atmospheric Environment* **33**: 4157-4162.

Stewart, I. D. (2000) 'Influence of meteorological conditions on the intensity and form of the urban heat island in Regina'. *The Canadian Geographer* **44**(3): 271-285.

Summit, J. and R. Sonuner (1998) 'Urban tree-planting programs – A model for encouraging environmentally protective behavior'. *Atmospheric Environment* **32**(1): 1-5.

Taha, H. (1995) 'Ozone air quality implications of large-scale albedo and vegetation modifications in the Los Angeles basin'. *Atmospheric Environment* **31**(11): 1667-1676.

Taha, H. (1997a) 'Modeling the impacts of large-scale albedo changes on ozone air quality in the south coast air basin'. *Atmospheric Environment* **31**(11): 1667-1676.

Taha, H. (1997b) 'Urban climates and heat islands: Albedo, evapotranspiration and anthropogenic heat'. *Energy and Buildings* 25.

Taha, H. (2005) *Urban Surface Modification as a Potential Ozone Air-Quality Improvement Strategy in California. Phase One: Initial Mesoscale Modeling.* Sacramento, CA, California Energy Commission.

Taha, H., S. C. Chang and H. Akbari (2000) *Meteorological and Air Quality Impacts of Heat Island Mitigation Measures in Three US Cities.* Berkeley, CA, Lawrence Berkeley National Laboratory.

Taha, H., H. Hammer and H. Akbari (2002) *Meteorological and Air Quality Impacts of Increased Urban. Surface Albedo and Vegetative Cover in the Greater Toronto Area, Canada.* Berkeley, CA, Lawrence Berkeley National Laboratory.

Thomas, R. W. (1999) *Ortho's All About Vines and Climbers.* Des Moines, Iowa, Meredith Books.

Thompson, R. (2002) 'Chicago means green'. *Conscious Choice, The Journal of Ecology and Natural Living* April.

Thompson, R., R. Hanna, J. Noel and D. Piirto (1999) 'Valuation of tree aesthetics on small urban-interface properties'. *Journal of Arboriculture* **25**: 225-234.

Timin, B. (2004) *Photochemical Modeling of Urban Heat Island Strategies.* Washington DC, US Environmental Protection Agency.

Ting, M., J. Koomey and M. Pomerantz (2001) *Preliminary Evaluation of the Lifecycle Costs and Market Barriers of Reflective Pavements.* Berkeley, CA, Lawrence Berkeley National Laboratory: 67.

Todhunter, P. E. (1990) 'Microclimatic variations attributable to urban canyon asymmetry and orientation'. *Physical Geography* **11**(2): 131-141.

Todhunter, P. E. (1996) 'Environmental indices for the twin cities metropolitan area (Minnesota, USA) urban heat island – 1989'. *Climate Research* **6**: 59-69.

Tree City USA (2001) *Tree Care Information.* Nebraska City, NE, National Arbor Day Foundation: 7.

Tumanov, S., A. Stan-Siou, A. Lupu, C. Soci and C. Oprea (1999) 'Influences of the city of Bucharest on weather and climate parameters'. *Atmospheric Environment* **33**: 4173-4183.

UNEP/WMO (2002) *Executive Summary, Scientific Assessment of Ozone Depletion*: 2002. Geneva, World Meteorological Organization.

United Nations (2002) *World Urbanization Prospects, The 2002 Revision.* NewYork, NY, Department of Economic and Social Affairs, Population Division, United Nations.

Urbach, E. (1991) 'Potential health effects of climatic change: Effects of increased ultraviolet radiation on man'. *Environmental Health Perspectives* **96**: 175-176.

USDA Forest Service (2002) *STRATUM, Street Tree Resource Analysis Tool for Urban Forest Managers.* Davis, CA, Center for Urban Forest Research, Pacific Southwest Research Station, USDA Forest Service: 2.

USDA Forest Service (2007) *i-Tree Software Suite v1.2, Tools for Assessing and Managing Community Forests.* Washington DC, United States Department of Agriculture Forest Service.

USDOT (1996) *Highway Statistics.* Washington DC, US Department of Transportation, Bureau of Transportation Statistics.

USDOT (2000) *Highway Statistics 1999.* Washington DC, US Department of Transportation: 192.

USGBC (2005a) *Green Building Rating System for Existing Building Upgrades, Operations and Maintenance, Version 2*, US Green Building Council, Washington DC, July.

USGBC (2005b) *Green Building Rating System for New Construction and Major Renovations, Version 2.2*, US Green Building Council, Washington DC, July.

Utah Energy Office (2002) *Kool Kids*. Available at http://www.nefl.org/ea/koolkids/, National Energy Foundation.

Vincent, B. (2000) Energy savings due to cool roofs for buildings monitored by SMUD, email communication to L. Gartland, August.

Vincent, B. and J. Huang (1996) *Analysis of the Energy Poformances of Cooling Retrofits in Sacramento Public Housing Using Monitored Data and Computer Simulations*. Sacramento, CA, for the California Energy Commission.

Voogt, J. A. and T. R. Oke (1991) 'Validation of urban canyon radiation model for nocturnal long-wave radiation fluxes'. *Boundary Layer Meteorology* **54**: 347-361.

Voogt, J. A. and T. R. Oke (1997) 'Complete urban surface temperatures'. *Journal of Applied Meteorology* **36**: 1117-1132.

Vukovich, E. M. (1983) 'An analysis of the ground temperature and reflectivity pattern about St. Louis, Missouri, using HCMM satellite data'. *Journal of Climate and Applied Meteorology* **22**: 560-571.

Washburn, G. (1999) *ComEd Signs $1 Billion Power Pact with City*. Chicago, IL, Chicago Tribune, 24 March, p1.

Watkins, R., J. Palmer, M. Kolokotroni and P. Littlefair (2002) 'The London heat island – surface and air temperature measurements in a park and street gorges'. *ASHRAE Transactions* **108**(1): 419-427.

Weatherhead, E. C. (2000) *Ultraviolet Radiation*. Geneva, World Meteorological Organization, Ozone and UV Data Center.

Wilkes, K. (1991) *Thermal Model of Attic Systems with Radiant Barriers*. Oak Ridge, TN, Oak Ridge National Laboratory.

Wilson, A. (1993) 'Using concrete wisely: A checklist for builders and designers'. *Environmental Building News* **2**(2).

Wilson, A. and M. R. Pelletier (2001) 'A garden overhead: The benefits and challenges of green roofs'. *Environmental Building News* **1**: 10-18.

Wolf, K. (1998a) *Growing with Green: Business Districts and the Urban Forest*. Seattle, WA, Center for Urban Horticulture, College of Forest Resources, University of Washington.

Wolf, K. (1998b) *Trees in Business Districts: Comparing Values of Consumers and Business*. Seattle, WA, Center for Urban Horticulture, College of Forest Resources, University of Washington.

Wolf, K. (1998c) *Trees in Business Districts: Positive Effects on Consumer Behavior*. Seattle, WA, Center for Urban Horticulture, College of Forest Resources, University of Washington.

Wolf, K. (1998d) *Urban Forest Values: Economic Benefits of Trees in Cities*. Seattle, WA, Center for Urban Horticulture, College of Forest Resources, University of Washington.

Wolf, K. (1998e) *Urban Nature Benefits: Psycho-Social Dimensions of People and Plants*. Seattle, WA, Center for Urban Horticulture, College of Forest Resources, University of Washington.

Wood, A. R. (2002) *Saving LIVES with White Roofs: A Pilot Program in Philadelphia Could be Used in Other Cities*. Philadelphia, PA, Philadelphia Inquirer, 5 May.

Xiao, Q., E. G. McPherson, J. R. Simpson and S. L. Ustin (1998) 'Rainfall interception by Sacramento's urban forest'. *Journal of Arboriculture* **24**(4): 235-244.

Yamashita, S. (1996) 'Detailed structure of heat island phenomena from moving observations from electric tram-cars in metropolitan Tokyo'. *Atmospheric Environment* **30**(3): 429-435.

Yarwood, G., R. E. Morris, M. A.Yocke, H. Hogo and T. Chico (1996) *Development of a Methodology for Source Apportionment of Ozone Concentration Estimates from a Photochemical Grid Model.* 89th AWMA Annual Meeting, Nashville, TN, 23-28 June.

Yoshikado, H. (1990) 'Vertical structure of the sea breeze penetrating through a large urban complex'. *Journal of Applied Meteorology* **29**: 878-891.

Youngs, A. (2005) 'Pervious concrete maintenance'. Available at www.cncpc.org, California Nevada Cement Promotion Council

Ir

ÍNDICE REMISSIVO

D

E

F

G

H

I

L

Q

R

S